Q PASS

기중기 운전기능사

필기 문제집

다락원아카데미 편

다락원

최근 건설 및 토목 등의 분야에서 각종 건설기계가 다양하게 사용되고 있습니다. 건설 산업현장에서 건설기계는 효율성이 매우 높기 때문에 국가산업 발전뿐만 아니라, 각종 해외 공사에까지 중요한 역할을 수행하고 있습니다. 이에 따라 건설 산업현장에서는 건설기계 조종 인력이 많이 필요해졌고, 건설기계 조종 면허에 대한 가치도 높아졌습니다.

〈원큐패스 기중기운전기능사 필기 문제집〉은 '기중기운전기능사 필기시험'을 준비하는 수험생들이 단기간에 효율적인 학습을 통해 필기시험에 합격할 수 있도록 다음과 같은 특징으로 구성하였으니 참고하여 시험을 준비하시길 바랍니다.

1. 과목별 빈출 예상문제

- 기출문제 중 출제 빈도가 높은 문제만을 선별하여 과목별로 예상문제를 정리하였습니다.
- 각 문제에 상세한 해설을 추가하여, 이해하기 어려운 문제도 쉽게 학습할 수 있습니다.

2. 실전 모의고사 3회

- 실제 시험과 유사하게 구성하여 실전처럼 연습할 수 있는 실전 모의고사 3회를 제공합니다.
- 시험 직전 자신의 실력을 점검하고 시간 관리 능력을 키울 수 있습니다.

3. 모바일 모의고사 5회

- QR코드를 통해 제공되는 모바일 모의고사 5회로 언제 어디서든 연습할 수 있습니다.
- CBT 방식으로 시행되는 시험에 대비하며 실전 감각을 익힐 수 있습니다.

4. 핵심 이론 요약

- 시험 직전에 빠르게 확인할 수 있는, 꼭 알아야 하는 핵심 이론만 요약하여 제공합니다.
- 과목별 빈출 예상문제를 풀다가 모르는 내용은 요약된 이론을 참고해 효율적으로 학습할 수 있습니다.

수험생 여러분의 앞날에 합격의 기쁨과 발전이 있기를 기원하며, 이 책의 부족한 점은 여러분의 소중한 조언으로 계속 수정, 보완할 것을 약속드립니다.

이 책에 대한 문의사항은
원큐패스 카페(http://cafe.naver.com/1qpass)로 하시면 친절히 답변해 드립니다.

개요

기중기는 작업장치인 붐(boom)과 훅(hook)에 의해 중량물을 인양 및 운반하는 건설기계이며, 공장이나 건설현장에서 흔히 자재 등을 운반하는 기계이다. 건설 및 유통구조가 대형화되고 기계화되면서 각종 건설공사, 항만 또는 생산작업 현장에서 기중기 등 운반용 건설기계가 많이 사용됨에 따라 고성능 기종의 운반용 건설기계의 개발과 더불어 기중기의 안전운행, 기계수명 연장 및 작업능률 제고를 위한 숙련기능인력의 양성을 위하여 기중기운전기능사 자격제도가 제정되었다.

수행직무

대형 건설작업현장, 토목공사현장, 항만하역현장, 운송 및 창고업체현장 건설기계 임대업체 현장 등에서 과중량 화물을 인양하여 상하 또는 좌우로 위치를 이동시키는 작업을 수행하는 기중기를 운전하는 업무를 수행하는 직무이다.

진로 및 전망

- 주로 건설업체, 건설기계 대여업체, 건설기계 제조업체, 부품판매업체, 정비업체 등으로 진출할 수 있다.
- 운반용 건설기계는 주로 건설 및 제조분야에서 많이 활용되지만, 그 밖의 산업부문에서도 활용되고 있어, 건설업, 제조업 및 산업전반의 경기 변동에 민감하게 반응하게 된다. 고속철도, 신공항 건설 등의 활성화와 민간부문의 주택건설 증가, 경제 발전에 따른 건설 촉진 등에 의하여 꾸준히 발전할 전망이다.

시험일정

구분	필기 원서 접수(인터넷)	필기시험	필기 합격(예정자) 발표
정기 1회	1월경	2월경	2월경
정기 2회	3월경	4월경	4월경
정기 3회	6월경	7월경	7월경
정기 4회	8월경	9월경	9월경

* 자세한 일정은 시행처인 한국산업인력공단(www.q-net.or.kr)에서 확인

필기

시험과목	기중기 조종, 점검 및 안전관리	
주요항목	기중기 일반	1. 기중기 구조 2. 기중기 규격 파악
	기중기 점검 및 작업	1. 기중기 점검 및 안전사항 2. 작업 환경 파악 3. 인양작업 4. 줄걸이 및 신호체계
	안전관리	1. 안전보호구 착용 및 안전장치 확인 2. 위험요소 확인 3. 안전작업 4. 장비안전관리
	건설기계관리법 및 도로교통법	1. 건설기계관리법 2. 도로교통법
	장비구조	1. 엔진구조 2. 전기장치 3. 전·후진 주행장치 4. 유압장치
검정방법	전과목 혼합, 객관식 4지 택일형 60문항	
시험시간	1시간	
합격기준	100점을 만점으로 하여 60점 이상	

실기

시험과목	기중기 조종 실무
주요항목	작업 전 안전교육, 작업 전 장비 조립·점검, 신호체계 확인, 인양작업, 특정작업장치 작업
검정방법	작업형
시험시간	기계식: 8분 정도, 유압식: 6분 정도
합격기준	100점을 만점으로 하여 60점 이상

과목별 빈출 예상문제

- 기출문제의 철저한 분석을 통하여 출제 빈도가 높은 유형의 문제를 수록하였다.
- 예상문제를 각 과목별로 수록하여 이해도를 한층 높일 수 있도록 구성하였다.

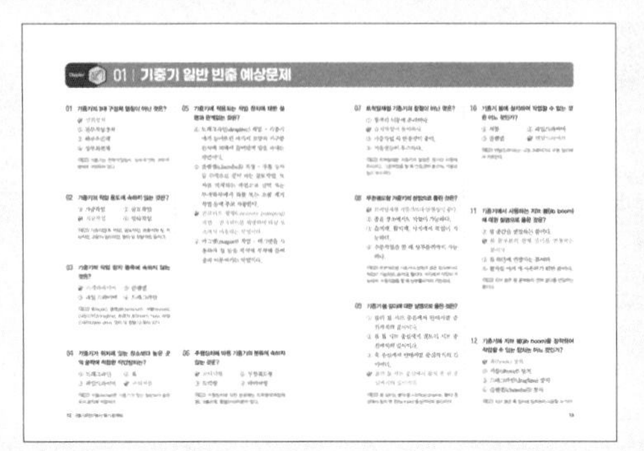
01 | 기중기 일반 빈출 예상문제

실전 모의고사 3회

수험생들이 시험 직전에 풀어보며 실전 감각을 키우고 자신의 실력을 테스트해 볼 수 있도록 구성하였다.

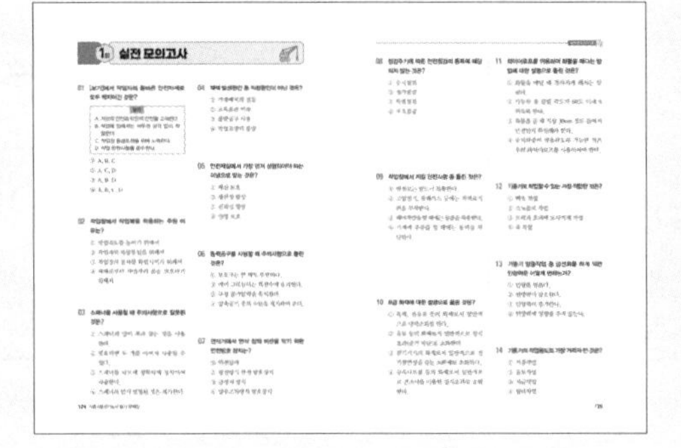
1회 실전 모의고사

핵심 이론 요약

꼭 알아야 하는 핵심 이론을 과목별로 모아 효율적으로 학습할 수 있도록 구성하였다.

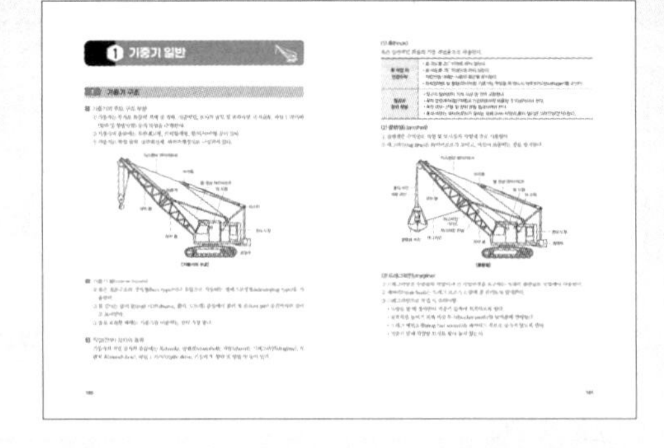
1 기중기 일반

모바일 모의고사 5회

본책에 수록된 실전 모의고사 3회와 별도로 간편하게 모바일로 모의고사에 응시할 수 있도록 모바일 모의고사를 수록하였다.

STEP 1

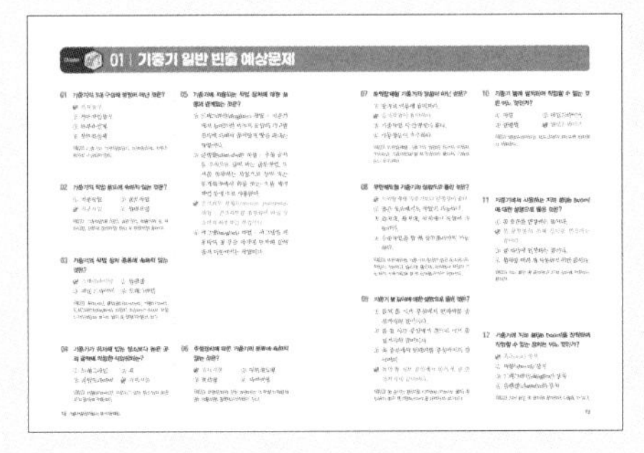

과목별 빈출 예상문제로 시험 유형 익히기

시험에 자주 출제되는 문제들로 시험 유형을 익히고, 상세한 해설을 통해 문제를 이해할 수 있다.

STEP 2

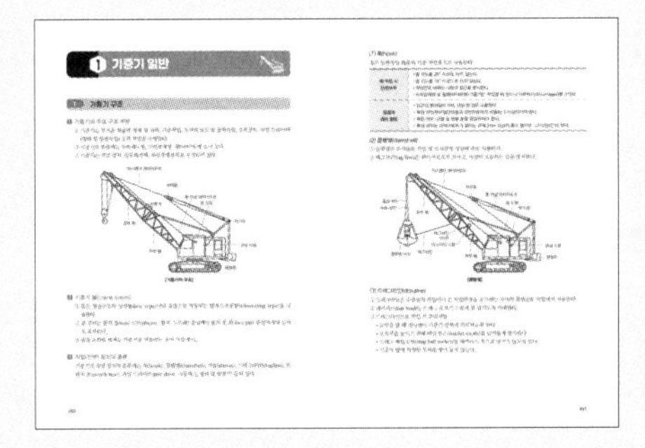

핵심 이론 요약으로 기본 개념 다지기

꼭 알아야 할 핵심 이론을 요약하여 제공하며, 과목별 빈출 예상문제를 풀다가 모르는 내용은 이를 참고해 효율적으로 학습할 수 있다.

STEP 3

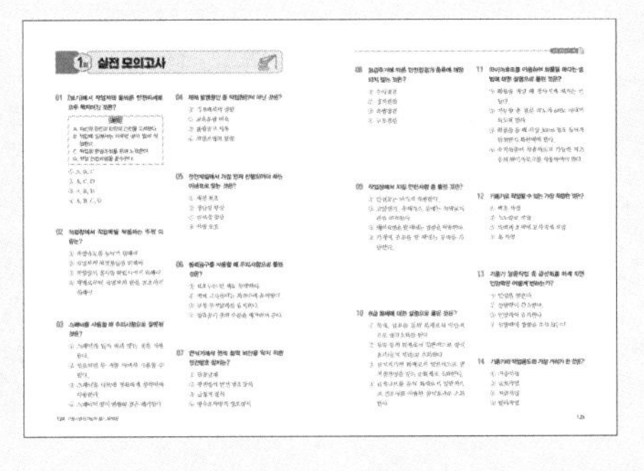

실전 모의고사 3회로 마무리하기

시험 직전 실전 모의고사를 풀어보며 실전처럼 연습할 수 있다.

STEP 4

모바일 모의고사 5회 제공

언제 어디서나 스마트폰만 있으면 쉽게 모바일로 모의고사 시험을 볼 수 있다.

CBT(Computer Based Test) 시험 안내

2017년부터 모든 기능사 필기시험은 시험장의 컴퓨터를 통해 이루어집니다. 화면에 나타난 문제를 풀고 마우스를 통해 정답을 표시하여 모든 문제를 다 풀었는지 한 번 더 확인한 후 답안을 제출하고, 제출된 답안은 감독자의 컴퓨터에 자동으로 저장되는 방식입니다. 처음 응시하는 학생들은 시험 환경이 낯설어 실수할 수 있으므로, 반드시 사전에 CBT 시험에 대한 충분한 연습이 필요합니다. Q-Net 홈페이지에서는 CBT 체험하기를 제공하고 있으니, 잘 활용하기를 바랍니다.

■ Q-Net 홈페이지의 CBT 체험하기

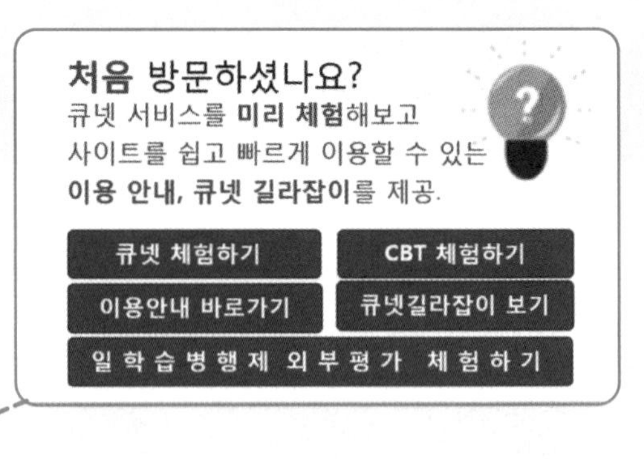

〈http://www.q-net.or.kr〉

■ CBT 시험을 위한 모바일 모의고사

① QR코드 스캔 → 도서 소개화면에서 '모바일 모의고사' 터치

② 로그인 후 '실전 모의고사' 회차 선택

③ 스마트폰 화면에 보이는 문제를 보고 정답란에 정답 체크

④ 문제를 다 풀고 '채점하기' 터치 → 내 점수, 정답, 오답, 해설 확인 가능

문제 풀기　　　채점하기　　　해설 보기

Part 1 과목별 빈출 예상문제

Part 2 실전 모의고사

Part 1

과목별 빈출 예상문제

01 | 기중기 일반 빈출 예상문제

01 기중기의 3대 구성체 명칭이 아닌 것은?

① 선회장치
② 전부작업장치
③ 하부추진체
④ 상부회전체

해설 기중기는 전부작업장치, 상부회전체, 하부주행체로 구성되어 있다.

02 기중기의 작업 용도에 속하지 않는 것은?

① 기중작업 ② 굴토작업
③ 지균작업 ④ 항타작업

해설 기중작업(훅 작업), 굴토작업, 화물적재 및 적하작업, 교량의 설치작업, 항타 및 항발작업 등이다.

03 기중기의 작업 장치 종류에 속하지 않는 것은?

① 스캐리파이어 ② 클램셀
③ 파일 드라이버 ④ 드래그라인

해설 훅(hook), 클램셀(clamshell), 셔블(shovel), 드래그라인(dragline), 트렌치 호(trench hoe), 파일 드라이브(pile drive, 항타 및 항발기) 등이 있다.

04 기중기가 위치해 있는 장소보다 높은 곳의 굴착에 적합한 작업장치는?

① 드래그라인 ② 훅
③ 파일드라이버 ④ 파워셔블

해설 셔블(shovel)은 기중기가 있는 장소보다 높은 곳의 굴착에 적합하다.

05 기중기에 적용되는 작업 장치에 대한 설명과 관계없는 것은?

① 드래그라인(dragline) 작업 – 기중기에서 늘어뜨린 바가지 모양의 기구를 윈치에 의해서 끌어당겨 땅을 파내는 작업이다.
② 클램셀(clamshell) 작업 – 우물 공사 등 수직으로 깊이 파는 굴토작업, 토사를 적재하는 작업으로 선박 또는 무개화차에서 화물 또는 오물 제거 작업 등에 주로 사용한다.
③ 콘크리트 펌핑(concrete pumping) 작업 – 콘크리트를 펌핑하여 타설 장소까지 이송하는 작업이다.
④ 마그넷(magnet) 작업 – 마그넷을 사용하여 철 등을 자석에 부착해 들어 올려 이동시키는 작업이다.

06 주행장치에 따른 기중기의 분류에 속하지 않는 것은?

① 로터리형 ② 무한궤도형
③ 트럭형 ④ 타이어형

해설 주행장치에 의한 분류에는 트럭형(트럭탑재형), 크롤러형, 휠형(타이어형)이 있다.

07 트럭탑재형 기중기의 장점이 아닌 것은?

① 장거리 이동에 유리하다.
② 습지작업이 용이하다.
③ 기중작업 시 안정성이 좋다.
④ 기동성능이 우수하다.

해설 트럭탑재형 기중기의 장점은 장거리 이동에 유리하고, 기중작업을 할 때 안정성이 좋으며, 기동성능이 우수하다.

08 무한궤도형 기중기의 장점으로 틀린 것은?

① 트럭탑재형 기중기보다 안정성이 좋다.
② 좁은 장소에서도 작업이 가능하다.
③ 습지대, 활지대, 사지에서 작업이 가능하다.
④ 수중작업을 할 때 상부롤러까지 가능하다.

해설 무한궤도형 기중기의 장점은 좁은 장소에서도 작업이 가능하고, 습지대, 활지대, 사지에서 작업이 가능하며, 수중작업을 할 때 상부롤러까지 가능하다.

09 기중기 붐 길이에 대한 설명으로 옳은 것은?

① 붐의 톱 시브 중심에서 턴테이블 중심까지의 길이이다.
② 붐 톱 시브 중심에서 갠트리 시브 중심까지의 길이이다.
③ 훅 중심에서 턴테이블 중심까지의 길이이다.
④ 봄의 톱 시브 중심에서 붐의 풋 핀 중심까지의 길이이다.

해설 붐 길이는 봄의 톱 시브(top sheeve, 활차) 중심에서 붐의 풋 핀(foot pin) 중심까지의 길이이다.

10 기중기 붐에 설치하여 작업할 수 없는 것은 어느 것인가?

① 셔블
② 파일드라이버
③ 클램셀
④ 탠덤드라이브

해설 탠덤드라이브는 모토그레이더의 주행 장치에서 사용한다.

11 기중기에서 사용하는 지브 붐(jib boom)에 대한 설명으로 옳은 것은?

① 붐 중간을 연장하는 붐이다.
② 붐 끝부분의 전체 길이를 연장하는 붐이다.
③ 붐 하단에 연장하는 붐이다.
④ 활차를 여러 개 사용하기 위한 붐이다.

해설 지브 붐은 붐 끝부분의 전체 길이를 연장하는 붐이다.

12 기중기에 지브 붐(jib boom)을 장착하여 작업할 수 있는 장치는 어느 것인가?

① 훅(hook) 장치
② 셔블(shovel) 장치
③ 드래그라인(dragline) 장치
④ 클램셀(clamshell) 장치

해설 지브 붐은 훅 장치에 장착하여 사용할 수 있다.

13 기중기의 붐을 교환할 때 가장 좋은 방법은?

✓① 기중기를 이용한다.
② 붐 교환대를 이용한다.
③ 롤러를 이용한다.
④ 타이어를 이용한다.

해설 기중기의 붐을 교환할 때에는 기중기를 이용하는 것이 가장 좋다.

14 기중기 작업장치에서 적재작업을 할 수 없는 것은 어느 것인가?

① 훅 ② 클램셸
✓③ 파일드라이브 ④ 셔블

해설 파일드라이브는 기둥박기(항타)작업과 기둥뽑기(항발)작업에서 사용한다.

15 기중기에서 훅(hook)전부장치는 어떤 작업에 가장 효과적인가?

① 수직굴토 작업
② 토사적재 작업
✓③ 일반 기중작업
④ 오물제거 작업

해설 훅은 일반적인 기중작업에서 사용한다.

16 기중기의 훅(hook) 작업을 할 때 안전수칙이 아닌 것은?

① 붐의 각도를 20° 이하로 하지 않는다.
② 붐의 각도를 78° 이상으로 하지 않는다.
③ 운전반경 내에는 사람의 접근을 막는다.
✓④ 가벼운 화물은 아우트리거를 고이지 않아도 된다.

해설 아우트리거는 휠형(wheel type) 기중기의 옆방향 전도를 방지하는 장치이므로 가벼운 물건을 취급할 경우에도 반드시 아우트리거를 고여야 한다.

17 클램셸 작업 장치로 수행하기 어려운 작업은 어느 것인가?

① 오물처리 작업
② 토사적재 작업
③ 토사굴토 작업
✓④ 항타작업

해설 항타작업은 파일드라이버로 한다.

18 기중기의 클램셸 작업에 대한 설명으로 옳지 않은 것은?

✓① 클램셸로 집어 올리는 토사의 합계중량은 기중기에 매다는 하중과 같게 한다.
② 붐의 각도를 크게 하면 선회나 높은 곳의 적재작업에 유리하나 뒤로 넘어질 위험이 있다.
③ 작업재료의 종류나 상태에 따라 버킷의 형식, 크기가 적당한 것으로 선택한다.
④ 버킷을 깊이 내려 작업하는 경우에는 와이어로프를 최소한 드럼에 2~3바퀴 이상 남겨야 한다.

해설 클램셸로 집어 올리는 토사의 합계중량은 기중기에 매다는 하중보다 작게 하여야 한다.

19 기중기 클램셸의 안전작업 용량 계산은 무엇으로 하는가?

① 차체중량과 평형추의 무게
② 붐 각도와 회전속도
✓③ 붐 길이와 작업반경
④ 트랙의 크기와 훅 블록의 직경

해설 클램셸의 안전작업 용량은 붐 길이와 작업반경으로 계산한다.

20 **기중기 클램셀 작업의 1순환(1cycle)의 순서를 바르게 나타낸 것은?**

① 굴착 → 선회 → 흙 쏟기 → 선회 → 굴착위치(복귀)
② 선회 → 굴착위치(복귀) → 흙 쏟기 → 선회 → 굴착
③ 굴착위치(복귀) → 흙 쏟기 → 선회 → 굴착 → 선회
④ 흙 쏟기 → 선회 → 굴착 → 선회 → 굴착위치(복귀)

해설 **클램셀의 작업 1순환 순서**
굴착 → 선회 → 흙 쏟기(적재) → 선회 → 굴착위치(복귀)

21 **선회나 지브기복을 행할 때 버킷이 흔들리거나 회전하여 와이어로프가 꼬이는 것을 방지하기 위하여 와이어로프로 버킷을 가볍게 당겨주는 장치는?**

① 태그라인
② 그래브 버킷
③ 지브기복 실린더
④ 리프팅 마그넷

해설 태그라인(tag line)은 선회나 지브기복을 행할 때 버킷이 흔들리거나 회전하여 와이어로프가 꼬이는 것을 방지하기 위하여 와이어로프로 버킷을 가볍게 당겨주는 장치이다.

22 **기중기의 전부장치 중 땅고르기에 가장 좋은 작업 장치는?**

① 셔블 ② 백호
③ 클램셀 ④ 드래그라인

해설 땅고르기 작업에 가장 효과적인 작업 장치는 드래그라인(dragline)이다.

23 **기중기의 드래그라인 작업방법으로 옳지 않은 것은?**

① 드래그 베일소켓을 페어리드 쪽으로 당긴다.
② 굴착력을 높이기 위해 버킷 투스를 날카롭게 연마한다.
③ 기중기 앞에 작업한 토사를 쌓아 놓지 않는다.
④ 도랑을 팔 때 경사면이 크레인 앞쪽에 위치하도록 한다.

해설 드래그 베일소켓(drag bail socket)을 페어리드 쪽으로 당기지 않도록 한다.

24 **3개의 시브(sheeve)로 던져졌던 와이어로프가 드럼에 잘 감기도록 안내해주는 장치는?**

① 브래들 ② 태그라인 와인더
③ 새들블록 ④ 페어리드

25 **기중기 로드차트에 포함되어 있는 정보에 속하지 않는 것은?**

① 기중기 구성내용
② 기중기 본체형식
③ 실제작업 중량
④ 작업반경

해설 로드차트에는 기중기의 구성내용, 기중기 본체형식, 작업반경 등의 정보가 있다.

26 기중기에서 선회장치의 회전중심을 지나는 수직선과 훅의 중심을 지나는 수직선 사이의 최단거리를 무엇이라 하는가?

① 작업반경　② 선회중심축
③ 붐의 각도　④ 붐의 중심축

해설 작업반경이란 선회장치의 회전중심을 지나는 수직선과 훅의 중심을 지나는 수직선 사이의 최단거리를 말한다.

27 붐의 각도에 따라 화물을 들어 올려서 안전하게 작업할 수 있는 하중을 무엇이라고 하는가?

① 권상하중　② 안전하중
③ 작업하중　④ 기중하중

해설 작업하중이란 붐의 각도에 따라 화물을 들어 올려서 안전하게 작업할 수 있는 하중이다.

28 기중작업을 할 때 안전성 있는 작업을 하려면 붐은 어떤 상태로 하여야 하는가?

① 붐 길이를 짧게 하여야 한다.
② 조인트 붐을 삽입하여 사용하여야 한다.
③ 지브 붐을 이용하여야 한다.
④ 붐 길이를 길게 하여야 한다.

해설 기중작업을 할 때 안전성 있는 작업을 하려면 붐의 길이를 짧게 하여야 한다.

29 기중작업에서 물체의 무게가 무거울수록 붐 길이와 각도는?

① 붐 길이는 짧게, 붐 각도는 작게 한다.
② 붐 길이는 짧게, 붐 각도는 크게 한다.
③ 붐 길이는 길게, 붐 각도는 크게 한다.
④ 붐 길이는 짧게, 붐 각도는 그대로 둔다.

해설 기중작업에서 물체가 무거울수록 붐 길이는 짧게, 붐 각도는 크게 한다.

30 기중기의 정격하중과 작업반경에 관한 설명 중 옳은 것은?

① 정격하중과 작업반경은 제곱에 비례한다.
② 정격하중과 작업반경은 제곱에 반비례한다.
③ 정격하중과 작업반경은 비례한다.
④ 정격하중과 작업반경은 반비례한다.

해설 정격하중과 작업반경은 반비례한다.

31 일반적으로 기중기 작업을 할 때 붐의 최소와 최대제한각도로 옳은 것은?

① 최소 55°, 최대 78°
② 최소 20°, 최대 180°
③ 최소 30°, 최대 50°
④ 최소 20°, 최대 78°

해설 기중기 붐의 최소제한각도는 20°, 최대제한각도는 78°이다.

32 기계방식 기중기에서 붐의 최대안정각도는 몇 도인가?

① 30°30′ ② 40°30′
③ 66°30′ ④ 82°30′

해설 붐의 최대안정각도는 66°30′이다.

33 기중기의 붐 각도를 40°에서 60°로 하였을 때의 설명으로 옳은 것은?

① 작업반경이 작아진다.
② 기중능력이 작아진다.
③ 붐 길이가 짧아진다.
④ 임계하중이 작아진다.

해설 붐 각을 크게 하면 작업반경이 작아지며, 기중능력은 커진다.

34 기중기의 작업 준비방법으로 틀린 것은?

① 최단 붐을 설치한다.
② 트럭탑재형은 아우트리거를 설치한다.
③ 붐을 트럭의 전·후방으로 한다.
④ 붐의 각도를 98° 이상으로 한다.

35 기중기의 붐이 하강하지 않는 원인으로 옳은 것은?

① 붐에 너무 낮은 하중이 걸려 있기 때문이다.
② 붐 호이스트 브레이크가 풀리지 않았기 때문이다.
③ 붐과 호이스트 레버를 하강방향으로 같이 작용시켰기 때문이다.
④ 붐에 큰 하중이 걸려 있기 때문이다.

해설 붐 호이스트 브레이크가 풀리지 않으면 붐이 하강하지 않는다.

36 기중기 선회동작에 대한 설명으로 맞지 않는 것은?

① 상부회전체의 회전각도는 최대 180°까지 가능하다.
② 선회 록(lock)은 필요시 선회체를 고정하는 장치이다.
③ 상부회전체는 종축을 중심으로 선회한다.
④ 기중기 형식에 따라 선회 작업영역의 범위가 다르다.

해설 상부회전체는 종축을 중심으로 선회하며, 360° 선회가 가능하다.

02 | 기중기 점검 및 작업 빈출 예상문제

01 기중기의 엔진 시동 전 일상 점검사항과 관계없는 것은?

① 엔진오일 유량
② 라디에이터 수량
③ 연료탱크 유량
④ 변속기어 마모상태

02 훅(hook)의 점검과 관리방법의 설명 중 옳은 것은?

① 훅의 마모는 와이어로프가 걸리는 곳에 5mm의 홈이 생기면 연삭한다.
② 훅은 마모·균열 및 변형 등을 점검하여야 한다.
③ 입구의 벌어짐이 5% 이상 된 것은 교환하여야 한다.
④ 훅의 안전계수는 3 이하이다.

해설 **훅의 점검과 관리방법**
- 입구의 벌어짐이 10% 이상 된 것은 교환한다.
- 안전계수는 5 이상이어야 한다.
- 와이어로프가 걸리는 곳에 2mm 이상의 홈이 생기면 그라인딩(연삭) 한다.

03 와이어로프가 이탈되는 것을 방지하기 위해 훅에 설치된 안전장치는?

① 이송장치 ② 스위블 장치
③ 해지장치 ④ 걸림 장치

해설 해지장치는 훅의 와이어로프가 이탈되는 것을 방지하는 안전장치이다.

04 일반적으로 사용하고 있는 기중기의 드럼 클러치의 형식은?

① 외부수축 방식
② 내부확장 방식
③ 외부확장 방식
④ 내부수축 방식

해설 드럼 클러치는 내부확장 방식을 사용하며, 조작방법에는 기계조작 방식, 유압조작 방식, 전자조작 방식 등이 있다.

05 기중기의 와이어로프 드럼에 주로 사용하는 작업 브레이크의 형식은?

① 외부확장 방식
② 외부수축 방식
③ 내부수축 방식
④ 내부확장 방식

해설 작업 브레이크는 외부수축 방식을 주로 사용한다.

06 와이어로프의 구성요소에 속하지 않는 것은?

① 윤활유 ② 소선
③ 심강 ④ 스트랜드

해설 와이어로프는 소선, 심강, 스트랜드로 되어 있다.

07 와이어로프의 표시방법과 관계가 없는 것은?

① 명칭 ② 구성기호
③ 꼬임방법 ④ 재질

해설 와이어로프의 표시방법에는 명칭, 구성기호, 꼬임방법, 종류, 와이어로프의 지름 등이다.

08 와이어로프를 선택할 때의 설명으로 잘못된 것은?

① 와이어로프가 녹이 슬기 쉬운 작업현장에서는 아연 도금한 것을 사용한다.
② 와이어로프는 하중에 따라 지름이 다르므로 하중과 지름을 명시하여 여러 개로 안전하게 작업한다.
③ 테라 와이어로프는 고열물을 운반할 때 사용한다.
④ 마모가 심하다고 예상되는 작업을 할 때에는 보통 꼬임의 와이어로프를 선택한다.

해설 보통 꼬임은 스트랜드와 와이어로프의 꼬임 방향이 서로 반대인 것이며, 외부와의 접촉 면적이 작아 마모가 크지만 킹크(kink) 발생이 적고, 취급이 쉽다.

09 와이어로프 구성요소 중 심강(core)의 역할이 아닌 것은?

① 부식 방지 ② 풀림 방지
③ 충격 흡수 ④ 마멸 방지

해설 심강의 역할은 충격 흡수, 마멸 방지, 부식 방지이다.

10 수명은 비교적 길지만 킹크(kink)가 발생하기 쉬운 와이어로프의 꼬임은 어느 것인가?

① 랭 꼬임
② 보통 꼬임
③ 좌측 보통 꼬임
④ 우측 역 꼬임

해설 랭 꼬임(lang' lay)은 스트랜드와 와이어로프의 꼬임 방향이 같은 것으로 마모에 의한 손상이 적고 유연하며 수명이 길지만 꼬임이 풀리기 쉽고 킹크 발생이 쉽다.

11 와이어로프를 이용하여 화물을 매다는 작업에 대한 설명으로 옳지 않은 것은?

① 화물을 들 때 지상 30cm 정도 들어서 안전한지 확인해야 한다.
② 수직하중이 작용하도록 가능한 적은 수의 와이어로프를 사용하여야 한다.
③ 화물을 매달 때 경사지게 해서는 안 된다.
④ 가능한 총 걸림 각도가 60° 이내가 되도록 한다.

해설 와이어로프로 화물을 매달 때에는 경사지게 해서는 안 되며, 가능한 총 걸림 각이 60° 이내가 되도록 한다. 또 화물을 들 때 지상 30cm 정도 들어서 안전한지 확인해야 한다.

12 와이어로프 취급에 관한 설명으로 옳지 않은 것은?

① 와이어로프를 운송차량에서 하역할 때 차량으로부터 굴려서 내린다.
② 와이어로프를 보관할 때 로프용 오일을 충분히 급유하여 보관한다.
③ 와이어로프도 기계의 한 부품처럼 소중하게 취급한다.
④ 와이어로프를 풀거나 감을 때 킹크가 생기지 않도록 한다.

해설 와이어로프를 운송차량에서 하역할 때 차량으로부터 굴려서 내리면 변형될 우려가 있다.

13 기중기에서 와이어로프의 끝을 고정시키는 장치는?

① 조임 장치 ② 체인장치
③ 스프로킷 ④ 소켓장치

해설 와이어로프의 끝은 소켓으로 고정시킨다.

14 기중기 작업현장에서 와이어로프를 설치할 때 가장 간편한 고정방법은?

① 쐐기고정 방법
② 합금고정 방법
③ 전기용접 방법
④ 묶음 방법

해설 현장에서 와이어로프를 설치할 때 쐐기고정 방법이 가장 간편하다.

15 와이어로프의 점검사항과 관계없는 것은?

① 절단된 소선의 수
② 공칭지름의 감소
③ 킹크 발생
④ 길이 수축

해설 와이어로프의 점검사항은 킹크 발생, 절단된 소선의 수, 공칭지름의 감소이다.

16 와이어로프의 마모 원인이 아닌 것은?

① 활차 베어링의 급유 부족
② 와이어로프를 감는 드럼 클러치의 슬립
③ 와이어로프의 급유 부족
④ 활차 홈이 과도하게 마모된 경우

해설 **와이어로프의 마모가 심한 원인**
- 와이어로프의 급유가 부족할 때
- 활차(시브) 베어링의 급유가 부족할 때
- 고열의 화물을 걸고 장시간 작업한 때
- 활차의 지름이 적을 때
- 와이어로프와 활차의 접촉면이 불량할 때
- 활차 홈이 과도하게 마모된 때

17 권상용 와이어로프, 지브의 기복용 와이어로프 및 호스트로프의 안전율은 얼마인가?

① 2.5 ② 4.5
③ 6.5 ④ 8.5

해설 와이어로프의 안전율은 와이어로프의 절단하중의 값을 해당 와이어로프에 걸리는 하중의 최댓값으로 나눈 값이며, 권상용 와이어로프, 지브의 기복용 와이어로프 및 호스트로프의 안전율은 4.5이다.

18 기중기에서 사용이 가능한 와이어로프는?

① 지름의 감소가 공칭지름의 5% 이내인 것
② 한 꼬임(스트랜드)에서 끊어진 소선의 수가 10% 이상인 것
③ 꼬인 것
④ 이음매가 있는 것

해설 **와이어로프의 교환기준**
- 꼬인 것(킹크가 발생한 경우)
- 지름의 감소가 공칭지름의 7% 이상인 경우
- 한 꼬임(스트랜드)에서 끊어진 소선의 수가 10% 이상인 것
- 심한 부식 또는 변경이 발생한 경우

19 기중기에서 새로운 와이어로프로 교체한 후 고르기 운전을 할 때에는 정격하중의 몇 %로 운전을 시작하여야 하는가?

① 150%　② 100%
③ 50%　④ 10%

해설 새로운 와이어로프로 교체한 후 고르기 운전을 할 때에는 정격하중의 50%로 운전을 시작하여야 한다.

20 일정한 회전에서 와이어로프가 갑자기 풀리는 원인이 아닌 것은?

① 드럼 브레이크가 풀렸을 때
② 붐 클러치가 슬립 할 때
③ 호이스트 케이블이 늘어졌을 때
④ 와이어로프가 엉켰거나 드럼에 잘못 감겼을 때

해설 **와이어로프가 갑자기 풀리는 원인**
- 드럼 브레이크가 풀렸을 때
- 호이스트 케이블이 늘어졌을 때
- 와이어로프가 엉켰거나 드럼에 잘못 감겼을 때

21 권상드럼에 플리트(fleet) 각도를 두는 이유는?

① 와이어로프의 부식 방지
② 와이어로프가 엇갈려서 겹쳐 감기는 것 방지
③ 드럼의 균열 방지
④ 드럼의 역회전 방지

해설 드럼에 플리트 각도를 두는 이유는 와이어로프가 엇갈려서 겹쳐 감기는 것을 방지하기 위함이며, 홈이 있는 경우 4° 이내, 홈이 없는 경우 2° 이내이다.

22 기중기 권상드럼의 풀림을 방지하기 위하여 해야 할 일은?

① 레버기구를 바르게 조정하여야 한다.
② 작업부하를 줄이도록 한다.
③ 와이어로프에 오일을 바르도록 한다.
④ 유량을 규정대로 보충하여야 한다.

해설 권상드럼의 풀림을 방지하기 위해서는 레버기구를 바르게 조정하여야 한다.

23 기중기의 호이스트 레버를 당겼을 때 화물이 상승하지 않을 경우 고장이 예상되는 부분은?

① 유압펌프 토출유량 과대
② 스프로킷 마모
③ 브레이크 풀림
④ 클러치에 오일 부착

해설 클러치에 오일이 부착되면 호이스트 레버를 당길 때 화물이 올라가지 않는다.

24 기중기에 설치된 안전장치가 아닌 것은?

① 권과방지장치
② 과부하방지장치
③ 붐 전도 방지장치
④ 선회감속장치

해설 **기중기의 안전장치**
권과경보장치(권과방지장치), 권상과하중 방지장치, 과부하방지장치, 붐 전도 방지장치, 붐 기복 정지장치, 경보장치, 아우트리거

25 와이어로프를 많이 감아 화물이나 훅이 붐의 끝단과 충돌하는 것을 방지하기 위한 안전장치는?

① 비상정지장치
② 과부하방지장치
③ 브레이크장치
④ 권과방지장치

해설 권과방지장치(과권방지장치)는 와이어로프를 많이 감아 화물이나 훅이 붐의 끝단과 충돌하는 것을 방지하기 위한 안전장치이다.

26 과권방지장치의 설치 위치로 옳은 것은?

① 갠드리 시브와 붐 끝단 시브 사이
② 붐 하부 풋 핀과 상부선회체 사이
③ 붐 끝단 시브와 훅 블록 사이
④ 메인윈치와 붐 끝단 시브 사이

해설 과권방지장치는 붐 끝단 시브와 훅 블록 사이에 설치한다.

27 기중기 바퀴의 바깥쪽에 다리를 빼내어 차대를 떠받쳐 작업할 때 안정성을 향상시키는 장치는?

① 카운터웨이트
② 붐 기복 방지장치
③ 아우트리거
④ 붐 호이스트

해설 아우트리거(outrigger)는 타이어형 기중기 바퀴의 바깥쪽에 다리를 빼내어 차대를 떠받쳐 작업할 때 안정성을 향상시키는 장치, 즉 옆 방향 전도를 방지하는 장치이다.

28 타이어형 기중기의 아우트리거(outrigger)에 대한 설명으로 틀린 것은?

① 빔을 완전히 펴서 바퀴가 지면에서 뜨도록 한다.
② 유압식일 때에는 여러 개의 레버를 동시에 조작하여야 한다.
③ 기중작업을 할 때 기중기를 안정시킨다.
④ 평탄하고 단단한 지면에 설치한다.

해설 아우트리거를 설치할 때는 한 개씩 조작하여야 한다.

29 기중기에 아우트리거를 설치할 때 맨 나중에 해야 하는 일은?

① 기중기가 수평이 되도록 정렬시킨다.
② 모든 아우트리거 빔을 원하는 폭이 되도록 연장시킨다.
③ 아우트리거 고정 핀을 뺀다.
④ 모든 아우트리거 실린더를 확장한다.

해설 **아우트리거 설치 순서**
- 아우트리거 고정 핀을 뺀다.
- 모든 아우트리거 실린더를 확장한다.
- 모든 아우트리거 빔을 원하는 폭이 되도록 연장시킨다.
- 기중기가 수평이 되도록 정렬시킨다.

30 **아우트리거를 작동시켜 기중기를 받치고 있는 동안에 호스나 파이프가 터져도 기중기가 기울어지지 않도록 안정성을 유지해주는 것은?**

① 솔레노이드 밸브(solenoid valve)
② 파일럿 체크 밸브(pilot check valve)
③ 릴리프 밸브(relief valve)
④ 리듀싱 밸브(reducing valve)

해설 파일럿 체크 밸브는 아우트리거를 작동시켜 기중기를 받치고 있는 동안에 호스나 파이프가 터져도 기중기가 기울어지지 않도록 안정성을 유지해준다.

31 **기중기의 붐에 설치된 와이어로프 중 작업할 때 하중이 직접적으로 작용하지 않는 케이블은?**

① 붐 백스톱 케이블
② 붐 호이스트 케이블
③ 익스텐션 케이블
④ 호이스트 케이블

해설 붐 백스톱 케이블에는 작업할 때 하중이 직접적으로 작용하지 않는다.

32 **기중기의 지브가 뒤로 넘어지는 것을 방지하기 위한 장치는?**

① 블라이들 프레임
② A 프레임
③ 지브 백 스톱
④ 지브전도 방지장치

해설 지브전도 방지장치는 지브가 뒤로 넘어지는 것을 방지하기 위한 장치이다.

33 **무한궤도형 기중기는 작업 중 무엇으로 안정성을 유지하는가?**

① 붐 ② 트랙
③ 카운터웨이트 ④ 아우트리거

해설 무한궤도형 기중기는 작업 중 카운터웨이트(평형추)로 안정성을 유지한다.

34 **기중기의 주행 중 주의사항으로 옳지 못한 것은?**

① 타이어식 기중기를 주차할 경우 반드시 주차 브레이크를 걸어둔다.
② 고압선 아래를 통과할 때는 충분한 간격을 두고 신호자의 지시에 따른다.
③ 언덕길을 오를 때는 붐을 가능한 세운다.
④ 기중기를 주행할 때는 선회 록(lock)을 고정시킨다.

해설 언덕길을 오를 때는 붐을 가능한 낮추도록 한다.

35 **기중기가 화물을 든 상태에서 부득이 주행해야 할 경우 옳지 않은 것은?**

① 연약지반에 빠져 들어갈 경우 가속하여 고속으로 빨리 빠져 나온다.
② 화물을 가능한 한 낮추어 흔들리지 않도록 한다.
③ 연약지반 및 고르지 못한 장소를 피한다.
④ 될 수 있는 한 저속으로 주행한다.

해설 화물을 든 상태에서 주행해야 할 경우에는 화물을 가능한 한 낮추어 흔들리지 않도록 하고, 연약지반 및 고르지 못한 장소를 피하여 주행하도록 하고, 될 수 있는 한 저속으로 주행한다.

36 기중기에 오르고 내릴 때 주의해야 할 사항이 아닌 것은?

① 오르고 내리기 전에 계단과 난간 손잡이 등을 깨끗이 닦는다.
② 오르고 내릴 때는 운전실 내의 각종 조종 장치를 손잡이로 이용한다.
③ 이동 중인 기중기에 뛰어 오르거나 내리지 않는다.
④ 오르고 내릴 때는 항상 기중기를 마주보고 양손을 이용한다.

해설 오르고 내릴 때는 운전실 내의 각종 조종 장치를 손잡이로 이용해서는 절대로 안 된다.

37 기중기의 작업 전 점검해야 할 안전장치에 속하지 않는 것은?

① 훅과권장치
② 어큐뮬레이터
③ 붐과권장치
④ 과부하방지장치

38 기중기에 대한 설명으로 틀린 것을 모두 고른 것은?

A. 붐의 각과 기중능력은 반비례한다.
B. 붐의 길이와 운전반경은 반비례한다.
C. 상부 회전체의 최대 회전각은 270°이다.

① A, B
② A, C
③ B, C
④ A, B, C

해설 붐의 각과 기중능력 및 붐의 길이와 운전반경은 비례하며, 상부회전체의 최대 회전각은 360°이다.

39 기중기의 작업에 대한 설명 중 옳은 것은?

① 기중기의 감아올리는 속도는 드래그라인의 경우보다 빠르다.
② 파워 셔블은 지면보다 낮은 곳의 굴착에 사용되며, 지면보다 높은 곳의 굴착은 사용이 곤란하다.
③ 클램셀은 좁은 면적에서 깊은 굴착을 하는 경우나 높은 위치에서의 적재에 적합하다.
④ 드래그라인은 굴착력이 강하므로 주로 견고한 지반의 굴착에 사용된다.

해설 기중기의 작업
- 기중기의 감아올리는 속도는 드래그라인의 경우와 같다.
- 드래그라인은 굴착력이 약하므로 주로 연약한 지반의 굴착에 사용된다.
- 파워 셔블은 지면보다 높은 곳의 굴착에 사용된다.

40 기중기 응용작업에 사용되는 보조작업장치 중 굴착용구가 아닌 것은?

① 슬링 ② 드래그라인
③ 클램셀 ④ 파일드라이브

해설 슬링은 그물모양으로 된 것이며, 콘크리트 블록, 벽돌, 레일, 빔, 파이프 등을 담아 작업할 때 사용한다.

41 기중기 양중작업 중 급선회를 하면 인양력은 어떻게 되는가?

① 인양력이 증가한다.
② 인양력에 영향을 주지 않는다.
③ 인양이 중지된다.
④ 인양력이 감소한다.

해설 기중기 양중작업 중 급선회를 하게 되면 인양력이 감소한다.

42 **기중기로 양중작업을 할 때 확인해야 할 사항이 아닌 것은?**

① 작업계획서 ② 작업매뉴얼
③ 정비지침서 ④ 양중능력표

해설 **양중작업을 할 때 확인사항**
작업계획서, 작업매뉴얼, 양중능력표, 화물의 무게

43 **기중기 양중작업을 계획할 때, 점검해야 할 현장의 환경사항과 관계없는 것은?**

① 작업장 주변의 장애물 유무
② 기중기의 현장 반입성능 및 반출성능
③ 기중기의 조립 및 설치 장소
④ 카운터웨이트의 중량

해설 양중작업을 계획할 때에는 기중기의 조립 및 설치 장소, 작업장 주변의 장애물 유무, 기중기의 현장 반입성능 및 반출성능 등을 점검한다.

44 **기중기로 인양작업 전 점검사항으로 옳지 않은 것은?**

① 안전 작업공간을 확보하기 위해 바리케이드를 설치한다.
② 기중기가 수평을 유지할 수 있도록 지반의 경사도를 확인한다.
③ 화물의 중량 확인은 필요할 때만 한다.
④ 아우트리거 설치를 위해 지반을 확인한다.

해설 인양작업을 할 때에는 화물의 중량을 반드시 확인하도록 한다.

45 **인양작업을 위해 기중기를 설치할 때 고려하여야 할 사항이 아닌 것은?**

① 아우트리거는 모두 확장시키고 핀으로 고정한다.
② 선회할 때 접촉되지 않도록 장애물과 최소 60cm 이상 이격시킨다.
③ 기중기의 수평균형을 맞춘다.
④ 타이어는 지면과 닿도록 하여야 한다.

해설 아우트리거의 빔을 완전히 펴서 타이어가 지면에서 뜨도록 한다.

46 **기중기로 화물을 양중 운반할 때 주의사항이 아닌 것은?**

① 지면에서 가깝게 양중상태를 유지하며 이동한다.
② 붐을 낮게 하고 차체와 화물의 사이를 멀게 한다.
③ 붐을 가능한 짧게 한다.
④ 이동 방향과 붐의 방향을 일치시킨다.

해설 화물이 무거울수록 붐을 높여야 한다.

47 **와이어로프를 기중기 작업의 고리걸이 용구로 사용하는 데 가장 부적합한 것은?**

① 와이어로프 끝에 샤클을 부착한 것
② 와이어로프를 서로 맞대어 소선을 끼워서 짠 것
③ 와이어로프 끝에 훅을 부착한 것
④ 와이어로프 끝에 링을 부착한 것

해설 **고리걸이 용구**
와이어로프 끝에 샤클을 부착한 것, 와이어로프 끝에 훅을 부착한 것, 와이어로프 끝에 링을 부착한 것

48 줄걸이 작업을 할 때 확인할 사항으로 옳지 않은 것은?

① 중심이 높아지도록 작업하고 있는지 확인한다.
② 화물을 매달아 올린 후 수평상태를 유지하는지 확인한다.
③ 중심 위치가 올바른지 확인한다.
④ 와이어로프의 각도가 올바른지 확인한다.

해설 줄걸이 작업을 할 때 중심이 높아져서는 안 된다.

49 기중기 신호수의 직무와 관계없는 것은?

① 무전기, 깃발, 호루라기 등으로 신호
② 운전수 및 작업자가 잘 보이는 위치에서 신호
③ 명확한 작업내용 이해
④ 기중기의 정비 및 보수일지 점검

해설 **신호수의 직무**
무전기, 깃발, 호루라기 등으로 신호, 운전수 및 작업자가 잘 보이는 위치에서 신호, 명확한 작업내용 이해

50 그림과 같이 기중기에 부착된 작업장치는?

① 백호
② 훅
③ 클램셀
④ 파일드라이버

51 파일박기 전부장치를 사용할 수 있는 건설기계는?

① 불도저 ② 롤러
③ 기중기 ④ 모터그레이더

해설 파일박기 전부(작업)장치는 기중기에 장착하여 사용한다.

52 기중기 작업장치 중 디젤해머로 할 수 있는 작업은?

① 수직굴토
② 와이어로프 감기
③ 파일항타
④ 수중굴착

53 기중기로 항타(pile drive) 작업을 할 때 지켜야 할 안전수칙에 속하지 않는 것은?

① 항타할 때 반드시 우드 캡을 씌운다.
② 호이스트 케이블의 고정 상태를 점검한다.
③ 붐의 각을 적게 한다.
④ 작업할 때 붐은 상승시키지 않는다.

해설 항타(기둥박기) 작업을 할 때 붐의 각을 크게 한다.

54 항타작업을 할 때 바운싱(bouncing) 현상이 발생하는 원인이 아닌 것은?

① 2중 작동 해머를 사용할 때
② 가벼운 해머를 사용할 때
③ 파일이 장애물과 접촉할 때
④ 증기 또는 공기량을 약하게 사용할 때

해설 **바운싱이 일어나는 원인**
- 파일이 장애물과 접촉할 때
- 증기 또는 공기량을 많이 사용할 때
- 2중 작동 해머를 사용할 때
- 가벼운 해머를 사용할 때

55 디젤해머에서 파일이 만곡되었거나 직각이 되지 않았거나 파일이 해머와 일직선이 되지 않았을 때 파일의 과대한 측면 진동을 무엇이라고 하는가?

① 스프링잉
② 바운싱
③ 시밍
④ 요잉

해설 스프링잉(springing)이란 파일이 만곡되었거나 직각이 되지 않았거나 파일이 해머와 일직선이 되지 않았을 때 파일의 과대한 측면 진동이다.

56 기중기를 트레일러에 상차하는 방법을 설명한 것으로 옳지 않은 것은?

① 최대한 무거운 카운터웨이트를 부착하여 상차한다.
② 아우트리거는 완전히 집어넣고 상차한다.
③ 흔들리거나 미끄러져 전도되지 않도록 고정한다.
④ 붐을 분리시키기 어려운 경우 낮고 짧게 유지한다.

해설 기중기를 트레일러에 상차할 때에는 카운터웨이트를 모두 탈착하고 상차한다.

Chapter  03 | 안전관리 빈출 예상문제

01 보호구를 선택할 때의 유의사항으로 틀린 것은?

① 작업행동에 방해되지 않을 것
② 사용 목적에 구애받지 않을 것
③ 보호구 성능기준에 적합하고 보호성능이 보장될 것
④ 착용이 용이하고 크기 등 사용자에게 편리할 것

해설 보호구는 사용 목적에 알맞은 것을 선택하여야 한다.

02 사용 구분에 따른 차광보안경의 종류에 해당하지 않는 것은?

① 자외선용 ② 용접용
③ 적외선용 ④ 비산방지용

해설 차광보안경의 종류로는 자외선용, 적외선용, 용접용, 복합용이 있다.

03 작업 시 보안경 착용에 대한 설명으로 틀린 것은?

① 가스용접을 할 때는 보안경을 착용해야 한다.
② 절단하거나 깎는 작업을 할 때는 보안경을 착용해서는 안 된다.
③ 아크용접을 할 때는 보안경을 착용해야 한다.
④ 특수용접을 할 때는 보안경을 착용해야 한다.

해설 보안경을 사용하는 것은 유해약물의 침입을 막기 위하여, 비산되는 칩에 의한 부상을 막기 위하여, 유해광선으로부터 눈을 보호하기 위함이다.

04 안전보호구가 아닌 것은?

① 안전모 ② 안전화
③ 안전 가드레일 ④ 안전장갑

해설 안전 가드레일은 안전시설이다.

05 액체약품 취급 시 비산물로부터 눈을 보호하기 위한 보안경은?

① 고글형 ② 프론트형
③ 일반형 ④ 스펙타클형

해설 고글형은 액체약품을 취급할 때 비산물로부터 눈을 보호하기 위한 보안경이다.

06 안전모의 관리 및 착용방법으로 틀린 것은?

① 큰 충격을 받은 것은 사용을 피한다.
② 사용 후 뜨거운 스팀으로 소독하여야 한다.
③ 정해진 방법으로 착용하고 사용하여야 한다.
④ 통풍을 목적으로 모체에 구멍을 뚫어서는 안 된다.

해설 안전모는 사용 후 뜨거운 스팀으로 소독해서는 안 된다.

07 방진마스크를 착용해야 하는 작업장은?

① 온도가 낮은 작업장
② 분진이 많은 작업장
③ 산소가 결핍되기 쉬운 작업장
④ 소음이 심한 작업장

해설 분진(먼지)이 발생하는 장소에서는 방진마스크를 착용하여야 한다.

08 산소결핍의 우려가 있는 장소에서 착용하여야 하는 마스크의 종류는?

① 방독마스크 ② 방진마스크
③ 송기마스크 ④ 가스마스크

해설 산소결핍의 우려가 있는 장소에서는 송기(송풍)마스크를 착용하여야 한다.

09 감전되거나 전기화상을 입을 위험이 있는 곳에서 작업 시 작업자가 착용해야 할 것은?

① 구명구 ② 구명조끼
③ 보호구 ④ 비상벨

해설 감전되거나 전기 화상을 입을 위험이 있는 작업장에서는 보호구를 착용하여야 한다.

10 중량물 운반 작업 시 착용하여야 할 안전화로 가장 적절한 것은?

① 중작업용 ② 보통작업용
③ 경작업용 ④ 절연용

해설 중량물 운반 작업을 할 때에는 중작업용 안전화를 착용하여야 한다.

11 안전관리상 장갑을 끼고 작업할 경우 위험할 수 있는 것은?

① 해머작업 ② 줄 작업
③ 용접작업 ④ 판금작업

해설 선반·드릴 등의 절삭가공 및 해머작업을 할 때에는 장갑을 착용해서는 안 된다.

12 작업자의 신체부위가 위험한계 또는 그 인접한 거리로 들어오면 이를 감지하여 그 즉시 동작하던 기계를 정지시키거나 스위치가 꺼지도록 하는 방호장치법은?

① 격리형 방호장치
② 위치 제한형 방호장치
③ 접근 반응형 방호장치
④ 포집형 방호장치

해설 접근 반응형 방호장치는 작업자의 신체부위가 위험한계 또는 그 인접한 거리로 들어오면 이를 감지하여 그 즉시 동작하던 기계를 정지시키거나 스위치가 꺼지도록 하는 방호법이다.

13 리프트(lift)의 방호장치가 아닌 것은?

① 해지장치
② 출입문 인터록
③ 권과방지장치
④ 과부하방지장치

해설 리프트의 방호장치는 출입문 인터록, 권과방지장치, 과부하방지장치, 비상정지장치, 조작반에 잠금장치 설치 등이 있다.

14 동력기계장치의 표준방호덮개 설치 목적이 아닌 것은?

① 동력전달장치와 신체의 접촉 방지
② 주유나 검사의 편리성
③ 방음이나 집진
④ 가공물 등의 낙하에 의한 위험 방지

해설 방호덮개 설치 목적은 동력전달장치와 신체의 접촉 방지, 방음이나 집진, 가공물 등의 낙하에 의한 위험 방지이다.

15 **방호장치 및 방호조치에 대한 설명으로 틀린 것은?**

① 충전회로 인근에서 차량, 기계장치 등의 작업이 있는 경우 충전부로부터 3m 이상 이격시킨다.
② 지반 붕괴의 위험이 있는 경우 흙막이 지보공 및 방호망을 설치해야 한다.
③ 발파작업 시 피난장소는 좌우측을 견고하게 방호한다.
④ 직접 접촉이 가능한 벨트에는 덮개를 설치해야 한다.

해설 발파작업을 할 때에는 피난장소는 앞쪽을 견고하게 방호한다.

16 **전기기기에 의한 감전 사고를 막기 위하여 필요한 설비로 가장 중요한 것은?**

① 접지설비
② 방폭등 설비
③ 고압계 설비
④ 대지전위 상승설비

해설 전기기기에 의한 감전 사고를 막기 위해서는 접지설비를 하여야 한다.

17 **안전장치 선정 시의 고려사항에 해당되지 않는 것은?**

① 위험부분에는 안전방호장치가 설치되어 있을 것
② 강도나 기능 면에서 신뢰도가 클 것
③ 작업하기에 불편하지 않은 구조일 것
④ 안전장치 기능 제거를 용이하게 할 것

해설 안전장치의 기능을 제거해서는 안 된다.

18 **감전재해 사고 발생 시 취해야 할 행동으로 틀린 것은?**

① 설비의 전기공급원 스위치를 내린다.
② 피해자 구출 후 상태가 심할 경우 인공호흡 등 응급조치를 한 후 작업을 직접 마무리하도록 도와준다.
③ 전원을 끄지 못했을 때는 고무장갑이나 고무장화를 착용하고 피해자를 구출한다.
④ 피해자가 지닌 금속체가 전선 등에 접촉되었는가를 확인한다.

해설 감전재해 사고가 발생하였을 때에는 설비의 전기공급원 스위치를 내리고, 전원을 끄지 못했을 때는 고무장갑이나 고무장화를 착용하고 피해자를 구출하여야 하며, 피해자가 지닌 금속체가 전선 등에 접촉되었는가를 확인한다.

19 **안전한 작업을 하기 위하여 작업복을 선정할 때의 유의사항이 아닌 것은?**

① 화기사용 장소에서 방염성·불연성의 것을 사용하도록 한다.
② 착용자의 취미·기호 등에 중점을 두고 선정한다.
③ 작업복은 몸에 맞고 동작이 편하도록 제작한다.
④ 상의의 소매나 바지자락 끝부분이 안전하고 작업하기 편리하게 잘 처리된 것을 선정한다.

해설 작업복은 몸에 맞고 동작이 편한 것을 선정한다.

20 납산배터리 액체를 취급하는 데 가장 적합한 것은?

① 고무로 만든 옷
② 가죽으로 만든 옷
③ 무명으로 만든 옷
④ 화학섬유로 만든 옷

해설 납산배터리 액체(전해액)를 취급할 때에는 고무로 만든 옷을 착용한다.

21 유해한 작업환경요소가 아닌 것은?

① 화재나 폭발의 원인이 되는 환경
② 신선한 공기가 공급되도록 환풍장치 등의 설비
③ 소화기와 호흡기를 통하여 흡수되어 건강장애를 일으키는 물질
④ 피부나 눈에 접촉하여 자극을 주는 물질

해설 유해한 작업환경요소는 화재나 폭발의 원인이 되는 환경, 소화기와 호흡기를 통하여 흡수되어 건강장애를 일으키는 물질, 피부나 눈에 접촉하여 자극을 주는 물질이다.

22 [보기]는 재해 발생 시 조치요령이다. 조치 순서로 가장 적합하게 이루어진 것은?

보기
A. 운전 정지 B. 관련된 또 다른 재해 방지 C. 피해자 구조 D. 응급처치

① A → B → C → D
② C → B → D → A
③ C → D → A → B
④ A → C → D → B

해설 **재해가 발생하였을 때 조치 순서**
운전 정지 → 피해자 구조 → 응급처치 → 2차 재해 방지

23 인간공학적 안전설정으로 페일세이프에 관한 설명 중 가장 적절한 것은?

① 안전도 검사방법이다.
② 안전통제의 실패로 인하여 원상복귀가 가장 쉬운 사고의 결과이다.
③ 안전사고 예방을 할 수 없는 물리적 불안전 조건과 불안전 인간의 행동이다.
④ 인간 또는 기계에 과오나 동작상의 실패가 있어도 안전사고를 발생시키지 않도록 하는 통제책이다.

해설 페일세이프(fail safe)란 인간 또는 기계에 과오나 동작상의 실패가 있어도 안전사고를 발생시키지 않도록 하는 통제방책이다.

24 근로자 1,000명당 1년간에 발생하는 재해자 수를 나타낸 것은?

① 도수율　② 강도율
③ 연천인율　④ 사고율

해설 **재해율**
- 도수율: 안전사고 발생 빈도로 근로시간 100만 시간당 발생하는 사고건수, 즉 (재해건수/연근로시간 수)×1,000,000이다.
- 강도율: 안전사고의 강도로 근로시간 1,000시간당의 재해에 의한 노동손실 일수이다.
- 연천인율: 1년 동안 1,000명의 근로자가 작업할 때 발생하는 사상자의 비율, 즉 (재해자 수/평균근로자 수)×1,000이다.

25 안전관리상 인력운반으로 중량물을 운반하거나 들어 올릴 때 발생할 수 있는 재해와 가장 거리가 먼 것은?

① 낙하　② 협착(압상)
③ 단전(정전)　④ 충돌

해설 인력운반으로 중량물을 운반하거나 들어 올릴 때 발생할 수 있는 재해에는 낙하, 협착(압상), 충돌 등이 있다.

26 산업안전보건법상 산업재해의 정의로 옳은 것은?

① 고의로 물적 시설을 파손한 것을 말한다.
② 운전 중 본인의 부주의로 교통사고가 발생된 것을 말한다.
③ 일상 활동에서 발생하는 사고로서 인적 피해에 해당하는 부분을 말한다.
④ 근로자가 업무에 관계되는 건설물, 설비, 원재료, 가스, 증기, 분진 등에 의하거나 작업 또는 그 밖의 업무로 인하여 사망 또는 부상하거나 질병에 걸리게 되는 것을 말한다.

해설 산업재해란 근로자가 생산 활동 중 신체장애와 유해물질에 의한 중독 등으로 직업성 질환에 걸려 나타난 장애이다.

27 ILO(국제노동기구)의 구분에 의한 근로불능 상해의 종류 중 "응급조치 상해"는 며칠간 치료를 받은 다음부터 정상작업에 임할 수 있는 정도의 상해를 의미하는가?

① 1일 미만 ② 3~5일
③ 10일 미만 ④ 2주 미만

해설 **산업재해 부상의 분류**
- 무상해 : 응급처치 이하의 상처로 작업에 종사하면서 치료를 받는 상해 정도
- 응급조치 상해 : 1일 미만의 치료를 받고 다음부터 정상작업에 임할 수 있는 상해 정도
- 경상해 : 부상으로 1일 이상 14일 이하의 노동 상실을 가져온 상해 정도
- 중상해 : 부상으로 2주 이상의 노동손실을 가져온 상해 정도

28 산업안전에서 근로자가 안전하게 작업을 할 수 있는 세부작업 행동지침을 무엇이라고 하는가?

① 안전수칙 ② 안전표지
③ 작업지시 ④ 작업수칙

해설 안전수칙이란 근로자가 안전하게 작업을 할 수 있는 세부작업 행동지침이다.

29 사고를 많이 발생시키는 원인 순서로 나열한 것은?

① 불안전 행위 〉 불가항력 〉 불안전 조건
② 불안전 조건 〉 불안전 행위 〉 불가항력
③ 불안전 행위 〉 불안전 조건 〉 불가항력
④ 불가항력 〉 불안전 조건 〉 불안전 행위

해설 **사고를 많이 발생시키는 원인 순서**
불안전 행위 〉 불안전 조건 〉 불가항력

30 재해의 원인 중 생리적인 원인에 해당되는 것은?

① 작업자의 피로
② 작업복의 부적당
③ 안전장치의 불량
④ 안전수칙의 미준수

해설 생리적인 원인은 작업자의 피로이다.

31 현장에서 작업자가 작업 안전상 꼭 알아두어야 할 사항은?

① 장비의 가격
② 종업원의 작업환경
③ 종업원의 기술정도
④ 안전규칙 및 수칙

해설 현장에서 작업자가 작업 안전상 꼭 알아두어야 할 사항은 안전규칙 및 수칙이다.

32 **안전교육의 목적으로 맞지 않는 것은?**

① 능률적인 표준작업을 숙달시킨다.
② 소비절약 능력을 배양한다.
③ 작업에 대한 주의심을 파악할 수 있게 한다.
④ 위험에 대처하는 능력을 기른다.

해설 안전교육의 목적은 능률적인 표준작업 숙달, 작업에 대한 주의심 파악, 위험에 대처하는 능력배양이다.

33 **안전수칙을 지킴으로 발생될 수 있는 효과로 가장 거리가 먼 것은?**

① 기업의 신뢰도를 높여준다.
② 기업의 이직률이 감소된다.
③ 기업의 투자경비가 늘어난다.
④ 상하동료 간의 인간관계가 개선된다.

해설 **안전수칙을 지킴으로 발생될 수 있는 효과**
기업의 신뢰도 향상, 기업의 이직률 감소, 상하동료 간의 인간관계 개선

34 **작업환경 개선방법으로 가장 거리가 먼 것은?**

① 채광을 좋게 한다.
② 조명을 밝게 한다.
③ 부품을 신품으로 모두 교환한다.
④ 소음을 줄인다.

해설 작업환경 개선방법은 채광을 좋게 할 것, 조명을 밝게 할 것, 통풍이 잘되도록 할 것, 소음을 줄일 것 등이 있다.

35 **재해조사의 직접적인 목적에 해당되지 않는 것은?**

① 재해원인의 규명 및 예방자료 수집
② 유사재해의 재발 방지
③ 동종재해의 재발 방지
④ 재해 관련 책임자 문책

해설 재해조사는 재해원인의 규명 및 예방자료 수집, 유사재해의 재발 방지, 동종재해의 재발 방지, 적절한 예방대책 수립을 목적으로 한다.

36 **안전을 위하여 눈으로 보고 손으로 가리키고, 입으로 복창하여 귀로 듣고, 머리로 종합적인 판단을 하는 지적확인의 특성은?**

① 의식을 강화한다.
② 지식수준을 높인다.
③ 안전태도를 형성한다.
④ 육체적 기능수준을 높인다.

해설 의식 강화란 안전을 위하여 눈으로 보고 손으로 가리키고, 입으로 복창하여 귀로 듣고, 머리로 종합적인 판단을 하는 지적확인의 특성이다.

37 **점검주기에 따른 안전점검의 종류에 해당되지 않는 것은?**

① 수시점검 ② 정기점검
③ 특별점검 ④ 구조점검

해설 안전점검의 종류에는 일상점검, 정기점검, 수시점검, 특별점검 등이 있다.

38 **화재가 발생하기 위해서는 3가지 요소가 있는데 모두 맞는 것으로 연결된 것은?**

① 가연성 물질 – 점화원 – 산소
② 산화물질 – 소화원 – 산소
③ 산화물질 – 점화원 – 질소
④ 가연성 물질 – 소화원 – 산소

해설 화재가 발생하기 위해서는 가연성 물질, 산소, 점화원(발화원)이 반드시 필요하다.

39 **연소조건에 대한 설명으로 틀린 것은?**

① 산화되기 쉬운 것일수록 타기 쉽다.
② 열전도율이 적은 것일수록 타기 쉽다.
③ 발열량이 적은 것일수록 타기 쉽다.
④ 산소와의 접촉면이 클수록 타기 쉽다.

해설 연소조건은 산화되기 쉬운 것일수록, 열전도율이 적은 것일수록, 발열량이 큰 것일수록, 산소와의 접촉면이 클수록 타기 쉽다.

40 **자연발화가 일어나기 쉬운 조건으로 틀린 것은?**

① 발열량이 클 때
② 주위 온도가 높을 때
③ 착화점이 낮을 때
④ 표면적이 작을 때

해설 자연발화는 발열량이 클 때, 주위 온도가 높을 때, 착화점이 낮을 때 일어나기 쉽다.

41 **소화설비 선택 시 고려하여야 할 사항이 아닌 것은?**

① 작업의 성질 ② 작업자의 성격
③ 화재의 성질 ④ 작업장의 환경

해설 소화설비를 선택할 때에는 작업의 성질, 화재의 성질, 작업장의 환경 등을 고려하여야 한다.

42 **목재, 종이 및 석탄 등 일반 가연물의 화재는 어떤 화재로 분류하는가?**

① A급 화재 ② B급 화재
③ C급 화재 ④ D급 화재

해설 **화재의 분류**
- A급 화재 : 나무, 석탄 등 연소 후 재를 남기는 일반화재
- B급 화재 : 휘발유, 벤젠 등 유류화재
- C급 화재 : 전기화재
- D급 화재 : 금속화재

43 **금속나트륨이나 금속칼륨 화재의 소화재로서 가장 적합한 것은?**

① 물
② 포소화기
③ 건조사
④ 이산화탄소 소화기

해설 D급 화재(금속화재)는 금속나트륨 등의 화재로 일반적으로 건조사를 이용한 질식효과로 소화한다.

44 **소화 작업의 기본요소가 아닌 것은?**

① 가연물질을 제거하면 된다.
② 산소를 차단하면 된다.
③ 점화원을 제거시키면 된다.
④ 연료를 기화시키면 된다.

해설 소화 작업의 기본요소는 가연물질 제거, 산소 공급 차단, 점화원 제거이다.

45 **화재 발생 시 초기진화를 위해 소화기를 사용하고자 할 때, 다음 보기에서 소화기 사용방법에 따른 순서로 맞는 것은?**

보기

A. 안전핀을 뽑는다.
B. 안전핀 걸림 장치를 제거한다.
C. 손잡이를 움켜잡아 분사한다.
D. 노즐을 불이 있는 곳으로 향하게 한다.

① A → B → C → D
② C → A → B → D
③ D → B → C → A
④ B → A → D → C

해설 **소화기 사용방법**
안전핀 걸림 장치를 제거한다. → 안전핀을 뽑는다. → 노즐을 불이 있는 곳으로 향하게 한다. → 손잡이를 움켜잡아 분사한다.

46 화재 발생 시 소화기를 사용하여 소화 작업을 하고자 할 때 올바른 방법은?

① 바람을 안고 우측에서 좌측을 향해 실시한다.
② 바람을 등지고 좌측에서 우측을 향해 실시한다.
③ 바람을 안고 아래쪽에서 위쪽을 향해 실시한다.
④ 바람을 등지고 위쪽에서 아래쪽을 향해 실시한다.

해설 소화기를 사용하여 소화 작업을 할 경우에는 바람을 등지고 위쪽에서 아래쪽을 향해 실시한다.

47 건설기계에 비치할 가장 적합한 종류의 소화기는?

① 포말소화기
② 포말B 소화기
③ ABC소화기
④ A급 화재소화기

해설 건설기계에는 ABC소화기를 비치하여야 한다.

48 전기화재에 적합하며 화재 때 화점에 분사하는 소화기로 산소를 차단하는 소화기는?

① 포말소화기
② 이산화탄소 소화기
③ 분말소화기
④ 증발소화기

해설 이산화탄소 소화기는 유류와 전기화재 모두 적용이 가능하나 산소 차단(질식작용)에 의해 화염을 진화하기 때문에 실내에서 사용할 때는 특히 주의를 기울여야 한다.

49 화재 및 폭발의 우려가 있는 가스발생장치 작업장에서 지켜야 할 사항으로 맞지 않는 것은?

① 불연성재료의 사용 금지
② 화기의 사용 금지
③ 인화성 물질 사용 금지
④ 점화의 원인이 될 수 있는 기계 사용 금지

해설 가스발생장치 작업장에서는 가연성재료 사용을 금지한다.

50 화재 발생으로 부득이 화염이 있는 곳을 통과할 때의 요령으로 틀린 것은?

① 몸을 낮게 엎드려서 통과한다.
② 물수건으로 입을 막고 통과한다.
③ 머리카락, 얼굴, 발, 손 등을 불과 닿지 않게 한다.
④ 뜨거운 김은 입으로 마시면서 통과한다.

해설 화염이 있는 곳을 통과할 때에는 몸을 낮게 엎드려서 통과하고, 물수건으로 입을 막고 통과하며, 머리카락, 얼굴, 발, 손 등을 불과 닿지 않게 하고, 뜨거운 김을 마시지 않도록 한다.

51 양중기에 해당되지 않는 것은?

① 곤돌라 ② 크레인
③ 리프트 ④ 지게차

해설 양중기에 해당되는 것은 크레인(호이스트 포함), 이동식 크레인, 리프트, 곤돌라, 승강기이다.

52 운반 작업을 하는 작업장의 통로에서 통과 우선순위로 가장 적당한 것은?

① 짐차 → 빈차 → 사람
② 빈차 → 짐차 → 사람
③ 사람 → 짐차 → 빈차
④ 사람 → 빈차 → 짐차

해설 운반 작업을 하는 작업장의 통로에서 통과 우선순위는 짐차 → 빈차 → 사람이다.

53 공장에서 엔진 등 중량물을 이동하려고 할 때 가장 좋은 방법은?

① 여러 사람이 들고 조용히 움직인다.
② 체인블록이나 호이스트를 사용한다.
③ 로프로 묶어 인력으로 당긴다.
④ 지렛대를 이용하여 움직인다.

해설 중량물을 이동할 때에는 체인블록이나 호이스트를 사용한다.

54 작업장에서 공동 작업으로 물건을 들어 이동할 때 잘못된 것은?

① 힘의 균형을 유지하여 이동할 것
② 불안전한 물건은 드는 방법에 주의할 것
③ 보조를 맞추어 들도록 할 것
④ 운반 도중 상대방에게 무리하게 힘을 가할 것

해설 운반 도중 상대방에게 무리하게 힘을 가해서는 안 된다.

55 위험한 작업을 할 때 작업자에게 필요한 조치로 가장 적절한 것은?

① 작업이 끝난 후 즉시 알려 주어야 한다.
② 공청회를 통해 알려 주어야 한다.
③ 작업 전 미리 작업자에게 이를 알려 주어야 한다.
④ 작업하고 있을 때 작업자에게 알려 주어야 한다.

해설 위험한 작업을 할 때에는 작업 전에 미리 작업자에게 이를 알려 주어야 한다.

56 작업장에 대한 안전관리상 설명으로 틀린 것은?

① 항상 청결하게 유지한다.
② 작업대 사이 또는 기계 사이의 통로는 안전을 위한 일정한 너비가 필요하다.
③ 공장 바닥은 폐유를 뿌려 먼지가 일어나지 않도록 한다.
④ 전원 콘센트 및 스위치 등에 물을 뿌리지 않는다.

해설 공장 바닥에는 물이나 폐유를 뿌려서는 안 된다.

57 작업 시 준수해야 할 안전사항으로 틀린 것은?

① 대형물건의 기중작업 시 신호 확인을 철저히 할 것
② 고장 중인 기기에는 표시를 해 둘 것
③ 정전 시에는 반드시 전원을 차단할 것
④ 자리를 비울 때 장비 작동은 자동으로 할 것

해설 자리를 비울 때 장비 작동을 정지시켜야 한다.

58 관련법상 작업장의 사다리식 통로를 설치하는 조건으로 틀린 것은?

① 견고한 구조로 할 것
② 발판의 간격은 일정하게 할 것
③ 사다리가 넘어지거나 미끄러지는 것을 방지하기 위한 조치를 할 것
④ 사다리식 통로의 길이가 10m 이상인 때에는 접이식으로 설치할 것

해설 사다리식 통로의 길이가 10m 이상인 경우에는 5m 이내마다 계단참을 설치해야 한다.

59 작업장에서 전기가 예고 없이 정전되었을 경우 전기로 작동하던 기계·기구의 조치 방법으로 가장 적합하지 않은 것은?

① 즉시 스위치를 끈다.
② 안전을 위해 작업장을 정리해 놓는다.
③ 퓨즈의 단락 유무를 검사한다.
④ 전기가 들어오는 것을 알기 위해 스위치를 켜둔다.

해설 정전이 되었을 경우에는 스위치를 OFF시켜 두어야 한다.

60 정비작업 시 안전에 가장 위배되는 것은?

① 깨끗하고 먼지가 없는 작업환경을 조성한다.
② 회전부분에 옷이나 손이 닿지 않도록 한다.
③ 연료를 채운 상태에서 연료통을 용접한다.
④ 가연성물질 취급 시 소화기를 준비한다.

해설 연료탱크는 폭발할 우려가 있으므로 용접을 해서는 안 된다.

61 밀폐된 공간에서 엔진을 가동할 때 가장 주의하여야 할 사항은?

① 소음으로 인한 추락
② 배출가스 중독
③ 진동으로 인한 직업병
④ 작업시간

해설 밀폐된 공간에서 엔진을 가동할 때에는 배출가스 중독에 주의하여야 한다.

62 세척작업 중 알칼리 또는 산성 세척유가 눈에 들어갔을 경우 가장 먼저 조치하여야 하는 응급처치는?

① 수돗물로 씻어낸다.
② 바람이 부는 쪽을 향해 눈을 크게 뜨고 눈물을 흘린다.
③ 알칼리성 세척유가 눈에 들어가면 붕산수를 구입하여 중화시킨다.
④ 산성 세척유가 눈에 들어가면 병원으로 후송하여 알칼리성으로 중화시킨다.

해설 세척유가 눈에 들어갔을 경우에는 가장 먼저 수돗물로 씻어낸다.

63 유지보수 작업의 안전에 대한 설명 중 잘못된 것은?

① 기계는 분해하기 쉬워야 한다.
② 보전용 통로는 없어도 가능하다.
③ 기계의 부품은 교환이 용이해야 한다.
④ 작업 조건에 맞는 기계가 되어야 한다.

해설 유지보수 작업을 할 때에는 보전용 통로가 있어야 한다.

64 기계의 회전 부분(기어, 벨트, 체인)에 덮개를 설치하는 이유는?

① 좋은 품질의 제품을 얻기 위하여
② 회전 부분의 속도를 높이기 위하여
③ 제품의 제작과정을 숨기기 위하여
④ 회전 부분과 신체의 접촉을 방지하기 위하여

해설 기계의 회전 부분에 덮개를 설치하는 이유는 회전 부분과 신체의 접촉을 방지하기 위함이다.

65 **벨트 전동장치에 내재된 위험적 요소로 의미가 다른 것은?**

① 트랩(trap)
② 충격(impact)
③ 접촉(contact)
④ 말림(entanglement)

해설 벨트 전동장치에 내재된 위험적 요소는 트랩, 접촉, 말림이다.

66 **구동벨트를 점검할 때 기관의 상태는?**

① 공회전 상태 ② 정지 상태
③ 급가속 상태 ④ 급감속 상태

해설 벨트를 점검하거나 교체할 때에는 반드시 기관의 회전이 정지된 상태에서 해야 한다.

67 **기중기 작업 후 점검사항으로 거리가 먼 것은?**

① 파이프나 실린더의 누유를 점검한다.
② 작동 시 필요한 소모품의 상태를 점검한다.
③ 겨울철엔 가급적 연료탱크를 가득 채운다.
④ 다음날 계속 작업하므로 건설기계의 내·외부는 그대로 둔다.

해설 작업 후 기중기의 내·외부를 청소하여야 한다.

68 **기중기로 작업할 때 주의사항으로 틀린 것은?**

① 운전석을 떠날 경우에는 기관을 정지시킨다.
② 작업 시에는 항상 사람의 접근에 특별히 주의한다.
③ 주행 시에는 가능한 한 평탄한 지면으로 주행한다.
④ 후진 시에는 후진 후 사람 및 장애물 등을 확인한다.

69 **유압장치 작동 시 안전 및 유의사항으로 틀린 것은?**

① 규정의 오일을 사용한다.
② 냉간 시에는 난기운전 후 작업한다.
③ 작동 중 이상소음이 생기면 작업을 중단한다.
④ 오일이 부족하면 종류가 다른 오일이라도 보충한다.

해설 오일이 부족할 때 종류가 다른 오일을 보충하면 열화가 발생할 우려가 있다.

70 **기중기로 기중작업 전에 고려하여야 할 안전사항과 관계가 없는 것은?**

① 최대정격하중
② 아우트리거
③ 기중정격표
④ 기계적 강도 계산표

해설 기중작업 전에 고려하여야 할 사항은 최대정격하중, 아우트리거, 기중정격표 등이다.

71 **기중기로 작업할 때 후방전도 위험상황에 속하지 않는 것은?**

① 붐의 기복각도가 큰 상태에서 급가속으로 양중할 때
② 화물이 갑자기 해제되어 반력이 붐의 후방으로 발생할 경우
③ 급경사로를 내려올 때
④ 붐의 기복각도가 큰 상태에서 기중기를 앞으로 이동할 때

해설 **작업할 때 후방전도 위험상황**
- 붐의 기복각도가 큰 상태에서 기중기를 앞으로 이동할 때
- 붐의 기복각도가 큰 상태에서 급가속으로 양중할 때
- 화물이 갑자기 해제되어 반력이 붐의 후방으로 발생할 경우

72 기중기의 기중작업 전 주의사항이 아닌 것은?

① 작업 대상 화물의 무게가 얼마인지를 알아야 한다.
② 최대 작업반경이 얼마인지를 알아야 한다.
③ 지브는 필요한 범위 내에서 가능한 한 길게 한다.
④ 지브의 길이, 작업반경에 맞추어 정격하중의 범위를 지켜야 한다.

해설 지브는 가능한 한 짧게 하여야 한다.

73 기중기 작업에서 안전사항으로 옳은 것은?

① 지면과 약 30cm 떨어진 지점에서 정지한 후 안전을 확인하고 상승한다.
② 가벼운 화물을 들어 올릴 때는 붐 각을 안전각도 이하로 작업한다.
③ 측면으로 하며, 비스듬히 끌어 올린다.
④ 저속으로 천천히 감아올리고 와이어로프가 인장력을 받기 시작할 때 빨리 당긴다.

해설 기중기로 작업할 때 화물을 지면으로부터 약 30cm 정도 들어 올린 후 정지시키고 안전을 확인하고 상승시킨다.

74 기중기로 작업 중 유의사항으로 틀린 것은?

① 작업 중 사고가 발생하면 작업을 멈추어야 한다.
② 조종사는 화물을 기중한 상태에서 조종석을 떠나서는 안 된다.
③ 화물을 매달고 선회할 경우에는 전도되지 않도록 주의한다.
④ 화물의 적재작업의 경우에는 상승속도를 하강속도보다 빠르게 하여야 한다.

75 기중기의 작업 중 안전수칙으로 틀린 것은?

① 선회작업 시에는 작업반경 내에 장애물이 있는지 확인한 후 작업해야 한다.
② 조종석을 떠날 때에는 기관의 가동을 정지시켜야 한다.
③ 붐을 조종석 가이드 판 위로 선회한다.
④ 흙이나 모래가 묻은 와이어로프는 세척한 후 사용하여야 한다.

해설 붐을 조종석 가이드 판 위로 선회해서는 안 된다.

76 기중기로 화물을 운반할 때 주의사항에 속하지 않는 것은?

① 와이어로프 등의 안전 여부를 항상 점검한다.
② 선회작업을 할 때 사람이 다치지 않도록 한다.
③ 규정 무게보다 약간 초과해도 상관없다.
④ 적재물이 떨어지지 않도록 한다.

해설 규정 무게를 초과하여 초과하면 전복될 우려가 있다.

77 기중기의 안전한 작업방법으로 옳지 않은 것은?

① 지정된 신호수의 신호에 따라 작업을 한다.
② 화물의 훅 위치는 무게 중심에 걸리도록 한다.
③ 제한하중 이상의 것은 달아 올리지 말아야 한다.
④ 화물을 항상 옆으로 달아 올려야 한다.

해설 화물을 항상 수직으로 달아 올려야 한다.

78 **기중기로 무거운 화물을 위로 달아 올릴 때 주의사항이 아닌 것은?**

① 신호의 규정이 없으므로 작업자가 적절히 한다.
② 신호자의 신호에 따라 작업한다.
③ 달아 올릴 화물의 무게를 파악하여 제한하중 이하에서 작업한다.
④ 매달린 화물이 불안전하다고 생각될 때는 작업을 중지한다.

해설 무거운 화물을 위로 달아 올릴 때에는 신호자의 신호에 따라 작업하여야 하고, 달아 올릴 화물의 무게를 파악하여 제한하중 이하에서 작업하며, 매달린 화물이 불안전하다고 생각될 때는 작업을 중지한다.

79 **화물을 인양할 때 줄걸이용 와이어로프에 장력이 걸리면 일단 정지하여 점검해야 할 사항이 아닌 것은?**

① 화물이 파손될 우려가 없는지 확인한다.
② 장력이 걸리지 않는 와이어로프는 없는지 확인한다.
③ 와이어로프의 장력 배분이 맞는지 확인한다.
④ 와이어로프의 종류와 규격을 확인한다.

해설 **와이어로프에 장력이 걸리면 일단 정지하여 점검해야 할 사항**
- 화물이 파손될 우려가 없는지 확인한다.
- 장력이 걸리지 않는 와이어로프는 없는지 확인한다.
- 와이어로프의 장력 배분이 맞는지 확인한다.
- 화물이 심하게 흔들리지는 않는지 확인한다.

80 **기중기를 운전할 때 운전자 안전수칙을 설명한 것 중 옳지 않은 것은?**

① 옥외 기중기는 강풍이 불어올 경우 운전 및 옥외 점검·정비를 제한한다.
② 화물이 흔들리거나 회전하는 상태로 운반해서는 안 된다.
③ 화물을 작업자 머리 위로 운반해서는 안 된다.
④ 운전석을 이석할 때는 기중기를 정지위치로 이동시킨 후 훅을 최대한 내려놓는다.

해설 운전석을 이석할 때는 기중기를 정지위치로 이동시킨 후 훅을 최대한 올려놓는다.

81 **기중기의 안전수칙에 대한 설명이 아닌 것은?**

① 기중기를 다른 곳으로 이동할 때에는 반드시 선회 브레이크를 풀어 놓고 내려와야 한다.
② 무거운 하중은 5~10cm 들어 올려 브레이크나 기계의 안전을 확인한 후 작업에 임하도록 한다.
③ 운전석을 떠날 때 기관의 가동을 정지시켜야 한다.
④ 화물을 달아 올린 채로 브레이크를 걸어두어서는 안 된다.

해설 기중기를 다른 곳으로 이동할 때에는 반드시 선회 브레이크를 잠가 놓고 내려와야 한다.

82 기중기로 화물을 적재할 때의 안전수칙에 속하지 않는 것은?

① 작업 중인 기중기의 운전반경 내에 접근을 금지한다.
② 작업 중인 조종사와는 휴대폰으로 연락한다.
③ 시야가 양호한 방향으로 선회한다.
④ 조종사의 주의력을 혼란스럽게 하는 일은 금한다.

해설 작업 중인 조종사와는 수신호나 호루라기 등으로 신호한다.

83 기중기를 이용한 작업방법 중 안전기준에 속하지 않는 것은?

① 작업 중인 기중기의 작업반경 내에 접근하지 않는다.
② 기중기를 이용하여 화물을 운반할 때 붐의 각도는 20° 이하 또는 78° 이상으로 하여 작업한다.
③ 급회전하지 않는다.
④ 작업 중 시계가 양호한 방향으로 선회한다.

해설 기중기를 이용하여 작업할 때 붐의 각도는 20° 이상 또는 78° 이하로 하여야 한다.

84 기중기 작업을 할 때 고려해야 할 점이 아닌 것은?

① 화물의 현재 임계하중과 권하 높이
② 붐 선단과 상부회전체 후방 선회 반지름
③ 작업지반의 강도
④ 화물의 크기와 종류 및 형상

해설 작업할 때에는 붐 선단과 상부회전체 후방 선회 반지름, 화물의 크기와 종류 및 형상, 작업지반의 강도를 고려해야 한다.

85 안전·보건표지의 구분에 해당하지 않는 것은?

① 금지표지 ② 성능표지
③ 지시표지 ④ 안내표지

해설 안전표지의 종류에는 금지표지, 경고표지, 지시표지, 안내표지가 있다.

86 안전·보건표지의 종류별 용도, 사용 장소, 형태 및 색채에서 바탕은 흰색, 기본모형은 빨간색, 관련부호 및 그림은 검정색으로 된 표지는?

① 보조표지 ② 지시표지
③ 주의표지 ④ 금지표지

해설 금지표지는 바탕은 흰색, 기본모형은 빨간색, 관련부호 및 그림은 검정색으로 되어 있다.

87 그림과 같은 안전표지판이 나타내는 것은?

① 비상구 ② 출입 금지
③ 인화성물질 경고 ④ 보안경 착용

88 산업안전보건표지에서 그림이 나타내는 것은?

① 비상구 없음 표지
② 방사선 위험 표지
③ 탑승 금지 표지
④ 보행 금지 표지

89 안전·보건표지의 종류와 형태에서 그림의 표지로 맞는 것은?

① 차량 통행 금지
② 사용 금지
③ 탑승 금지
④ 물체 이동 금지

90 안전·보건표지의 종류와 형태에서 그림의 안전표지판이 나타내는 것은?

① 사용 금지
② 탑승 금지
③ 보행 금지
④ 물체 이동 금지

91 산업안전보건표지의 종류에서 경고표지에 해당되지 않는 것은?

① 방독면 착용
② 인화성물질 경고
③ 폭발물 경고
④ 저온 경고

해설 **경고표지의 종류**
인화성물질 경고, 산화성물질 경고, 폭발성물질 경고, 급성독성물질 경고, 부식성물질 경고, 유해물질 경고, 방사성물질 경고, 고압 전기 경고, 매달린 물체 경고, 낙하물 경고, 고온 경고, 저온 경고, 몸균형상실 경고, 레이저광선 경고, 위험장소 경고

92 산업안전보건법령상 안전·보건표지의 종류 중 다음 그림에 해당하는 것은?

① 산화성물질 경고
② 인화성물질 경고
③ 폭발성물질 경고
④ 급성독성물질 경고

93 산업안전보건표지에서 그림이 표시하는 것으로 맞는 것은?

① 독극물 경고 ② 폭발물 경고
③ 고압 전기 경고 ④ 낙하물 경고

94 보안경 착용, 방독마스크 착용, 방진마스크 착용, 안전모자 착용, 귀마개 착용 등을 나타내는 표지의 종류는?

① 금지표지 ② 지시표지
③ 안내표지 ④ 경고표지

해설 **지시표지의 종류**
보안경 착용, 방독마스크 착용, 방지마스크 착용, 보안면 착용, 안전모 착용, 귀마개 착용, 안전화 착용, 안전장갑 착용, 안전복 착용 등

95 그림은 안전표지의 어떠한 내용을 나타내는가?

① 지시표지 ② 금지표지
③ 경고표지 ④ 안내표지

96 안전·보건표지의 종류와 형태에서 그림의 표지로 맞는 것은?

① 안전복 착용 ② 안전모 착용
③ 보안경 착용 ④ 출입 금지

97 안전표지의 종류 중 안내표지에 속하지 않는 것은?

① 녹십자 표지
② 응급구호 표지
③ 비상구 표지
④ 출입 금지 표지

해설 안내표지에는 녹십자 표지, 응급구호 표지, 들것 표지, 세안장치 표지, 비상구 표지가 있다.

98 안전·보건표지의 종류와 형태에서 그림의 표지로 맞는 것은?

① 비상구 표지
② 안전제일 표지
③ 응급구호 표지
④ 들것 표지

99 안전표시 중 응급치료소, 응급처치용 장비를 표시하는 데 사용하는 색은?

① 황색, 흑색 ② 적색
③ 흑색, 백색 ④ 녹색

해설 응급치료소, 응급처치용 장비를 표시하는 데 사용하는 색은 녹색이다.

100 산업안전보건법령상 안전·보건표지에서 색채와 용도가 다르게 짝지어진 것은?

① 파란색 - 지시
② 녹색 - 안내
③ 노란색 - 위험
④ 빨간색 - 금지, 경고

해설 노란색은 충돌, 추락, 전도 및 그 밖의 비슷한 사고의 방지를 위해 물리적 위험성 주의를 표시한다.

Chapter  04 | 건설기계관리법 및 도로교통법 빈출 예상문제

1 건설기계관리법

01 건설기계관리법의 입법 목적에 해당되지 않는 것은?

① 건설기계의 효율적인 관리를 하기 위함
② 건설기계 안전도 확보를 위함
③ 건설기계의 규제 및 통제를 하기 위함 (정답)
④ 건설공사의 기계화를 촉진함

해설 건설기계관리법의 목적은 건설기계의 등록·검사·형식승인 및 건설기계사업과 건설기계조종사 면허 등에 관한 사항을 정하여 건설기계를 효율적으로 관리하고 건설기계의 안전도를 확보하여 건설공사의 기계화를 촉진함을 목적으로 한다.

02 건설기계관리법상 건설기계의 정의를 가장 올바르게 한 것은?

① 건설공사에 사용할 수 있는 기계로서 대통령령이 정하는 것 (정답)
② 건설현장에서 운행하는 장비로서 대통령령이 정하는 것
③ 건설공사에 사용할 수 있는 기계로서 국토교통부령이 정하는 것
④ 건설현장에서 운행하는 장비로서 국토교통부령이 정하는 것

해설 건설기계란 건설공사에 사용할 수 있는 기계로서 대통령령으로 정하는 것을 말한다.

03 건설기계관리법에서 정의한 건설기계 형식으로 가장 옳은 것은?

① 엔진구조 및 성능을 말한다.
② 형식 및 규격을 말한다.
③ 성능 및 용량을 말한다.
④ 구조, 규격 및 성능 등에 관하여 일정하게 정한 것을 말한다. (정답)

해설 건설기계형식이란 건설기계의 구조, 규격 및 성능 등에 관하여 일정하게 정한 것을 말한다.

04 건설기계관리법상 건설기계의 소유자는 건설기계를 취득한 날부터 얼마 이내에 건설기계 등록신청을 해야 하는가?

① 2월 이내 (정답) ② 3월 이내
③ 6월 이내 ④ 1년 이내

해설 건설기계등록신청은 건설기계를 취득한 날(판매를 목적으로 수입된 건설기계의 경우에는 판매한 날을 말한다)부터 2월 이내에 하여야 한다. 다만, 전시·사변 기타 이에 준하는 국가비상사태하에 있어서는 5일 이내에 신청하여야 한다.

05 신개발 건설기계의 시험·연구 목적 운행을 제외한 건설기계의 임시운행 기간은 며칠 이내인가?

① 5일 ② 10일
③ 15일 (정답) ④ 20일

해설 임시운행기간은 15일 이내로 한다. 다만, 신개발 건설기계를 시험·연구의 목적으로 운행하는 경우에는 3년 이내로 한다.

06 건설기계 등록신청 시 첨부하지 않아도 되는 서류는?

① 호적등본
② 건설기계 소유자임을 증명하는 서류
③ 건설기계제작증
④ 건설기계제원표

해설 **건설기계 등록신청 시 첨부서류**
- 해당 건설기계의 출처를 증명하는 서류
  - 국내에서 제작한 건설기계 : 건설기계제작증
  - 수입한 건설기계 : 수입면장 등 수입사실을 증명하는 서류
  - 행정기관으로부터 매수한 건설기계 : 매수증서
- 건설기계의 소유자임을 증명하는 서류
- 건설기계제원표
- 「자동차손해배상 보장법」에 따른 보험 또는 공제의 가입을 증명하는 서류

07 건설기계관리법상 건설기계의 등록신청은 누구에게 하여야 하는가?

① 사용본거지를 관할하는 읍·면장
② 사용본거지를 관할하는 시·도지사
③ 사용본거지를 관할하는 검사대행장
④ 사용본거지를 관할하는 경찰서장

해설 건설기계를 등록하려는 건설기계의 소유자는 건설기계등록신청서에 건설기계소유자의 주소지 또는 건설기계의 사용본거지를 관할하는 특별시장·광역시장·도지사 또는 특별자치도지사(이하 "시·도지사")에게 제출하여야 한다.

08 건설기계의 소유자는 건설기계등록사항에 변경이 있을 때(전시·사변 기타 이에 준하는 비상사태 및 상속 시의 경우는 제외)에는 등록사항의 변경신고를 변경이 있는 날부터 며칠 이내에 하여야 하는가?

① 10일 ② 15일
③ 20일 ④ 30일

해설 건설기계의 소유자는 건설기계등록사항에 변경(주소지 또는 사용본거지가 변경된 경우를 제외)이 있는 때에는 그 변경이 있은 날부터 30일(상속의 경우에는 상속개시일부터 6개월) 이내에 건설기계등록사항변경신고서(전자문서로 된 신고서를 포함)에 서류(전자문서를 포함)를 첨부하여 등록을 한 시·도지사에게 제출하여야 한다. 다만, 전시·사변 기타 이에 준하는 국가비상사태하에 있어서는 5일 이내에 하여야 한다.

09 건설기계 소유자는 등록한 주소지 또는 사용본거지가 변경된 경우 어떤 신고를 해야 하는가?

① 등록사항 변경신고를 하여야 한다.
② 등록이전신고를 하여야 한다.
③ 건설기계소재지 변동신고를 한다.
④ 등록지의 변경 시에는 아무 신고도 하지 않는다.

해설 **등록이전**
건설기계의 소유자는 등록한 주소지 또는 사용본거지가 변경된 경우(시·도간의 변경이 있는 경우)에는 그 변경이 있은 날부터 30일(상속의 경우에는 상속개시일부터 6개월) 이내에 건설기계등록이전신고서에 소유자의 주소 또는 건설기계의 사용본거지의 변경사실을 증명하는 서류와 건설기계등록증 및 건설기계검사증을 첨부하여 새로운 등록지를 관할하는 시·도지사에게 제출(전자문서에 의한 제출을 포함)하여야 한다.

10 **건설기계에서 등록의 경정은 어느 때 하는가?**

① 등록을 행한 후에 그 등록에 관하여 착오 또는 누락이 있음을 발견한 때
② 등록을 행한 후에 소유권이 이전되었을 때
③ 등록을 행한 후에 등록지가 이전되었을 때
④ 등록을 행한 후에 소재지가 변동되었을 때

해설 **등록의 경정**
시·도지사는 등록을 행한 후에 그 등록에 관하여 착오 또는 누락이 있음을 발견한 때에는 부기로써 경정등록을 하고, 그 뜻을 지체 없이 등록명의인 및 그 건설기계의 검사대행자에게 통보하여야 한다.

11 **건설기계 등록말소 신청서의 첨부서류가 아닌 것은?**

① 건설기계등록증
② 건설기계검사증
③ 건설기계운행증
④ 건설기계의 멸실·도난·수출·폐기·폐기요청·반품 및 교육·연구 목적 사용 등 등록말소사유를 확인할 수 있는 서류

해설 **등록말소 신청서의 첨부서류**
- 건설기계등록증
- 건설기계검사증
- 멸실·도난·수출·폐기·폐기요청·반품 및 교육·연구 목적 사용 등 등록말소사유를 확인할 수 있는 서류

12 **소유자의 신청이나 시·도지사의 직권으로 건설기계의 등록을 말소할 수 있는 경우가 아닌 것은?**

① 건설기계를 수출하는 경우
② 건설기계를 도난당한 경우
③ 건설기계 정기검사에 불합격된 경우
④ 건설기계의 차대가 등록 시의 차대와 다른 경우

해설 **소유자의 신청이나 시·도지사의 직권으로 등록을 말소할 수 있는 경우**
- 거짓이나 그 밖의 부정한 방법으로 등록을 한 경우
- 건설기계가 천재지변 또는 이에 준하는 사고 등으로 사용할 수 없게 되거나 멸실된 경우
- 건설기계의 차대(車臺)가 등록 시의 차대와 다른 경우
- 건설기계가 건설기계안전기준에 적합하지 아니하게 된 경우
- 정기검사 명령, 수시검사 명령 또는 정비명령에 따르지 아니한 경우
- 건설기계를 수출하는 경우
- 건설기계를 도난당한 경우
- 건설기계를 폐기한 경우
- 건설기계해체재활용업을 등록한 자에게 폐기를 요청한 경우
- 구조적 제작 결함 등으로 건설기계를 제작자 또는 판매자에게 반품한 경우
- 건설기계를 교육·연구 목적으로 사용하는 경우
- 대통령령으로 정하는 내구연한을 초과한 건설기계
- 건설기계를 횡령 또는 편취당한 경우

13 **건설기계 소유자는 건설기계를 도난당한 날로부터 얼마 이내에 등록말소를 신청해야 하는가?**

① 30일 이내
② 2개월 이내
③ 3개월 이내
④ 6개월 이내

해설 건설기계를 도난당한 경우 사유가 발생한 날부터 2개월 이내에 등록말소를 신청해야 한다.

14 시·도지사는 건설기계 등록원부를 건설기계의 등록을 말소한 날부터 몇 년간 보존하여야 하는가?

① 1년 ② 3년
③ 5년 ④ 10년

해설 시·도지사는 건설기계등록원부를 건설기계의 등록을 말소한 날부터 10년간 보존하여야 한다.

15 건설기계관리법령상 건설기계사업의 종류가 아닌 것은?

① 건설기계매매업
② 건설기계대여업
③ 건설기계해체재활용업
④ 건설기계제작업

해설 건설기계사업의 종류에는 매매업, 대여업, 해체재활용업, 정비업이 있다.

16 건설기계사업을 영위하고자 하는 자는 누구에게 등록하여야 하는가?

① 시장·군수 또는 자치구의 구청장
② 전문 건설기계정비업자
③ 국토교통부장관
④ 건설기계 폐기업자

해설 건설기계사업을 하려는 자(지방자치단체는 제외한다)는 대통령령으로 정하는 바에 따라 사업의 종류별로 특별자치시장·특별자치도지사·시장·군수 또는 자치구의 구청장에게 등록하여야 한다.

17 건설기계대여업의 등록 시 필요 없는 서류는?

① 주기장시설 보유확인서
② 건설기계 소유사실을 증명하는 서류
③ 사무실의 소유권 또는 사용권이 있음을 증명하는 서류
④ 모든 종업원의 신원증명서

해설 **건설기계대여업의 등록 시 필요한 서류**
- 건설기계 소유사실을 증명하는 서류
- 사무실의 소유권 또는 사용권이 있음을 증명하는 서류
- 주기장소재지를 관할하는 시장·군수·구청장이 발급한 주기장시설 보유확인서
- 2인 이상의 법인 또는 개인이 공동으로 건설기계대여업을 영위하려는 경우에는 각 구성원은 그 영업에 관한 권리·의무에 관하여 국토교통부령이 정하는 바에 따른 계약서 사본

18 건설기계 폐기인수증명서는 누가 교부하는가?

① 시·도지사
② 국토교통부장관
③ 시장, 군수
④ 건설기계해체재활용업자

해설 건설기계해체재활용업자는 건설기계의 폐기요청을 받은 때에는 폐기대상 건설기계를 인수한 후 폐기요청을 한 건설기계소유자에게 폐기대상건설기계 인수증명서를 발급하여야 한다.

19 **건설기계 매매업의 등록을 하고자 하는 자의 구비서류로 맞는 것은?**

① 건설기계 매매업 등록필증
② 건설기계보험증서
③ 건설기계등록증
④ 5천만 원 이상의 하자보증금예치증서 또는 보증보험증서

해설 **매매업의 등록을 하고자 하는 자의 구비서류**
- 사무실의 소유권 또는 사용권이 있음을 증명하는 서류
- 주기장소재지를 관할하는 시장·군수·구청장이 발급한 주기장시설 보유확인서
- 5천만 원 이상의 하자보증금예치증서 또는 보증보험증서

20 **건설기계소유자에게 등록번호표 제작 등을 할 것을 통지하거나 명령을 할 수 있는 기관의 장은?**

① 국토교통부장관
② 행정안전부장관
③ 경찰청장
④ 시·도지사

해설 시·도지사는 건설기계소유자에게 등록번호표 제작 등을 할 것을 통지하거나 명령해야 한다.

21 **시·도지사로부터 등록번호표 제작통지 등에 관한 통지서를 받은 건설기계소유자는 받은 날로부터 며칠 이내에 등록번호표 제작자에게 제작 신청을 하여야 하는가?**

① 3일 ② 10일
③ 20일 ④ 30일

해설 시·도지사로부터 등록번호표 제작통지를 받은 건설기계 소유자는 3일 이내에 등록번호표 제작자에게 제작신청을 하여야 한다.

22 **건설기계 등록번호표에 표시되지 않는 것은?**

① 기종 ② 등록번호
③ 등록관청 ④ 건설기계 연식

해설 건설기계 등록번호표에는 기종, 등록관청, 등록번호, 용도 등이 표시된다.

23 **건설기계 등록번호표의 색상으로 틀린 것은?**

① 자가용 - 흰색 바탕에 검은색 문자
② 대여사업용 - 주황색 바탕에 검은색 문자
③ 관용 - 흰색 바탕에 검은색 문자
④ 수입용 - 적색 바탕에 흰색 문자

해설 **등록번호표의 색상**
- 비사업용(관용 또는 자가용) : 흰색 바탕에 검은색 문자
- 대여사업용 : 주황색 바탕에 검은색 문자
- 임시운행 번호표 : 흰색 페인트 판에 검은색 문자

24 **건설기계 등록번호표 중 관용에 해당하는 것은?**

① 6000~9999 ② 6001~8999
③ 0001~0999 ④ 1000~5999

해설 **건설기계 등록번호표**
- 관용 : 0001~0999
- 자가용 : 1000~5999
- 대여사업용 : 6000~9999

25 **대여사업용 기중기를 나타내는 등록번호표는?**

① 서울 007-7091
② 인천 004-9589
③ 세종 001-2536
④ 부산 003-5895

26 건설기계 등록번호표의 봉인이 없어지거나 헐어 못쓰게 된 경우에 조치방법으로 올바른 것은?

① 운전자가 즉시 수리한다.
② 관할 시·도지사에게 봉인을 신청한다.
③ 관할 검사소에 봉인을 신청한다.
④ 가까운 카센터에서 신속하게 봉인한다.

해설 건설기계소유자가 등록번호표나 봉인이 없어지거나 헐어 못쓰게 되어 이를 다시 부착하거나 봉인하려는 경우에는 건설기계 등록번호표 제작등신청서에 등록번호표(헐어 못쓰게 된 경우에 한한다)를 첨부하여 시·도지사에게 제출해야 한다.

27 건설기계등록을 말소한 때에는 등록번호표를 며칠 이내에 시·도지사에게 반납하여야 하는가?

① 10일 ② 15일
③ 20일 ④ 30일

해설 등록된 건설기계의 소유자는 10일 이내에 등록번호표의 봉인을 떼어낸 후 그 등록번호표를 국토교통부령으로 정하는 바에 따라 시·도지사에게 반납하여야 한다.

28 건설기계관리법령상 건설기계 검사의 종류가 아닌 것은?

① 구조변경검사
② 임시검사
③ 수시검사
④ 신규 등록검사

해설 건설기계 검사의 종류에는 신규 등록검사, 정기검사, 구조변경검사, 수시검사가 있다.

29 건설기계관리법령상 건설기계를 검사유효기간이 끝난 후에 계속 운행하고자 할 때는 어느 검사를 받아야 하는가?

① 신규등록검사 ② 계속검사
③ 수시검사 ④ 정기검사

해설 정기검사
건설공사용 건설기계로서 3년의 범위에서 국토교통부령으로 정하는 검사유효기간이 끝난 후에 계속하여 운행하려는 경우에 실시하는 검사와 대기환경보전법 및 소음·진동관리법에 따른 운행차의 정기검사

30 성능이 불량하거나 사고가 자주 발생하는 건설기계의 안전성 등을 점검하기 위하여 실시하는 검사와 건설기계 소유자의 신청을 받아 실시하는 검사는?

① 예비검사 ② 구조변경검사
③ 수시검사 ④ 정기검사

해설 수시검사
성능이 불량하거나 사고가 자주 발생하는 건설기계의 안전성 등을 점검하기 위하여 수시로 실시하는 검사와 건설기계 소유자의 신청을 받아 실시하는 검사

31 정기검사대상 건설기계의 정기검사 신청기간으로 옳은 것은?

① 건설기계의 정기검사 유효기간 만료일 전후 45일 이내에 신청한다.
② 건설기계의 정기검사 유효기간 만료일 전 91일 이내에 신청한다.
③ 건설기계의 정기검사 유효기간 만료일 전후 각각 31일 이내에 신청한다.
④ 건설기계의 정기검사 유효기간 만료일 후 61일 이내에 신청한다.

해설 정기검사를 받으려는 자는 검사유효기간의 만료일 전후 각각 31일 이내의 기간에 정기검사신청서를 시·도지사에게 제출해야 한다.

32 **건설기계의 정기검사 신청기간 내에 정기검사를 받은 경우 정기검사 유효기간 시작일을 바르게 설명한 것은?**

① 유효기간에 관계없이 검사를 받은 다음 날부터
② 유효기간 내에 검사를 받은 것은 유효기간 만료일부터
③ 유효기간 내에 검사를 받은 것은 종전 검사유효기간 만료일 다음 날부터
④ 유효기간에 관계없이 검사를 받은 날부터

해설 유효기간의 산정은 정기검사신청기간까지 정기검사를 신청한 경우에는 종전 검사유효기간 만료일의 다음 날부터, 그 외의 경우에는 검사를 받은 날의 다음 날부터 기산한다.

33 **건설기계의 검사를 연장 받을 수 있는 기간을 잘못 설명한 것은?**

① 해외임대를 위하여 일시 반출된 경우 - 반출기간 이내
② 압류된 건설기계의 경우 - 압류기간 이내
③ 사업의 휴업을 신고한 경우 - 해당 사업의 개시신고를 하는 때까지
④ 장기간 수리가 필요한 경우 - 소유자가 원하는 기간

해설 **검사를 연장 받을 수 있는 기간**

- 해외임대를 위하여 일시 반출되는 건설기계의 경우에는 반출기간 이내
- 압류된 건설기계의 경우에는 그 압류기간 이내
- 타워크레인 또는 천공기(터널보링식 및 실드굴진식으로 한정)가 해체된 경우에는 해체되어 있는 기간 이내)
- 당해 사업의 휴지를 신고한 경우에는 당해 사업의 개시신고를 하는 때까지

34 **정기검사신청을 받은 검사대행자는 며칠 이내에 검사일시 및 장소를 신청인에게 통지하여야 하는가?**

① 20일 ② 15일
③ 5일 ④ 3일

해설 정기검사신청을 받은 검사대행자는 5일 이내에 검사일시 및 장소를 신청인에게 통지하여야 한다. 검사신청을 받은 시·도지사 또는 검사대행자는 신청을 받은 날부터 5일 이내에 검사일시와 검사장소를 지정하여 신청인에게 통지해야 한다.

35 **건설기계의 정기검사 연기사유에 해당되지 않는 것은?**

① 7일 이내의 건설기계 정비
② 건설기계의 도난
③ 건설기계의 사고발생
④ 천재지변

해설 **연기사유**
천재지변, 건설기계의 도난, 사고발생, 압류, 31일 이상에 걸친 정비 또는 그 밖의 부득이 한 사유

36 **건설기계 소유자는 건설기계의 도난, 사고 발생 등 부득이한 사유로 정기검사 신청기간 내에 검사를 신청할 수 없는 경우에 연기신청은 언제까지 하여야 하는가?**

① 신청기간 만료일 10일 전까지
② 검사유효기간 만료일까지
③ 신청기간 만료일까지
④ 검사신청기간 만료일로부터 10일 이내

해설 신청기간 내에 검사를 신청할 수 없는 경우에는 정기검사 등의 신청기간 만료일까지 검사·명령이행 기간 연장신청서에 연장사유를 증명할 수 있는 서류를 첨부하여 시·도지사에게 제출해야 한다.

37 건설기계의 소유자는 건설기계검사기준의 부적합판정을 받은 항목에 대하여 부적합판정을 받은 날부터 며칠 이내에 이를 보완하여 보완항목에 대한 재검사를 신청할 수 있는가?

① 10일 ② 20일
③ 30일 ④ 60일

해설 건설기계의 소유자는 부적합판정을 받은 항목에 대하여 부적합판정을 받은 날부터 10일(이하 "재검사기간"이라 한다) 이내에 이를 보완하여 보완항목에 대한 재검사를 신청할 수 있다.

38 검사소 이외의 장소에서 출장검사를 받을 수 있는 건설기계에 해당하는 것은?

① 덤프트럭
② 콘크리트믹서트럭
③ 아스팔트살포기
④ 지게차

해설 **검사소에서 검사를 받아야 하는 건설기계**
덤프트럭, 콘크리트믹서트럭, 콘크리트펌프(트럭적재식), 아스팔트살포기, 트럭지게차

39 건설기계의 출장검사가 허용되는 경우가 아닌 것은?

① 도서지역에 있는 건설기계
② 너비가 2.0미터를 초과하는 건설기계
③ 최고속도가 시간당 35킬로미터 미만인 건설기계
④ 자체중량이 40톤을 초과하거나 축하중이 10톤을 초과하는 건설기계

해설 **건설기계가 위치한 장소에서 검사를 할 수 있는 경우**
- 도서지역에 있는 경우
- 자체중량이 40톤을 초과하거나 축하중이 10톤을 초과하는 경우
- 너비가 2.5미터를 초과하는 경우
- 최고속도가 시간당 35킬로미터 미만인 경우

40 건설기계의 정비명령은 누구에게 하여야 하는가?

① 해당 건설기계 운전자
② 해당 건설기계 검사업자
③ 해당 건설기계 정비업자
④ 해당 건설기계 소유자

해설 정비명령은 검사에 불합격한 해당 건설기계 소유자에게 한다.

41 건설기계의 제동장치에 대한 정기검사를 면제 받고자 하는 경우 첨부하여야 하는 서류는?

① 건설기계 매매업 신고서
② 건설기계 대여업 신고서
③ 건설기계 제동장치 정비확인서
④ 건설기계 해체재활용업 신고서

해설 건설기계의 제동장치에 대한 정기검사를 면제받으려는 자는 정기검사 신청 시에 해당 건설기계 정비업자가 발행한 건설기계 제동장치 정비확인서를 시·도지사 또는 검사대행자에게 제출해야 한다.

42 건설기계관리법령상 건설기계의 구조를 변경할 수 있는 범위에 해당되는 것은?

① 원동기의 형식변경
② 건설기계의 기종변경
③ 육상작업용 건설기계의 규격을 증가시키기 위한 구조변경
④ 육상작업용 건설기계의 적재함 용량을 증가시키기 위한 구조변경

해설 **건설기계의 구조변경을 할 수 없는 범위**
- 건설기계의 기종변경
- 육상작업용 건설기계의 규격을 증가시키기 위한 구조변경
- 육상작업용 건설기계의 적재함 용량을 증가시키기 위한 구조변경

43 건설기계조종사 면허의 결격사유에 해당되지 않는 것은?

① 18세 미만인 사람
② 정신질환자 또는 뇌전증환자
③ 마약, 대마, 향정신성의약품 또는 알코올 중독자
④ 파산자로서 복권되지 않은 사람

해설 건설기계조종사면허의 결격사유
- 18세 미만인 사람
- 건설기계 조종상의 위험과 장해를 일으킬 수 있는 정신질환자 또는 뇌전증환자로서 국토교통부령으로 정하는 사람
- 앞을 보지 못하는 사람, 듣지 못하는 사람, 그 밖에 국토교통부령으로 정하는 장애인
- 건설기계 조종상의 위험과 장해를 일으킬 수 있는 마약·대마·향정신성의약품 또는 알코올중독자로서 국토교통부령으로 정하는 사람
- 건설기계조종사면허가 취소된 날부터 1년(거짓이나 그 밖의 부정한 방법으로 건설기계조종사면허를 받은 경우와 건설기계조종사면허의 효력정지기간 중 건설기계를 조종한 경우의 사유로 취소된 경우에는 2년)이 지나지 아니하였거나 건설기계조종사면허의 효력정지처분 기간 중에 있는 사람

44 건설기계조종사 면허증 발급신청 시 첨부하는 서류와 가장 거리가 먼 것은?

① 신체검사서
② 국가기술자격 수첩
③ 주민등록표 등본
④ 소형건설기계 조종교육 이수증

해설 면허증 발급신청 할 때 첨부하는 서류
- 신체검사서
- 소형건설기계조종교육이수증(소형건설기계조종사면허증을 발급 신청하는 경우에 한정한다)
- 건설기계조종사면허증(건설기계조종사면허를 받은 자가 면허의 종류를 추가하고자 하는 때에 한한다)
- 신청일 전 6개월 이내에 모자 등을 쓰지 않고 촬영한 천연색 상반신 정면사진 1장
- 국가기술자격증 정보(소형건설기계조종사면허증을 발급신청하는 경우는 제외한다)
- 자동차운전면허 정보(3톤 미만의 지게차를 조종하려는 경우에 한정한다)

45 도로교통법상 규정한 운전면허를 받아 조종할 수 있는 건설기계가 아닌 것은?

① 타워크레인
② 덤프트럭
③ 콘크리트펌프
④ 콘크리트믹서트럭

해설 운전면허를 받아 조종하여야 하는 건설기계의 종류
덤프트럭, 아스팔트살포기, 노상안정기, 콘크리트믹서트럭, 콘크리트펌프, 천공기(트럭적재식을 말한다), 특수건설기계 중 국토교통부장관이 지정하는 건설기계

46 건설기계조종사의 면허적성검사 기준으로 틀린 것은?

① 두 눈의 시력이 각각 0.3 이상
② 두 눈을 동시에 뜨고 측정한 시력이 0.7 이상
③ 시각은 150도 이상
④ 청력은 10데시벨의 소리를 들을 수 있을 것

해설 건설기계조종사의 적성검사의 기준
- 두 눈을 동시에 뜨고 잰 시력(교정시력을 포함한다. 이하 이호에서 같다)이 0.7 이상이고 두 눈의 시력이 각각 0.3 이상일 것
- 55데시벨(보청기를 사용하는 사람은 40데시벨)의 소리를 들을 수 있고, 언어분별력이 80퍼센트 이상일 것
- 시각은 150도 이상일 것
- 건설기계 조종상의 위험과 장해를 일으킬 수 있는 정신질환자 또는 뇌전증환자로서 국토교통부령으로 정하는 사람의 규정에 의한 사유에 해당되지 아니할 것
- 건설기계 조종상의 위험과 장해를 일으킬 수 있는 마약·대마·향정신성의약품 또는 알코올중독자로서 국토교통부령으로 정하는 사람의 규정에 의한 사유에 해당되지 아니할 것

47 건설기계관리법령상 건설기계조종사 면허 취소 또는 효력정지를 시킬 수 있는 자는?

① 대통령
② 경찰서장
③ 시장·군수 또는 구청장
④ 국토교통부장관

해설 시장·군수 또는 구청장은 건설기계조종사면허를 취소하거나 1년 이내의 기간을 정하여 건설기계조종사면허의 효력을 정지시킬 수 있다.

48 건설기계조종사 면허가 취소되었을 경우 그 사유가 발생한 날부터 며칠 이내에 면허증을 반납하여야 하는가?

① 7일 이내 ② 10일 이내
③ 14일 이내 ④ 30일 이내

해설 건설기계조종사 면허를 받은 사람은 그 사유가 발생한 날부터 10일 이내에 시장·군수 또는 구청장에게 그 면허증을 반납해야 한다.

49 건설기계조종사 면허증의 반납사유에 해당하지 않는 것은?

① 면허가 취소된 때
② 면허의 효력이 정지된 때
③ 건설기계 조종을 하지 않을 때
④ 면허증의 재교부를 받은 후 잃어버린 면허증을 발견한 때

해설 **건설기계조종사 면허증의 반납**
- 면허가 취소된 때
- 면허의 효력이 정지된 때
- 면허증의 재교부를 받은 후 잃어버린 면허증을 발견한 때

50 건설기계관리법령상 건설기계정비업의 등록구분으로 옳은 것은?

① 종합건설기계정비업, 부분건설기계정비업, 전문건설기계정비업
② 종합건설기계정비업, 단종건설기계정비업, 전문건설기계정비업
③ 부분건설기계정비업, 전문건설기계정비업, 개별건설기계정비업
④ 종합건설기계정비업, 특수건설기계정비업, 전문건설기계정비업

해설 건설기계정비업의 구분에는 종합건설기계정비업, 부분건설기계정비업, 전문건설기계정비업 등이 있다.

51 건설기계관리법령상 건설기계조종사 면허의 취소사유가 아닌 것은?

① 고의로 인명피해(사망, 중상, 경상 등)를 입힌 경우
② 건설기계조종사면허증을 다른 사람에게 빌려 준 경우
③ 등록이 말소된 건설기계를 조종한 경우
④ 부정한 방법으로 건설기계조종사 면허를 받은 경우

해설 등록이 말소된 건설기계를 조종한 자는 2년 이하의 징역 또는 2천만 원 이하의 벌금에 처한다.

52 건설기계운전 면허의 효력정지 사유가 발생한 경우, 건설기계관리법상 효력정지 기간으로 옳은 것은?

① 1년 이내 ② 6월 이내
③ 5년 이내 ④ 3년 이내

해설 시장·군수 또는 구청장은 국토교통부령으로 정하는 바에 따라 건설기계조종사 면허를 취소하거나 1년 이내의 기간을 정하여 건설기계조종사 면허의 효력을 정지시킬 수 있다.

53 **건설기계의 조종 중 고의 또는 과실로 가스공급시설을 손괴할 경우 조종사면허의 처분기준은?**

① 면허효력정지 10일
② 면허효력정지 15일
③ 면허효력정지 25일
④ 면허효력정지 180일

해설 건설기계의 조종 중 고의 또는 과실로 「도시가스사업법」에 따른 가스공급시설을 손괴하거나 가스공급시설의 기능에 장애를 입혀 가스의 공급을 방해한 경우 면허효력정지 180일이다.

54 **건설기계의 조종 중 사망 1명의 인명피해를 입힌 때 조종사 면허 처분기준은?**

① 면허취소
② 면허효력정지 60일
③ 면허효력정지 45일
④ 면허효력정지 30일

해설 **인명피해에 따른 면허정지기간**
- 사망 1명마다 : 면허효력정지 45일
- 중상 1명마다 : 면허효력정지 15일
- 경상 1명마다 : 면허효력정지 5일

55 **등록되지 아니한 건설기계를 사용하거나 운행한 자에 대한 벌칙은?**

① 50만원 이하의 벌금
② 100만원 이하의 벌금
③ 1년 이하의 징역 또는 1천만 원 이하의 벌금
④ 2년 이하의 징역 또는 2천만 원 이하의 벌금

해설 등록되지 아니한 건설기계를 사용하거나 운행한 자는 2년 이하의 징역 또는 2천만 원 이하의 벌금에 처한다.

56 **건설기계조종사 면허를 받지 아니하고 건설기계를 조종한 자에 대한 벌칙 기준은?**

① 2년 이하의 징역 또는 1천만 원 이하의 벌금
② 1년 이하의 징역 또는 1천만 원 이하의 벌금
③ 200만 원 이하의 벌금
④ 100만 원 이하의 벌금

해설 건설기계조종사면허를 받지 아니하고 건설기계를 조종한 자는 1년 이하의 징역 또는 1천만 원 이하의 벌금에 처한다.

57 **건설기계를 도로나 타인의 토지에 버려둔 자에 대해 적용하는 벌칙은?**

① 1천만 원 이하의 벌금
② 2천만 원 이하의 벌금
③ 1년 이하의 징역 또는 1천만 원 이하의 벌금
④ 2년 이하의 징역 또는 2천만 원 이하의 벌금

해설 건설기계를 도로나 타인의 토지에 버려둔 자는 1년 이하의 징역 또는 1천만 원 이하의 벌금에 처한다.

58 **폐기요청을 받은 건설기계를 폐기하지 아니하거나 등록번호표를 폐기하지 아니한 자에 대한 벌칙은?**

① 2년 이하의 징역 또는 2천만 원 이하의 벌금
② 1년 이하의 징역 또는 1천만 원 이하의 벌금
③ 200만 원 이하의 벌금
④ 100만 원 이하의 벌금

해설 폐기요청을 받은 건설기계를 폐기하지 아니하거나 등록번호표를 폐기하지 아니한 자는 1년 이하의 징역 또는 1천만 원 이하의 벌금에 처한다.

59 **건설기계관리법령상 구조변경검사 또는 수시검사를 받지 아니한 자에 대한 처벌은?**

① 1년 이하의 징역 또는 1천만 원 이하의 벌금
② 2년 이하의 징역 또는 2천만 원 이하의 벌금
③ 3년 이하의 징역 또는 3천만 원 이하의 벌금
④ 5년 이하의 징역 또는 5천만 원 이하의 벌금

해설 구조변경검사 또는 수시검사를 받지 아니한 자는 1년 이하의 징역 또는 1천만 원 이하의 벌금에 처한다.

60 **건설기계관리법상 건설기계 정비명령을 이해하지 아니한 자의 벌칙은?**

① 3년 이하의 징역 또는 1천만 원 이하의 벌금에 처한다.
② 2년 이하의 징역 또는 2천만 원 이하의 벌금에 처한다.
③ 500만 원 이하의 벌금에 처한다.
④ 1년 이하의 징역 또는 1천만 원 이하의 벌금에 처한다.

해설 정비명령을 이행하지 아니한 자는 1년 이하의 징역 또는 1천만 원 이하의 벌금에 처한다.

61 **건설기계 등록번호표를 가리거나 훼손하여 알아보기 곤란하게 한 자 또는 그러한 건설기계를 운행한 자에게 부과하는 과태료로 옳은 것은?**

① 50만 원 이하 ② 100만 원 이하
③ 300만 원 이하 ④ 1천만 원 이하

해설 등록번호표를 가리거나 훼손하여 알아보기 곤란하게 한 자 또는 그러한 건설기계를 운행한 자는 100만 원 이하의 과태료를 부과한다.

62 **건설기계의 등록번호를 부착·봉인하지 아니하거나 등록번호를 새기지 아니한 자에게 부가하는 법규상의 과태료로 맞는 것은?**

① 30만 원 이하의 과태료
② 50만 원 이하의 과태료
③ 100만 원 이하의 과태료
④ 20만 원 이하의 과태료

해설 등록번호표를 부착 및 봉인하지 아니한 건설기계를 운행한 자는 100만 원 이하의 과태료를 부과한다.

63 **건설기계를 주택가 주변에 세워 두어 교통소통을 방해하거나 소음 등으로 주민의 생활환경을 침해한 자에 대한 벌칙은?**

① 200만 원 이하의 벌금
② 100만 원 이하의 벌금
③ 100만 원 이하의 과태료
④ 50만 원 이하의 과태료

해설 건설기계를 주택가 주변에 세워 두어 교통소통을 방해하거나 소음 등으로 주민의 생활환경을 침해한 자는 50만 원 이하의 과태료를 부과한다.

64 **건설기계조종사 면허의 취소·정지 처분 기준 중 "경상"의 인명 피해를 구분하는 판단 기준으로 가장 옳은 것은?**

① 1주 미만의 치료를 요하는 진단이 있을 때
② 2주 이하의 치료를 요하는 진단이 있을 때
③ 3주 미만의 치료를 요하는 진단이 있을 때
④ 4주 이하의 치료를 요하는 진단이 있을 때

해설 경상은 3주 미만의 치료를 요하는 진단이 있는 경우를 말하며, 중상은 3주 이상의 치료를 요하는 진단이 있는 경우를 말한다.

65 **대형건설기계의 경고표지판 부착위치는?**

① 작업인부가 쉽게 볼 수 있는 곳
② 조종실 내부의 조종사가 보기 쉬운 곳
③ 교통경찰이 쉽게 볼 수 있는 곳
④ 특별 번호판 옆

해설 대형건설기계에는 조종실 내부의 조종사가 보기 쉬운 곳에 경고표지판을 부착하여야 한다.

66 **대형건설기계 범위에 해당하지 않는 것은?**

① 높이가 4미터를 초과하는 건설기계
② 길이가 10미터를 초과하는 건설기계
③ 총중량이 40톤을 초과하는 건설기계
④ 최소회전반경이 12미터를 초과하는 건설기계

해설 **대형건설기계 범위**
- 길이가 16.7미터를 초과하는 건설기계
- 너비가 2.5미터를 초과하는 건설기계
- 높이가 4.0미터를 초과하는 건설기계
- 최소회전반경이 12미터를 초과하는 건설기계
- 총중량이 40톤을 초과하는 건설기계. 다만, 굴착기, 로더 및 지게차는 운전중량이 40톤을 초과하는 경우를 말한다.
- 총중량 상태에서 축하중이 10톤을 초과하는 건설기계. 다만, 굴착기, 로더 및 지게차는 운전중량 상태에서 축하중이 10톤을 초과하는 경우를 말한다.

67 **지게차, 전복보호구조 또는 전도보호구조를 장착한 건설기계와 시간당 몇 킬로미터 이상의 속도를 낼 수 있는 타이어식 건설기계에는 좌석안전띠를 설치하여야 하는가?**

① 시간당 30킬로미터
② 시간당 40킬로미터
③ 시간당 50킬로미터
④ 시간당 60킬로미터

해설 지게차, 전복보호구조 또는 전도보호구조를 장착한 건설기계와 시간당 30킬로미터 이상의 속도를 낼 수 있는 타이어식 건설기계에는 좌석안전띠를 설치하여야 한다.

68 **건설기계관리법에 따라 최고주행속도 15km/h 미만의 타이어식 건설기계가 필히 갖추어야 할 조명장치가 아닌 것은?**

① 전조등
② 후부반사기
③ 비상점멸 표시등
④ 제동등

해설 **최고주행속도가 시간당 15킬로미터 미만인 건설기계에 설치해야 하는 조명장치**
- 전조등
- 제동등(다만, 유량 제어로 속도를 감속하거나 가속하는 건설기계는 제외한다.)
- 후부반사기
- 후부반사판 또는 후부반사지

2 도로교통법

01 **도로교통법의 제정 목적을 바르게 나타낸 것은?**

① 도로운송사업의 발전과 운전자들의 권익을 보호하기 위함이다.
② 도로에서 일어나는 교통상의 모든 위험과 장해를 방지하고 제거하여 안전하고 원활한 교통을 확보하기 위함이다.
③ 건설기계의 제작, 등록, 판매, 관리 등의 안전을 확보하기 위함이다.
④ 도로상의 교통사고로 인한 신속한 피해회복과 편익을 증진하기 위함이다.

해설 도로교통법의 제정 목적은 도로에서 일어나는 교통상의 모든 위험과 장해를 방지하고 제거하여 안전하고 원활한 교통을 확보하기 위함이다.

02 **도로교통법에서 안전지대의 정의에 관한 설명으로 옳은 것은?**

① 버스정류장 표지가 있는 장소
② 자동차가 주차할 수 있도록 설치된 장소
③ 도로를 횡단하는 보행자나 통행하는 차마의 안전을 위하여 안전표지 등으로 표시된 도로의 부분
④ 사고가 잦은 장소에 보행자의 안전을 위하여 설치한 장소

해설 안전지대라 함은 도로를 횡단하는 보행자나 통행하는 차마의 안전을 위하여 안전표지 등으로 표시된 도로의 부분이다.

03 **도로교통법상 정차의 정의에 해당하는 것은?**

① 차량이 10분을 초과하여 정지하는 것을 말한다.
② 차량이 화물을 싣기 위하여 계속 정지하는 상태를 말한다.
③ 운전자가 5분을 초과하지 않고 차량을 정지시키는 것으로 주차 이외의 정지 상태를 말한다.
④ 운전자가 식사하기 위하여 차고에 세워둔 것을 말한다.

해설 정차란 운전자가 5분을 초과하지 아니하고 차량을 정지시키는 것으로서 주차 이외의 정지 상태이다.

04 **도로교통법상 건설기계를 운전하여 도로를 주행할 때 서행에 대한 정의로 옳은 것은?**

① 매시 60km 미만의 속도로 주행하는 것을 말한다.
② 운전자가 차를 즉시 정지시킬 수 있는 느린 속도로 진행하는 것을 말한다.
③ 정지거리 10m 이내에서 정지할 수 있는 경우를 말한다.
④ 매시 20km 이내로 주행하는 것을 말한다.

해설 서행(徐行)이란 운전자가 차를 즉시 정지시킬 수 있는 정도의 느린 속도로 진행하는 것이다.

05 **도로교통법상 차로에 대한 설명으로 틀린 것은?**

① 차로는 횡단보도나 교차로에는 설치할 수 없다.
② 차로의 너비는 원칙적으로 3미터 이상으로 하여야 한다.
③ 일반적인 차로(일방통행도로 제외)의 순위는 도로의 중앙선 쪽에 있는 차로부터 1차로로 한다.
④ 차로의 너비보다 넓은 건설기계는 별도의 신청절차가 필요 없이 경찰청에 전화로 통보만 하면 운행할 수 있다.

해설 **차로**

- 지방경찰청장은 도로에 차로를 설치하고자 하는 때에는 노면표시로 표시하여야 한다.
- 차로의 너비는 3m 이상으로 하여야 한다. 다만, 좌회전전용차로의 설치 등 부득이하다고 인정되는 때에는 275cm 이상으로 할 수 있다.
- 차로는 횡단보도·교차로 및 철길건널목에는 설치할 수 없다.
- 보도와 차도의 구분이 없는 도로에 차로를 설치하는 때에는 보행자가 안전하게 통행할 수 있도록 그 도로의 양쪽에 길가장자리구역을 설치하여야 한다.

06 **도로교통법상 앞차와의 안전거리에 대한 설명으로 가장 적합한 것은?**

① 일반적으로 5m 이상이다.
② 5~10m 정도이다.
③ 평균 30m 이상이다.
④ 앞차가 갑자기 정지할 경우 충돌을 피할 수 있는 거리이다.

해설 안전거리란 앞 차량이 갑자기 정지하였을 때 충돌을 피할 수 있는 필요한 거리이다.

07 **도로교통법상 모든 차량의 운전자가 반드시 서행하여야 하는 장소에 해당하지 않는 것은?**

① 편도 2차로 이상의 다리 위
② 비탈길 고갯마루 부근
③ 도로가 구부러진 부분
④ 가파른 비탈길의 내리막

해설 **서행하여야 할 장소**
교통정리를 하고 있지 아니하는 교차로, 도로가 구부러진 부근, 비탈길의 고갯마루 부근, 가파른 비탈길의 내리막

08 **도로교통법령상 교통안전표지의 종류를 올바르게 나열한 것은?**

① 주의, 규제, 지시, 안내, 교통표지로 되어있다.
② 주의, 규제, 지시, 보조, 노면표지로 되어있다.
③ 주의, 규제, 지시, 안내, 보조표지로 되어있다.
④ 주의, 규제, 안내, 보조, 통행표지로 되어있다.

해설 교통안전 표지는 주의, 규제, 지시, 보조, 노면표지로 되어있다.

09 **그림의 교통안전 표지는?**

① 좌·우회전 표지
② 좌·우회전 금지표지
③ 양측방 일방 통행표지
④ 양측방 통행 금지표지

10 **그림의 교통안전표지는 무엇인가?**

① 차간거리 최저 50m이다.
② 차간거리 최고 50m이다.
③ 최저속도 제한표지이다.
④ 최고속도 제한표지이다.

11 **교통안전표지에 대한 설명으로 옳은 것은?**

① 최고시속 30킬로미터 속도제한 표시
② 최저시속 30킬로미터 속도제한 표시
③ 최고중량 제한표시
④ 차간거리 최저 30m 제한표지

12 그림의 교통안전표지로 맞는 것은?

① 우로 이중 굽은 도로
② 좌우로 이중 굽은 도로
③ 좌로 굽은 도로
④ 회전형 교차로

13 그림과 같은 교통안전표지의 뜻은?

① 회전형 교차로가 있음을 알리는 것
② 철길건널목이 있음을 알리는 것
③ 좌합류 도로가 있음을 알리는 것
④ 좌로 계속 굽은 도로가 있음을 알리는 것

14 그림과 같은 교통안전표지의 뜻은?

① 좌합류 도로가 있음을 알리는 것
② 좌로 굽은 도로가 있음을 알리는 것
③ 우합류 도로가 있음을 알리는 것
④ 철길건널목이 있음을 알리는 것

15 신호등에 녹색등화 시 차마의 통행방법으로 틀린 것은?

① 차마는 다른 교통에 방해되지 않을 때에 천천히 우회전할 수 있다.
② 차마는 직진할 수 있다.
③ 차마는 비보호 좌회전 표시가 있는 곳에서는 언제든지 좌회전을 할 수 있다.
④ 차마는 좌회전을 하여서는 아니 된다.

해설 비보호 좌회전 표시지역에서는 녹색등화에서만 좌회전을 할 수 있다.

16 신호등의 설치 높이로 옳은 것은?

① 4.5m 이상　② 2.5m 이상
③ 1.5m 이상　④ 0.5m 이상

해설 신호등면의 설치 높이는 측주식의 횡형(내민 방식, mast arm mounted), 현수방식(span wire mounted), 문형식 등은 신호등면의 하단이 차도의 노면으로부터 수직으로 450cm 이상의 높이에 위치하는 것을 원칙으로 한다.

17 정지선이나 횡단보도 및 교차로 직전에서 정지하여야 할 신호의 종류로 옳은 것은?

① 녹색 및 황색등화
② 황색등화의 점멸
③ 황색 및 적색등화
④ 녹색 및 적색등화

해설 정지선이나 횡단보도 및 교차로 직전에서 정지하여야 할 신호는 황색 및 적색등화이다.

18 고속도로를 제외한 도로에서 위험을 방지하고 교통의 안전과 원활한 소통을 확보하기 위하여 필요시 구역 또는 구간을 지정하여 자동차의 속도를 제한할 수 있는 자는?

① 경찰서장
② 국토교통부장관
③ 지방경찰청장
④ 도로교통 공단 이사장

해설 지방경찰청장은 도로에서 위험을 방지하고 교통의 안전과 원활한 소통을 확보하기 위하여 필요하다고 인정하는 때에 구역 또는 구간을 지정하여 자동차의 속도를 제한할 수 있다.

19 다른 교통 또는 안전표지의 표시에 주의하면서 진행할 수 있는 신호로 가장 적합한 것은?

① 적색 X표 표시의 등화
② 황색등화 점멸
③ 적색의 등화
④ 녹색 화살표시의 등화

해설 황색등화 점멸은 다른 교통에 주의하며 방해되지 않게 진행할 수 있는 신호이다.

20 도로교통법상 폭우, 폭설, 안개 등으로 가시거리가 100m 이내일 때 최고속도의 감속으로 옳은 것은?

① 20%
② 50%
③ 60%
④ 80%

해설 **최고속도의 50%를 감속하여 운행해야 할 경우**
노면이 얼어붙은 때, 폭우, 폭설, 안개 등으로 가시거리가 100미터 이내일 때, 눈이 20mm 이상 쌓인 때

21 앞지르기 금지장소가 아닌 것은?

① 터널 안, 앞지르기 금지표지 설치장소
② 버스정류장 부근, 주차금지 구역
③ 경사로의 정상부근, 급경사로의 내리막
④ 교차로, 도로의 구부러진 곳

해설 **앞지르기 금지장소**
교차로, 도로의 구부러진 곳, 터널 내, 다리 위, 경사로의 정상부근, 급경사로의 내리막, 앞지르기 금지표지 설치장소

22 다음 중 차로의 순위는? (일방통행도로는 제외)

① 도로의 중앙 좌측으로부터 1차로로 한다.
② 도로의 중앙선으로부터 1차로로 한다.
③ 도로의 우측으로부터 1차로로 한다.
④ 도로의 좌측으로부터 1차로로 한다.

해설 차로의 순위(일방통행도로는 제외)는 도로의 중앙선으로부터 1차로로 한다.

23 도로의 중앙으로부터 좌측을 통행할 수 있는 경우는?

① 편도 2차로의 도로를 주행할 때
② 도로가 일방통행으로 된 때
③ 중앙선 우측에 차량이 밀려 있을 때
④ 좌측도로가 한산할 때

해설 도로가 일방통행으로 된 경우에는 도로의 중앙으로부터 좌측을 통행할 수 있다.

24 도로교통 관련법상 차마의 통행을 구분하기 위한 중앙선에 대한 설명으로 옳은 것은?

① 백색실선 또는 황색점선으로 되어 있다.
② 백색실선 또는 백색점선으로 되어 있다.
③ 황색실선 또는 황색점선으로 되어 있다.
④ 황색실선 또는 백색점선으로 되어 있다.

해설 노면 표시의 중앙선은 황색의 실선 및 점선으로 되어 있다.

25 교통안전표지 중 노면표지에서 차마가 일시정지해야 하는 표시로 옳은 것은?

① 황색실선으로 표시한다.
② 백색점선으로 표시한다.
③ 황색점선으로 표시한다.
④ 백색실선으로 표시한다.

해설 일시정지선은 백색실선으로 표시한다.

26 편도 1차로인 도로에서 중앙선이 황색실선인 경우의 앞지르기 방법으로 옳은 것은?

① 절대로 안 된다.
② 아무데서나 할 수 있다.
③ 앞차가 있을 때만 할 수 있다.
④ 반대 차로에 차량통행이 없을 때 할 수 있다.

27 신호등이 없는 교차로에 좌회전하려는 버스와 그 교차로에 진입하여 직진하고 있는 건설기계가 있을 때 어느 차량이 우선권이 있는가?

① 직진하고 있는 건설기계가 우선이다.
② 좌회전하려는 버스가 우선이다.
③ 사람이 많이 탄 차량이 우선이다.
④ 형편에 따라서 우선순위가 정해진다.

해설 먼저 진입한 차량이 우선이다.

28 편도 4차로의 경우 교차로 30미터 전방에서 우회전을 하려면 몇 차로로 진입통행해야 하는가?

① 2차로와 3차로로 통행한다.
② 1차로와 2차로로 통행한다.
③ 1차로로 통행한다.
④ 4차로로 통행한다.

해설 교차로 30미터 전방에서 우회전을 하려면 4차로로 통행한다.

29 일방통행으로 된 도로가 아닌 교차로 또는 그 부근에서 긴급자동차가 접근하였을 때 운전자가 취해야 할 방법으로 옳은 것은?

① 교차로의 우측 가장자리에 일시정지하여 진로를 양보한다.
② 교차로를 피하여 도로의 우측 가장자리에 일시정지한다.
③ 서행하면서 앞지르기 하라는 신호를 한다.
④ 그대로 진행방향으로 진행을 계속한다.

해설 교차로 또는 그 부근에서 긴급자동차가 접근하였을 때에는 교차로를 피하여 도로의 우측 가장자리에 일시정지한다.

30 **도로교통법령상 보도와 차도가 구분된 도로에 중앙선이 설치되어 있는 경우 차마의 통행방법으로 옳은 것은? (단, 도로의 파손 등 특별한 사유는 없다.)**

① 중앙선 좌측 ② 보도의 좌측
③ 보도 ④ 중앙선 우측

해설 도로교통법령상 보도와 차도가 구분된 도로에 중앙선이 설치되어 있는 경우 차마는 중앙선 우측으로 통행하여야 한다.

31 **다음 중 진로변경을 해서는 안 되는 경우는?**

① 안전표지(진로변경 제한선)가 설치되어 있을 때
② 시속 50킬로미터 이상으로 주행할 때
③ 교통이 복잡한 도로일 때
④ 3차로의 도로일 때

해설 노면표시의 진로변경 제한선은 백색 실선이며, 진로변경을 할 수 없다.

32 **운전자가 진행방향을 변경하려고 할 때 신호를 하여야 할 시기로 옳은 것은? (단, 고속도로 제외)**

① 변경하려고 하는 지점의 3m 전에서
② 변경하려고 하는 지점의 10m 전에서
③ 변경하려고 하는 지점의 30m 전에서
④ 특별히 정하여져 있지 않고, 운전자 임의대로

해설 진행방향을 변경하려고 할 때 신호를 하여야 할 시기는 변경하려고 하는 지점의 30m 전이다.

33 **동일방향으로 주행하고 있는 전·후 차량 간의 안전운전 방법으로 틀린 것은?**

① 뒤 차량은 앞 차량이 급정지할 때 충돌을 피할 수 있는 필요한 안전거리를 유지한다.
② 뒤에서 따라오는 차량의 주행속도보다 느린 속도로 진행하려고 할 때에는 진로를 양보한다.
③ 앞 차량이 다른 차량을 앞지르고 있을 때에는 더욱 빠른 속도로 앞지른다.
④ 앞 차량은 부득이한 경우를 제외하고는 급정지·급감속을 하여서는 안 된다.

해설 앞 차량이 다른 차량을 앞지르고 있을 때에는 앞지르기를 해서는 안 된다.

34 **철길건널목 통과방법에 대한 설명으로 옳지 않은 것은?**

① 철길건널목에서는 앞지르기를 하여서는 안 된다.
② 철길건널목 부근에서는 주·정차를 하여서는 안 된다.
③ 철길건널목에 일시정지표지가 없을 때에는 서행하면서 통과한다.
④ 철길건널목에서는 반드시 일시정지 후 안전함을 확인 후에 통과한다.

해설 철길건널목에 일시정지표지가 없을 때에는 반드시 일시정지 후 안전함을 확인 후에 통과한다.

35 차마 서로 간의 통행 우선순위로 바르게 연결된 것은?

① 긴급자동차 → 긴급자동차 이외의 자동차 → 자동차 및 원동기장치자전거 이외의 차마 → 원동기장치자전거
② 긴급자동차 이외의 자동차 → 긴급자동차 → 자동차 및 원동기장치자전거 이외의 차마 → 원동기장치자전거
③ 긴급자동차 이외의 자동차 → 긴급자동차 → 원동기장치자전거 → 자동차 및 원동기장치자전거 이외의 차마
④ 긴급자동차 → 긴급자동차 이외의 자동차 → 원동기장치자전거 → 자동차 및 원동기장치자전거 이외의 차마

해설 **차마 서로 간의 통행 우선순위**
긴급자동차 → 긴급자동차 이외의 자동차 → 원동기장치자전거 → 자동차 및 원동기장치자전거 이외의 차마

36 승차 또는 적재의 방법과 제한에서 운행상의 안전기준을 넘어서 승차 및 적재가 가능한 경우는?

① 도착지를 관할하는 경찰서장의 허가를 받은 때
② 출발지를 관할하는 경찰서장의 허가를 받은 때
③ 관할 시·군수의 허가를 받은 때
④ 동·읍·면장의 허가를 받는 때

해설 승차인원·적재중량 및 적재용량에 관하여 안전기준을 넘어서 운행하고자 하는 경우 출발지를 관할하는 경찰서장의 허가를 받아야 한다.

37 다음 중 규정상 올바른 정차방법은?

① 정차는 도로모퉁이에서도 할 수 있다.
② 일방통행로에서는 도로의 좌측에 정차할 수 있다.
③ 도로의 우측 가장자리에 다른 교통에 방해가 되지 않도록 정차해야 한다.
④ 정차는 교차로 가장자리에서 할 수 있다.

해설 정차를 할 때에는 도로의 우측 가장자리에 다른 교통에 방해가 되지 않도록 정차해야 한다.

38 도로교통법상 주차금지의 장소로 틀린 것은?

① 터널 안 및 다리 위
② 화재경보기로부터 5미터 이내인 곳
③ 소방용 기계·기구가 설치된 5미터 이내인 곳
④ 소방용 방화물통이 있는 5미터 이내인 곳

해설 주차금지 장소는 화재경보기로부터 3m 이내인 곳이다.

39 도로교통법상 도로의 모퉁이로부터 몇 m 이내의 장소에 정차하여서는 안 되는가?

① 2m ② 3m
③ 5m ④ 10m

해설 교차로의 가장자리 또는 도로의 모퉁이로부터 5m 이내의 곳에 정차하면 안 된다.

40 버스정류장 표지판으로부터 몇 m 이내에 정차 및 주차를 해서는 안 되는가?

① 3m ② 5m
③ 8m ④ 10m

해설 버스정류장 표지판, 횡단보도, 철길건널목의 가장자리로부터 10m 이내의 곳은 정차 및 주차를 해서는 안 된다.

41 5미터 이내에 주차만 금지된 장소로 옳은 것은?

① 소방용 기계·기구가 설치된 곳
② 소방용 방화물통이 설치된 곳
③ 소화용 방화물통의 흡수구나 흡수관이 설치된 곳
④ 도로공사 구역의 양쪽 가장자리

해설 도로공사 구역의 양쪽 가장자리로부터 5미터 이내의 곳은 정차는 할 수 있으나 주차는 금지되어 있다.

42 경찰청장이 최고속도를 따로 지정·고시하지 않은 편도 2차로 이상 고속도로에서 건설기계 법정 최고속도는 매시 몇 km인가?

① 매시 100km
② 매시 110km
③ 매시 80km
④ 매시 60km

해설 **고속도로에서의 건설기계 법정 최고속도**

- 모든 고속도로 : 적재중량 1.5톤을 초과하는 화물자동차, 특수자동차, 위험물운반자동차, 건설기계의 최고속도는 매시 80km, 최저속도는 매시 50km이다.
- 지정·고시한 노선 또는 구간의 고속도로 : 적재중량 1.5톤을 초과하는 화물자동차, 특수자동차, 위험물운반자동차, 건설기계의 최고속도는 매시 90km 이내, 최저속도는 매시 50km이다.

43 도로교통법상에서 정의된 긴급자동차가 아닌 것은?

① 응급전신·전화 수리공사에 사용되는 자동차
② 긴급한 경찰업무수행에 사용되는 자동차
③ 위독한 환자의 수혈을 위한 혈액운송 차량
④ 학생운송 전용버스

44 밤에 도로에서 차량을 운행하는 경우 등의 등화로 틀린 것은?

① 견인되는 차량 – 미등, 차폭등 및 번호등
② 원동기장치자전거 – 전조등 및 미등
③ 자동차 – 자동차안전기준에서 정하는 전조등, 차폭등, 미등
④ 자동차등 이외의 모든 차량 – 지방경찰청장이 정하여 고시하는 등화

해설 자동차의 등화는 전조등, 차폭등, 미등, 번호등과 실내 조명등(실내 조명등은 승합자동차와 여객자동차 운송 사업용 승용자동차만 해당)이다.

45 도로 운행 시의 건설기계의 축하중 및 총중량 제한은?

① 윤하중 5톤 초과, 총중량 20톤 초과
② 축하중 10톤 초과, 총중량 20톤 초과
③ 축하중 10톤 초과, 총중량 40톤 초과
④ 윤하중 10톤 초과, 총중량 10톤 초과

해설 도로를 운행할 때 건설기계의 축하중 및 총중량 제한은 축하중 10톤 초과, 총중량 40톤 초과이다.

46 도로교통법에 위반이 되는 행위는?

① 철길건널목 바로 전에 일시정지하였다.
② 야간에 차량이 서로 마주보고 진행할 때 전조등의 광도를 감하였다.
③ 다리 위에서 앞지르기를 하였다.
④ 주간에 방향을 전환할 때 방향지시등을 켰다.

해설 다리 위에서 앞지르기를 해서는 안 된다.

47 도로교통법상 교통사고에 해당하지 않는 것은?

① 도로운전 중 언덕길에서 추락하여 부상한 사고
② 차고에서 적재하던 화물이 전락하여 사람이 부상한 사고
③ 주행 중 브레이크 고장으로 도로변의 전주를 충돌한 사고
④ 도로주행 중에 화물이 추락하여 사람이 부상한 사고

해설 차고에서 적재하던 화물이 전락하여 사람이 부상한 사고는 일반적인 사고이다.

48 교통사고 발생 후 벌점기준으로 틀린 것은?

① 중상 1명마다 30점
② 사망 1명마다 90점
③ 경상 1명마다 5점
④ 부상신고 1명마다 2점

해설 **교통사고 발생 후 벌점**
- 사망 1명마다 : 90점(사고 발생으로부터 72시간 내에 사망한 때)
- 중상 1명마다 : 15점(3주 이상의 치료를 요하는 의사의 진단이 있는 사고)
- 경상 1명마다 : 5점(3주 미만 5일 이상의 치료를 요하는 의사의 진단이 있는 사고)
- 부상신고 1명마다 : 2점(5일 미만의 치료를 요하는 의사의 진단이 있는 사고)

49 교통사고가 발생하였을 때 운전자가 가장 먼저 취해야 할 조치로 적절한 것은?

① 즉시 보험회사에 신고한다.
② 모범 운전자에게 신고한다.
③ 즉시 피해자 가족에게 알린다.
④ 즉시 사상자를 구호하고 경찰에 연락한다.

해설 교통사고로 인하여 사상자가 발생하였을 때 운전자가 취하여야 할 조치사항은 즉시 정차 → 사상자 구호 → 신고이다.

50 교통사고로서 중상의 기준에 해당하는 것은?

① 1주 이상의 치료를 요하는 부상
② 2주 이상의 치료를 요하는 부상
③ 3주 이상의 치료를 요하는 부상
④ 4주 이상의 치료를 요하는 부상

해설 중상의 기준은 3주 이상의 치료를 요하는 부상이다.

Chapter  05 | 장비구조 빈출 예상문제

1 엔진구조

01 열에너지를 기계적 에너지로 변환시켜주는 장치는?

① 펌프(pump)
② 모터(motor)
③ 엔진(engine)
④ 밸브(valve)

해설 열기관(엔진)이란 열에너지를 기계적 에너지로 바꾸어 유효한 일을 할 수 있도록 하는 장치이다.

02 가솔린 엔진에 비해 디젤엔진의 장점으로 볼 수 없는 것은?

① 열효율이 높다.
② 압축압력, 폭압압력이 크기 때문에 마력당 중량이 크다.
③ 유해배기가스 배출량이 적다.
④ 흡입행정 시 펌핑손실을 줄일 수 있다.

해설 디젤기관은 압축압력과 폭압압력이 크기 때문에 마력당 중량이 큰 단점이 있다.

03 4행정 사이클 기관에서 1사이클을 완료할 때 크랭크축은 몇 회전하는가?

① 1회전 ② 2회전
③ 3회전 ④ 4회전

해설 4행정 사이클 기관은 크랭크축이 2회전하고, 피스톤은 흡입 → 압축 → 폭발(동력) → 배기의 4행정을 하여 1사이클을 완성한다.

04 기관에서 피스톤의 행정이란?

① 피스톤의 길이
② 실린더 벽의 상하 길이
③ 상사점과 하사점과의 총면적
④ 상사점과 하사점과의 거리

해설 피스톤 행정이란 상사점과 하사점 사이의 거리이다.

05 실린더의 압축압력이 저하하는 주요 원인으로 틀린 것은?

① 실린더 벽의 마멸
② 피스톤링의 탄력부족
③ 헤드개스킷 파손에 의한 누설
④ 연소실 내부의 카본누적

해설 압축압력이 저하되는 원인은 실린더 벽의 마모 또는 피스톤링 파손 또는 과다 마모, 피스톤링의 탄력부족, 헤드 개스킷에서 압축가스 누설, 흡입 또는 배기밸브의 밀착 불량 등이 있다.

06 배기행정 초기에 배기밸브가 열려 실린더 내의 연소가스가 스스로 배출되는 현상은?

① 피스톤 슬랩
② 블로바이
③ 블로다운
④ 피스톤 행정

해설 블로다운이란 폭발행정 끝부분, 즉 배기행정 초기에 배기밸브가 열려 실린더 내의 압력에 의해서 배기가스가 배기밸브를 통해 스스로 배출되는 현상이다.

07 연소실과 연소의 구비조건이 아닌 것은?

① 분사된 연료를 가능한 한 긴 시간 동안 완전연소 시킬 것
② 평균유효 압력이 높을 것
③ 고속회전에서 연소상태가 좋을 것
④ 노크 발생이 적을 것

해설 연소실은 분사된 연료를 가능한 한 짧은 시간 내에 완전연소 시켜야 한다.

08 디젤기관에서 직접분사실식 장점이 아닌 것은?

① 연료소비량이 적다.
② 냉각손실이 적다.
③ 연료계통의 연료누출 염려가 적다.
④ 구조가 간단하여 열효율이 높다.

해설 **직접분사식의 장점**
실린더 헤드(연소실)의 구조가 간단하여 열효율이 높고, 연료소비율이 작고, 연소실 체적에 대한 표면적 비율이 작아 냉각손실이 작으며, 기관 시동이 쉽다.

09 예연소실식 연소실에 대한 설명으로 가장 거리가 먼 것은?

① 예열플러그가 필요하다.
② 사용연료의 변화에 민감하다.
③ 예연소실은 주연소실보다 작다.
④ 분사압력이 낮다.

해설 예연소실식 연소실은 사용연료의 변화에 둔감하다.

10 실린더 헤드와 블록 사이에 삽입하여 압축과 폭발가스의 기밀을 유지하고 냉각수와 엔진오일이 누출되는 것을 방지하는 역할을 하는 것은?

① 헤드 워터재킷
② 헤드볼트
③ 헤드 오일통로
④ 헤드개스킷

해설 헤드개스킷은 실린더 헤드와 블록 사이에 삽입하여 압축과 폭발가스의 기밀을 유지하고 냉각수와 엔진오일이 누출되는 것을 방지한다.

11 냉각수가 라이너 바깥둘레에 직접 접촉하고, 정비 시 라이너 교환이 쉬우며, 냉각효과가 좋으나, 크랭크 케이스에 냉각수가 들어갈 수 있는 단점을 가진 것은?

① 진공 라이너 ② 건식 라이너
③ 유압 라이너 ④ 습식 라이너

해설 습식 라이너는 냉각수가 라이너 바깥둘레에 직접 접촉하는 형식이며, 정비작업을 할 때 라이너 교환이 쉽고 냉각효과가 좋으나, 크랭크 케이스로 냉각수가 들어갈 우려가 있다.

12 기관에서 실린더 마모가 가장 큰 부분은?

① 실린더 아랫부분
② 실린더 윗부분
③ 실린더 중간부분
④ 실린더 연소실 부분

해설 실린더 벽의 마모는 윗부분(상사점 부근)이 가장 크다.

13 **피스톤의 구비조건으로 틀린 것은?**

① 고온·고압에 견딜 것
② 열전도가 잘될 것
③ 피스톤 중량이 클 것
④ 열팽창률이 적을 것

해설 **피스톤의 구비조건**
피스톤 중량이 작을 것, 고온·고압에 견딜 것, 열전도가 잘될 것, 열팽창률이 적을 것

14 **피스톤의 형상에 의한 종류 중에 측압부의 스커트 부분을 떼어내 경량화하여 고속엔진에 많이 사용되는 피스톤은 무엇인가?**

① 솔리드 피스톤
② 풀 스커트 피스톤
③ 스플릿 피스톤
④ 슬리퍼 피스톤

해설 슬리퍼 피스톤(slipper piston)은 측압부의 스커트 부분을 떼어내 경량화하여 고속엔진에 많이 사용한다.

15 **기관의 피스톤이 고착되는 원인으로 틀린 것은?**

① 냉각수량이 부족할 때
② 압축압력이 너무 높을 때
③ 기관이 과열되었을 때
④ 기관오일이 부족할 때

해설 피스톤이 고착되는 원인은 피스톤 간극이 적을 때, 기관오일이 부족할 때, 기관이 과열되었을 때, 냉각수량이 부족할 때 등이 있다.

16 **디젤엔진에서 피스톤링의 3대 작용과 거리가 먼 것은?**

① 응력분산 작용 ② 기밀작용
③ 오일제어 작용 ④ 열전도작용

해설 피스톤링의 작용은 기밀유지 작용(밀봉작용), 오일제어 작용(엔진오일을 실린더 벽에서 긁어내리는 작용), 열전도 작용(냉각작용)이다.

17 **피스톤링의 구비조건으로 틀린 것은?**

① 열팽창률이 적을 것
② 고온에서도 탄성을 유지할 것
③ 링 이음부의 압력을 크게 할 것
④ 피스톤링이나 실린더 마모가 적을 것

해설 피스톤링은 링 이음부의 파손을 방지하기 위하여 압력을 작게 하여야 한다.

18 **기관에서 크랭크축의 역할은?**

① 원활한 직선운동을 하는 장치이다.
② 기관의 진동을 줄이는 장치이다.
③ 직선운동을 회전운동으로 변환시키는 장치이다.
④ 상하운동을 좌우운동으로 변환시키는 장치이다.

해설 크랭크축은 피스톤의 직선운동을 회전운동으로 변환시키는 장치이다.

19 **기관의 크랭크축 베어링의 구비조건으로 틀린 것은?**

① 마찰계수가 클 것
② 내피로성이 클 것
③ 매입성이 있을 것
④ 추종유동성이 있을 것

해설 크랭크축 베어링은 마찰계수가 작고, 내피로성이 커야 하며, 매입성과 추종유동성이 있어야 한다.

20 **기관의 맥동적인 회전 관성력을 원활한 회전으로 바꾸어주는 역할을 하는 것은?**

① 크랭크축 ② 피스톤
③ 플라이휠 ④ 커넥팅로드

해설 플라이휠은 기관의 맥동적인 회전을 관성력을 이용하여 원활한 회전으로 바꾸어주는 역할을 한다.

21 **4행정 사이클 기관에서 크랭크축 기어와 캠축기어와의 지름의 비 및 회전비는 각각 얼마인가?**

① 1:2 및 2:1 ② 2:1 및 2:1
③ 1:2 및 1:2 ④ 2:1 및 1:2

해설 4행정 사이클 기관에서 크랭크축 기어와 캠축기어와의 지름의 비율은 1:2이고, 회전비율은 2:1이다.

22 **유압식 밸브 리프터의 장점이 아닌 것은?**

① 밸브간극 조정은 자동으로 조절된다.
② 밸브 개폐시기가 정확하다.
③ 밸브구조가 간단하다.
④ 밸브기구의 내구성이 좋다.

해설 유압식 밸브 리프터는 밸브간극이 자동으로 조절되며, 밸브 개폐시기가 정확하며, 밸브기구의 내구성이 좋은 장점이 있으나 밸브기구가 구조가 복잡한 단점이 있다.

23 **흡·배기밸브의 구비조건이 아닌 것은?**

① 열전도율이 좋을 것
② 열에 대한 팽창률이 적을 것
③ 열에 대한 저항력이 적을 것
④ 가스에 견디고 고온에 잘 견딜 것

해설 **밸브의 구비조건**
열에 대한 저항력이 클 것, 열전도율이 좋을 것, 가스에 견디고 고온에 잘 견딜 것, 열에 대한 팽창률이 적을 것

24 **엔진의 밸브가 닫혀 있는 동안 밸브시트와 밸브 페이스를 밀착시켜 기밀이 유지되도록 하는 것은?**

① 밸브 리테이너 ② 밸브가이드
③ 밸브스템 ④ 밸브스프링

해설 밸브스프링은 밸브가 닫혀 있는 동안 밸브시트와 밸브 페이스를 밀착시켜 기밀이 유지되도록 한다.

25 **기관의 밸브간극이 너무 클 때 발생하는 현상에 관한 설명으로 올바른 것은?**

① 정상온도에서 밸브가 확실하게 닫히지 않는다.
② 밸브스프링의 장력이 약해진다.
③ 푸시로드가 변형된다.
④ 정상온도에서 밸브가 완전히 개방되지 않는다.

해설 **밸브간극**
- 너무 크면 소음이 발생하며, 정상온도에서 밸브가 완전히 개방되지 않는다.
- 적으면 밸브가 열려 있는 기간이 길어지므로 실화가 발생할 수 있다.

26 **엔진 윤활유의 기능이 아닌 것은?**

① 윤활작용 ② 연소작용
③ 냉각작용 ④ 방청작용

해설 **윤활유의 주요 기능**
기밀작용(밀봉작용), 방청작용(부식방지작용), 냉각작용, 마찰 및 마멸방지작용, 응력분산작용(충격완화작용), 세척작용

27 **기관 윤활유의 구비조건이 아닌 것은?**

① 점도가 적당할 것
② 청정력이 클 것
③ 비중이 적당할 것
④ 응고점이 높을 것

해설 **윤활유의 구비조건**
점도가 적당할 것, 인화점 및 자연발화점이 높을 것, 응고점이 낮을 것, 비중이 적당할 것, 강인한 유막을 형성할 것, 기포발생 및 카본생성에 대한 저항력(청정력)이 클 것

28 **기관에 사용되는 윤활유의 성질 중 가장 중요한 것은?**

① 온도 ② 점도
③ 습도 ④ 건도

해설 윤활유의 성질 중 가장 중요한 것은 점도이다.

29 **온도에 따르는 점도 변화 정도를 표시하는 것은?**

① 점도지수 ② 점화지수
③ 점도분포 ④ 윤활성

해설 점도지수란 오일의 점도는 온도가 높아지면 점도가 낮아지고, 온도가 낮아지면 점도가 높아지는 성질이 있는데 이 변화 정도를 표시하는 것이다.

30 **엔진오일의 점도지수가 큰 경우 온도 변화에 따른 점도 변화는?**

① 점도가 수시로 변화한다.
② 온도에 따른 점도 변화가 크다.
③ 온도에 따른 점도 변화가 작다.
④ 온도와 점도는 무관하다.

해설 점도지수가 크면 온도에 따른 점도 변화가 작다.

31 **일반적으로 기관에 많이 사용되는 윤활방법은?**

① 분무 급유식
② 비산압송 급유식
③ 적하 급유식
④ 수 급유식

해설 기관에서 많이 사용하는 윤활방식은 비산압송 급유식이다.

32 **기관의 주요 윤활부분이 아닌 것은?**

① 플라이휠 ② 실린더
③ 피스톤링 ④ 크랭크 저널

해설 플라이휠 뒷면에는 수동변속기의 클러치가 설치되므로 윤활을 해서는 안 된다.

33 **엔진 윤활에 필요한 엔진오일이 저장되어 있는 곳으로 옳은 것은?**

① 스트레이너 ② 오일펌프
③ 오일 팬 ④ 오일필터

해설 오일 팬은 기관오일이 저장되어 있는 부품이다.

34 **오일 스트레이너(oil strainer)에 대한 설명으로 바르지 않은 것은?**

① 고정식과 부동식이 있으며 일반적으로 고정식이 많이 사용되고 있다.
② 불순물로 인하여 여과망이 막힐 때에는 오일이 통할 수 있도록 바이패스 밸브(by pass valve)가 설치된 것도 있다.
③ 보통 철망으로 만들어져 있으며 비교적 큰 입자의 불순물을 여과한다.
④ 오일필터에 있는 오일을 여과하여 각 윤활부로 보낸다.

해설 오일 스트레이너는 오일펌프로 들어가는 오일을 여과하는 부품이다.

35 **윤활장치에 사용되고 있는 오일펌프로 적합하지 않은 것은?**

① 기어펌프 ② 로터리 펌프
③ 베인 펌프 ④ 원심펌프

해설 오일펌프의 종류에는 기어펌프, 베인 펌프, 로터리 펌프, 플런저 펌프가 있다.

36 기관의 윤활장치에서 엔진오일의 여과방식이 아닌 것은?

① 전류식 ② 샨트식
③ 합류식 ④ 분류식

해설 기관오일의 여과방식에는 분류식, 샨트식, 전류식이 있다.

37 기관에 사용하는 오일여과기의 적절한 교환시기로 맞는 것은?

① 윤활유 1회 교환 시 2회 교환한다.
② 윤활유 1회 교환 시 1회 교환한다.
③ 윤활유 2회 교환 시 1회 교환한다.
④ 윤활유 3회 교환 시 1회 교환한다.

해설 오일여과기는 윤활유를 1회 교환할 때 함께 교환한다.

38 디젤기관의 엔진오일 압력이 규정 이상으로 높아질 수 있는 원인은?

① 엔진오일에 연료가 희석되었다.
② 엔진오일의 점도가 지나치게 낮다.
③ 엔진오일의 점도가 지나치게 높다.
④ 기관의 회전속도가 낮다.

해설 오일의 점도가 높으면 오일압력이 높아진다.

39 엔진오일량 점검에서 오일게이지에 상한선(Full)과 하한선(Low) 표시가 되어 있을 때 가장 적합한 것은?

① Low 표시에 있어야 한다.
② Low와 Full 표시 사이에서 Low에 가까이 있으면 좋다.
③ Low와 Full 표시 사이에서 Full에 가까이 있으면 좋다.
④ Full 표시 이상이 되어야 한다.

해설 유면표시기를 빼어 오일이 묻은 부분이 "F(Full)"와 "L(Low)"선의 중간 이상에 있으면 된다.

40 기관의 윤활유 소모가 많아질 수 있는 원인으로 옳은 것은?

① 비산, 압력 ② 비산, 희석
③ 연소, 누설 ④ 희석, 혼합

해설 윤활유의 소비가 증대되는 2가지 원인은 연소와 누설이다.

41 엔진에서 오일의 온도가 상승되는 원인이 아닌 것은?

① 과부하 상태에서 연속작업
② 오일냉각기의 불량
③ 오일의 점도가 부적당할 때
④ 유량의 과다

해설 오일의 온도가 상승하는 원인은 과부하 상태에서 연속작업, 오일냉각기의 불량, 오일의 점도가 부적당할 때, 기관 오일량의 부족 등이다.

42 작동 중인 엔진의 엔진오일에 가장 많이 포함된 이물질은?

① 유입먼지 ② 금속분말
③ 산화물 ④ 카본

해설 엔진오일에 가장 많이 포함된 이물질은 카본(carbon)이다.

43 디젤기관에 사용되는 연료의 구비조건으로 옳은 것은?

① 점도가 높고 약간의 수분이 섞여 있을 것
② 황의 함유량이 클 것
③ 착화점이 높을 것
④ 발열량이 클 것

해설 **연료의 구비조건**
점도가 알맞고 수분이 섞여 있지 않을 것, 황(S)의 함유량이 적을 것, 착화점이 낮을 것, 발열량이 클 것

44 **연료의 세탄가와 가장 밀접한 관련이 있는 것은?**

① 열효율　② 폭발압력
③ 착화성　④ 인화성

해설 연료의 세탄가란 착화성을 표시하는 수치이다.

45 **연료취급에 관한 설명으로 가장 거리가 먼 것은?**

① 연료주입 시 물이나 먼지 등의 불순물이 혼합되지 않도록 주의한다.
② 연료주입은 운전 중에 하는 것이 효과적이다.
③ 정기적으로 드레인콕을 열어 연료탱크 내의 수분을 제거한다.
④ 연료를 취급할 때에는 화기에 주의한다.

해설 연료주입은 작업을 마친 후에 하는 것이 효과적이다.

46 **착화지연기간이 길어져 실린더 내에 연소 및 압력상승이 급격하게 일어나는 현상은?**

① 디젤 노크　② 조기점화
③ 정상연소　④ 가솔린 노크

해설 디젤 노크는 착화지연 기간이 길어져 실린더 내의 연소 및 압력상승이 급격하게 일어나는 현상이다.

47 **디젤기관의 노킹 발생 원인과 가장 거리가 먼 것은?**

① 착화지연기간 중 연료분사량이 많다.
② 분사노즐의 분무상태가 불량하다.
③ 세탄가가 높은 연료를 사용하였다.
④ 기관이 과도하게 냉각되어 있다.

해설 **디젤기관 노킹 발생의 원인**
연료의 세탄가와 분사압력이 낮을 때, 착화지연기간 중 연료분사량이 많을 때, 연소실의 온도가 낮고, 착화지연시간이 길 때, 압축비가 낮고, 기관이 과냉되었을 때, 분사노즐의 분무상태가 불량할 때

48 **디젤기관의 노크방지방법으로 틀린 것은?**

① 세탄가가 높은 연료를 사용한다.
② 압축비를 높게 한다.
③ 흡기압력을 높게 한다.
④ 실린더 벽의 온도를 낮춘다.

해설 **디젤기관의 노크방지방법**
연료의 착화점이 낮은(착화성이 좋은) 것을 사용할 것, 세탄가가 높은 연료를 사용할 것, 흡기압력과 온도, 실린더(연소실) 벽의 온도를 높일 것, 압축비 및 압축압력과 온도를 높일 것, 착화지연기간을 짧게 할 것

49 **건설기계 작업 후 탱크에 연료를 가득 채워주는 이유와 가장 관련이 적은 것은?**

① 다음의 작업을 준비하기 위해서
② 연료의 기포방지를 위해서
③ 연료탱크에 수분이 생기는 것을 방지하기 위해서
④ 연료의 압력을 높이기 위해서

해설 작업 후 탱크에 연료를 가득 채워주는 이유는 다음의 작업을 준비하기 위해, 연료의 기포방지를 위해, 연료탱크 내의 공기 중의 수분이 응축되어 물이 생기는 것을 방지하기 위해서이다.

50 **디젤기관 연료여과기에 설치된 오버플로 밸브(over flow valve)의 기능이 아닌 것은?**

① 여과기 각 부분 보호
② 연료공급펌프 소음발생 억제
③ 운전 중 공기배출 작용
④ 인젝터의 연료분사시기 제어

해설 오버플로밸브는 운전 중 연료계통의 공기배출, 연료공급펌프의 소음 발생 방지, 연료여과기 엘리먼트 보호, 연료압력의 지나친 상승을 방지한다.

51 **디젤기관 연료장치의 구성부품이 아닌 것은?**

① 예열플러그 ② 분사노즐
③ 연료여과기 ④ 연료공급펌프

해설 예열플러그는 디젤기관의 시동보조 장치이다.

52 **연료탱크의 연료를 분사펌프 저압부까지 공급하는 것은?**

① 연료공급펌프 ② 연료분사펌프
③ 인젝션 펌프 ④ 로터리 펌프

해설 연료공급펌프는 연료탱크 내의 연료를 연료여과기를 거쳐 분사펌프의 저압부분으로 공급한다.

53 **디젤기관 연료장치의 분사펌프에서 프라이밍 펌프의 사용 시기는?**

① 출력을 증가시키고자 할 때
② 연료계통의 공기배출을 할 때
③ 연료의 양을 가감할 때
④ 연료의 분사압력을 측정할 때

해설 프라이밍 펌프(priming pump)는 연료공급펌프에 설치되어 있으며, 분사펌프로 연료를 보내거나 연료계통의 공기를 배출할 때 사용한다.

54 **디젤기관 연료라인에 공기빼기를 하여야 하는 경우가 아닌 것은?**

① 예열이 안 되어 예열플러그를 교환한 경우
② 연료호스나 파이프 등을 교환한 경우
③ 연료탱크 내의 연료가 결핍되어 보충한 경우
④ 연료필터의 교환, 분사펌프를 탈·부착한 경우

해설 연료라인의 공기빼기 작업은 연료탱크 내의 연료가 결핍되어 보충한 경우, 연료호스나 파이프 등을 교환한 경우, 연료필터의 교환, 분사펌프를 탈·부착한 경우 시행한다.

55 **디젤기관에서 연료장치 공기빼기 순서로 옳은 것은?**

① 연료공급펌프 → 연료여과기 → 분사펌프
② 연료공급펌프 → 분사펌프 → 연료여과기
③ 연료여과기 → 연료공급펌프 → 분사펌프
④ 연료여과기 → 분사펌프 → 연료공급펌프

해설 **연료장치 공기빼기 순서**
연료공급펌프 → 연료여과기 → 분사펌프

56 **디젤기관에 공급하는 연료의 압력을 높이는 것으로 조속기와 분사시기를 조절하는 장치가 설치되어 있는 것은?**

① 유압펌프
② 프라이밍 펌프
③ 연료분사펌프
④ 플런저 펌프

해설 연료분사펌프는 연료를 압축하여 분사순서에 맞추어 노즐로 압송시키는 것으로 조속기(연료분사량 조정)와 분사시기를 조절하는 장치(타이머)가 설치되어 있다.

57 **디젤기관 인젝션 펌프에서 딜리버리 밸브의 기능으로 틀린 것은?**

① 역류 방지 ② 후적 방지
③ 잔압 유지 ④ 유량 조정

해설 딜리버리 밸브는 연료의 역류(분사노즐에서 펌프로의 흐름)를 방지하고, 분사노즐의 후적을 방지하며, 잔압을 유지시킨다.

58 기관의 부하에 따라 자동적으로 연료분사량을 가감하여 최고 회전속도를 제어하는 것은?

① 타이머 ② 캠축
③ 조속기 ④ 밸브

해설 조속기(거버너)는 분사펌프에 설치되어 있으며, 기관의 부하에 따라 자동적으로 연료분사량을 가감하여 최고 회전속도를 제어한다.

59 커먼레일 디젤엔진의 연료장치 구성부품이 아닌 것은?

① 커먼레일 ② 고압연료펌프
③ 분사펌프 ④ 인젝터

해설 **커먼레일 디젤엔진의 연료공급 경로**
연료탱크 → 연료여과기 → 저압연료펌프 → 고압연료펌프 → 커먼레일 → 인젝터

60 분사노즐 시험기로 점검할 수 있는 것은?

① 분사개시 압력과 분사속도를 점검할 수 있다.
② 분포상태와 플런저의 성능을 점검할 수 있다.
③ 분사개시 압력과 후적을 점검할 수 있다.
④ 분포상태와 분사량을 점검할 수 있다.

해설 노즐테스터로 점검할 수 있는 항목은 분포(분무)상태, 분사각도, 후적 유무, 분사개시 압력 등이다.

61 디젤기관 분사노즐(injection nozzle)의 연료분사 3대 요건이 아닌 것은?

① 무화 ② 관통력
③ 착화 ④ 분포

해설 연료분사의 3대 요소는 무화(안개화), 분포(분산), 관통력이다.

62 디젤기관에서 분사펌프로부터 보내진 고압의 연료를 미세한 안개모양으로 연소실에 분사하는 부품은?

① 커먼레일 ② 분사노즐
③ 분사펌프 ④ 공급펌프

해설 분사노즐은 분사펌프에 보내준 고압의 연료를 연소실에 안개모양으로 분사하는 부품이다.

63 디젤기관에서 회전속도에 따라 연료의 분사시기를 조절하는 장치는?

① 과급기 ② 타이머
③ 기화기 ④ 조속기

해설 타이머(timer)는 기관의 회전속도에 따라 자동적으로 분사시기를 조정하여 운전을 안정되게 한다.

64 커먼레일 디젤기관의 압력제한밸브에 대한 설명 중 틀린 것은?

① 연료압력이 높으면 연료의 일부분이 연료탱크로 되돌아간다.
② 커먼레일과 같은 라인에 설치되어 있다.
③ 기계식 밸브가 많이 사용된다.
④ 운전조건에 따라 커먼레일의 압력을 제어한다.

해설 압력제한밸브는 커먼레일에 설치되어 커먼레일 내의 연료압력이 규정값보다 높아지면 열려 연료의 일부를 연료탱크로 복귀시킨다.

65 인젝터의 점검항목이 아닌 것은?

① 저항 ② 작동온도
③ 연료분사량 ④ 작동음

해설 인젝터의 점검항목은 저항, 연료분사량, 작동음이다.

66 커먼레일 디젤기관의 전자제어 계통에서 입력요소가 아닌 것은?

① 연료온도센서
② 연료압력센서
③ 연료압력 제한밸브
④ 축전지 전압

해설 연료압력 제한밸브는 커먼레일 내의 연료압력이 규정값보다 높아지면 ECU(컴퓨터)의 신호로 열려 연료압력을 규정값으로 유지시키는 출력요소이다.

67 커먼레일 디젤기관의 연료압력센서(RPS)에 대한 설명 중 맞지 않는 것은?

① RPS의 신호를 받아 연료분사량을 조정하는 신호로 사용한다.
② RPS의 신호를 받아 연료 분사시기를 조정하는 신호로 사용한다.
③ 반도체 피에조 소자방식이다.
④ 이 센서가 고장이면 시동이 꺼진다.

해설 연료압력센서(RPS)에서 고장이 발생하면 림프 홈 모드(페일 세이프)로 진입하여 연료압력을 400bar로 고정시킨다.

68 커먼레일 디젤기관의 공기유량센서(AFS)에 대한 설명 중 맞지 않는 것은?

① EGR 피드백 제어기능을 주로 한다.
② 열막 방식을 사용한다.
③ 연료량 제어기능을 주로 한다.
④ 스모그 제한 부스터 압력제어용으로 사용한다.

해설 공기유량센서(air flow sensor)는 열막(hot film) 방식을 사용한다. 주요기능은 EGR(배기가스 재순환) 피드백 제어이며, 또 다른 기능은 스모그 제한 부스트 압력제어(매연 발생을 감소시키는 제어)이다.

69 커먼레일 디젤기관의 흡기온도센서(ATS)에 대한 설명으로 틀린 것은?

① 주로 냉각팬 제어신호로 사용된다.
② 연료량 제어보정 신호로 사용된다.
③ 분사시기 제어보정 신호로 사용된다.
④ 부특성 서미스터이다.

해설 흡기온도센서는 부특성 서미스터를 이용하며, 분사시기와 연료분사량 제어보정 신호로 사용된다.

70 전자제어 디젤엔진의 회전을 감지하여 분사순서와 분사시기를 결정하는 센서는?

① 가속페달 센서
② 냉각수 온도 센서
③ 엔진오일 온도센서
④ 크랭크축 위치센서

해설 크랭크축 위치센서(CPS, CKP)는 크랭크축과 일체로 되어 있는 센서 휠의 돌기를 검출하여 크랭크축의 각도 및 피스톤의 위치, 기관 회전속도 등을 검출한다.

71 커먼레일 디젤기관의 가속페달 포지션 센서에 대한 설명 중 옳지 않은 것은?

① 가속페달 포지션 센서는 운전자의 의지를 전달하는 센서이다.
② 가속페달 포지션 센서 2는 센서 1을 검사하는 센서이다.
③ 가속페달 포지션 센서 3은 연료온도에 따른 연료량 보정신호를 한다.
④ 가속페달 포지션 센서 1은 연료량과 분사시기를 결정한다.

해설 가속페달 위치센서는 운전자의 의지를 ECU(컴퓨터)로 전달하는 센서이며, 센서 1에 의해 연료분사량과 분사시기가 결정되며, 센서 2는 센서 1을 감시하는 기능으로 차량의 급출발을 방지하기 위한 것이다.

72 커먼레일 디젤기관의 연료장치에서 출력 요소는?

① 공기유량센서 ② 인젝터
③ 엔진 ECU ④ 브레이크 스위치

해설 인젝터는 ECU(컴퓨터)의 신호에 의해 연료를 분사하는 출력요소이다.

73 기관의 운전 상태를 감시하고 고장진단 할 수 있는 기능은?

① 윤활기능 ② 제동기능
③ 조향기능 ④ 자기진단기능

해설 자기진단기능은 기관의 운전 상태를 감시하고 고장진단 할 수 있는 기능이다.

74 흡기장치의 요구조건으로 틀린 것은?

① 전체 회전영역에 걸쳐서 흡입효율이 좋아야 한다.
② 균일한 분배성능을 가져야 한다.
③ 흡입부에 와류가 발생할 수 있는 돌출부를 설치해야 한다.
④ 연소속도를 빠르게 해야 한다.

해설 공기흡입 부분에는 돌출부가 없어야 한다.

75 기관에서 공기청정기의 설치 목적으로 옳은 것은?

① 연료의 여과와 가압작용
② 공기의 가압작용
③ 공기의 여과와 소음방지
④ 연료의 여과와 소음방지

해설 공기청정기는 흡입공기의 먼지 등을 여과하는 작용 이외에 흡기소음을 감소시킨다.

76 건식 공기청정기의 장점이 아닌 것은?

① 설치 또는 분해·조립이 간단하다.
② 작은 입자의 먼지나 오물을 여과할 수 있다.
③ 구조가 간단하고 여과망을 세척하여 사용할 수 있다.
④ 기관 회전속도의 변동에도 안정된 공기청정효율을 얻을 수 있다.

해설 건식 공기청정기의 여과망(엘리먼트)은 압축공기로 청소하여 사용할 수 있다.

77 건식 공기청정기 세척방법으로 가장 적합한 것은?

① 압축공기로 안에서 밖으로 불어낸다.
② 압축공기로 밖에서 안으로 불어낸다.
③ 압축오일로 안에서 밖으로 불어낸다.
④ 압축오일로 밖에서 안으로 불어낸다.

해설 건식 공기청정기는 정기적으로 엘리먼트를 빼내어 압축공기로 안쪽에서 바깥쪽으로 불어내어 청소하여야 한다.

78 공기청정기의 종류 중 특히 먼지가 많은 지역에 적합한 공기청정기는?

① 건식 ② 습식
③ 유조식 ④ 복합식

해설 유조식(oil bath type) 공기청정기는 여과효율이 낮으나 보수 관리비용이 싸고 엘리먼트의 파손이 적으며, 영구적으로 사용할 수 있어 먼지가 많은 지역에 적합하다.

79 흡입공기를 선회시켜 엘리먼트 이전에서 이물질이 제거되게 하는 에어클리너 방식은?

① 습식 ② 원심 분리식
③ 건식 ④ 비스키무수식

해설 원심분리식 에어클리너는 흡입공기를 선회시켜 엘리먼트 이전에서 이물질을 제거한다.

80 기관에서 배기상태가 불량하여 배압이 높을 때 발생하는 현상과 관련 없는 것은?

① 기관이 과열된다.
② 피스톤의 운동을 방해한다.
③ 기관의 출력이 감소된다.
④ 냉각수 온도가 내려간다.

해설 배압이 높으면 기관이 과열하므로 냉각수 온도가 올라가고, 피스톤의 운동을 방해하므로 기관의 출력이 감소된다.

81 연소 시 발생하는 질소산화물(NOx)의 발생 원인과 가장 밀접한 관계가 있는 것은?

① 높은 연소온도
② 가속불량
③ 흡입공기 부족
④ 소염 경계층

해설 질소산화물(Nox)의 발생 원인은 높은 연소온도 때문이다.

82 국내에서 디젤기관에 규제하는 배출 가스는?

① 탄화수소 ② 공기과잉율(λ)
③ 일산화탄소 ④ 매연

해설 디젤기관에 규제하는 배출 가스는 매연이다.

83 과급기를 부착하였을 때의 이점으로 틀린 것은?

① 고지대에서도 출력의 감소가 적다.
② 회전력이 증가한다.
③ 기관출력이 향상된다.
④ 압축온도의 상승으로 착화지연시간이 길어진다.

해설 과급기를 부착하면 연소상태가 좋아지므로 압축온도 상승에 따라 착화지연기간이 짧아진다.

84 터보차저를 구동하는 것으로 가장 적합한 것은?

① 엔진의 열 ② 엔진의 배기가스
③ 엔진의 흡입가스 ④ 엔진의 여유동력

해설 터보차저는 엔진의 배기가스에 의해 구동된다.

85 디젤기관에서 급기온도를 낮추어 배출가스를 저감시키는 장치는?

① 인터쿨러(inter cooler)
② 라디에이터(radiator)
③ 쿨링팬(cooling fan)
④ 유닛 인젝터(unit injector)

해설 인터쿨러는 터보차저에 나오는 흡입공기의 온도를 낮춰 배출가스를 저감시키는 장치이다.

86 기관의 온도를 측정하기 위해 냉각수의 온도를 측정하는 곳으로 가장 적절한 곳은?

① 실린더 헤드 물재킷 부분
② 엔진 크랭크케이스 내부
③ 라디에이터 하부
④ 수온조절기 내부

해설 기관의 냉각수 온도는 실린더 헤드 물재킷 부분의 온도로 나타내며, 75~95℃ 정도면 정상이다.

87 엔진과열 시 일어나는 현상이 아닌 것은?

① 각 작동부분이 열팽창으로 고착될 수 있다.
② 윤활유 점도 저하로 유막이 파괴될 수 있다.
③ 금속이 빨리 산화되고 변형되기 쉽다.
④ 연료소비율이 줄고, 효율이 향상된다.

해설 엔신이 과열하면 금속이 빨리 산화되고 변형되기 쉽고, 윤활유의 점도 저하로 유막이 파괴될 수 있으며, 각 작동부분이 열팽창으로 고착될 수 있다.

88 기관 내부의 연소를 통해 일어나는 열에너지가 기계적 에너지로 바뀌면서 뜨거워진 기관을 물로 냉각하는 방식으로 옳은 것은?

① 수랭식 ② 공랭식
③ 유냉식 ④ 가스순환식

해설 수랭식은 냉각수를 이용하여 기관 내부를 냉각시킨다.

89 디젤기관의 냉각장치 방식에 속하지 않는 것은?

① 강제순환식 ② 압력순환식
③ 진공순환식 ④ 자연순환식

해설 냉각장치 방식에는 자연 순환방식, 강제 순환방식, 압력 순환방식, 밀봉 압력방식이 있다.

90 가압식 라디에이터의 장점으로 틀린 것은?

① 방열기를 적게 할 수 있다.
② 냉각수의 비등점을 높일 수 있다.
③ 냉각수의 순환속도가 빠르다.
④ 냉각장치의 효율을 높일 수 있다.

해설 가압식 라디에이터는 방열기를 적게 할 수 있고, 냉각장치의 효율을 높일 수 있으며, 냉각수의 비등점을 높일 수 있다.

91 기관에서 워터 펌프에 대한 설명으로 틀린 것은?

① 주로 원심펌프를 사용한다.
② 구동은 벨트를 통하여 크랭크축에 의해서 구동된다.
③ 냉각수에 압력을 가하면 물 펌프의 효율은 증대된다.
④ 펌프효율은 냉각수 온도에 비례한다.

해설 워터펌프(물 펌프)의 능력은 송수량으로 표시하며, 펌프의 효율은 냉각수 온도에 반비례하고 압력에 비례한다. 따라서 냉각수에 압력을 가하면 물 펌프의 효율이 증대된다.

92 기관의 냉각 팬이 회전할 때 공기가 향하는 방향은?

① 회전방향 ② 방열기 방향
③ 하부방향 ④ 상부방향

해설 냉각 팬이 회전할 때 공기가 향하는 방향은 방열기 방향이다.

93 냉각장치에 사용되는 전동 팬에 대한 설명으로 틀린 것은?

① 냉각수 온도에 따라 작동한다.
② 정상온도 이하에서는 작동하지 않고 과열일 때 작동한다.
③ 엔진이 시동되면 동시에 회전한다.
④ 팬벨트가 필요 없다.

해설 전동 팬은 전동기로 구동하므로 팬벨트가 필요 없으며, 엔진의 시동여부에 관계없이 냉각수 온도에 따라 작동한다. 즉, 정상온도 이하에서는 작동하지 않고 과열일 때 작동한다.

94 다음 중 팬벨트와 연결되지 않는 것은?

① 발전기 풀리
② 기관 오일펌프 풀리
③ 워터펌프 풀리
④ 크랭크축 풀리

해설 팬벨트는 크랭크축 풀리, 발전기 풀리, 워터펌프 풀리와 연결된다.

95 기관에서 팬벨트 및 발전기 벨트의 장력이 너무 강할 경우에 발생될 수 있는 현상은?

① 발전기 베어링이 손상될 수 있다.
② 기관의 밸브장치가 손상될 수 있다.
③ 충전부족 현상이 생긴다.
④ 기관이 과열된다.

해설 팬벨트의 장력이 너무 강하면(팽팽하면) 발전기 베어링이 손상되기 쉽다.

96 **팬벨트에 대한 점검과정으로 가장 적합하지 않은 것은?**

① 팬벨트는 눌러(약 10kgf) 처짐이 13~20mm 정도로 한다.
② 팬벨트는 풀리의 밑부분에 접촉되어야 한다.
③ 팬벨트 조정은 발전기를 움직이면서 조정한다.
④ 팬벨트가 너무 헐거우면 기관 과열의 원인이 된다.

해설 팬벨트는 풀리의 양쪽 경사진 부분에 접촉되어야 미끄러지지 않는다.

97 **라디에이터(radiator)에 대한 설명으로 틀린 것은?**

① 라디에이터 재료 대부분은 알루미늄 합금이 사용된다.
② 단위면적당 방열량이 커야 한다.
③ 냉각효율을 높이기 위해 방열 핀이 설치된다.
④ 공기흐름 저항이 커야 냉각효율이 높다.

해설 라디에이터 재료는 알루미늄 합금이며, 냉각효율을 높이기 위해 방열 핀(냉각핀)이 설치되며, 공기흐름 저항이 적어야 냉각효율이 높다.

98 **사용하던 라디에이터와 신품 라디에이터의 냉각수 주입량을 비교했을 때 신품으로 교환해야 할 시점은?**

① 10% 이상의 차이가 발생했을 때
② 20% 이상의 차이가 발생했을 때
③ 30% 이상의 차이가 발생했을 때
④ 40% 이상의 차이가 발생했을 때

해설 신품과 사용품의 냉각수 주입량이 20% 이상의 차이가 발생하면 라디에이터를 교환한다.

99 **디젤기관 냉각장치에서 냉각수의 비등점을 높여주기 위해 설치된 부품은?**

① 압력식 캡 ② 냉각핀
③ 보조탱크 ④ 코어

해설 냉각장치 내의 비등점(비점)을 높이고, 냉각범위를 넓히기 위하여 압력식 캡을 사용한다.

100 **압력식 라디에이터 캡에 대한 설명으로 옳은 것은?**

① 냉각장치 내부압력이 규정보다 낮을 때 공기밸브는 열린다.
② 냉각장치 내부압력이 규정보다 높을 때 진공밸브는 열린다.
③ 냉각장치 내부압력이 부압이 되면 진공밸브는 열린다.
④ 냉각장치 내부압력이 부압이 되면 공기밸브는 열린다.

해설 냉각장치 내부압력이 부압이 되면(내부압력이 규정보다 낮을 때) 진공밸브가 열리고, 냉각장치 내부압력이 규정보다 높으면 압력밸브가 열린다.

101 **엔진의 온도를 항상 일정하게 유지하기 위하여 냉각계통에 설치되는 것은?**

① 크랭크축 풀리 ② 물 펌프 풀리
③ 수온조절기 ④ 벨트 조절기

해설 수온조절기(정온기)는 엔진의 온도를 항상 일정하게 유지하기 위하여 냉각계통에 설치되어 있다.

102 **왁스 실에 왁스를 넣어 온도가 높아지면 팽창 축을 올려 열리는 온도조절기는?**

① 벨로즈형 ② 바이메탈형
③ 바이패스형 ④ 펠릿형

해설 펠릿형은 왁스 실에 왁스를 넣어 온도가 높아지면 팽창 축을 올려 열리는 형식이다.

103 기관에서 부동액으로 사용할 수 없는 것은?

① 메탄
② 에틸렌글리콜
③ 글리세린
④ 알코올

해설 부동액의 종류에는 알코올(메탄올), 글리세린, 에틸렌글리콜이 있다.

104 냉각장치에서 냉각수가 줄어드는 원인과 정비방법으로 틀린 것은?

① 히터 혹은 라디에이터 호스 불량 - 수리 및 부품 교환
② 서머스타트 하우징 불량 - 개스킷 및 하우징 교체
③ 워터펌프 불량 - 조정
④ 라디에이터 캡 불량 - 부품 교환

해설 워터펌프의 작동이 불량하면 신품으로 교환한다.

105 엔진과열의 원인으로 가장 거리가 먼 것은?

① 연료의 품질 불량
② 정온기가 닫혀서 고장
③ 냉각계통의 고장
④ 라디에이터 코어 불량

해설 연료의 품질이 불량하면 연소가 불량해진다.

106 건설기계 작업 중 온도계가 "H" 위치에 근접해 있다. 운전자가 취해야 할 조치로 가장 알맞은 것은?

① 작업을 계속해도 무방하다.
② 잠시 작업을 중단하고 휴식을 취한 후 다시 작업한다.
③ 윤활유를 즉시 보충하고 계속 작업한다.
④ 작업을 중단하고 냉각계통을 점검한다.

2 전기장치

01 전기가 이동하지 않고 물질에 정지하고 있는 전기는?

① 직류전기 ② 정전기
③ 교류전기 ④ 동전기

해설 정전기란 전기가 이동하지 않고 물질에 정지하고 있는 전기이다.

02 전류의 3대 작용이 아닌 것은?

① 발열작용 ② 자기작용
③ 원심작용 ④ 화학작용

해설 **전류의 3대작용**
발열작용, 화학작용, 자기작용

03 도체에도 물질 내부의 원자와 충돌하는 고유저항이 있는데 이 고유저항과 관련이 없는 것은?

① 물질의 모양
② 자유전자의 수
③ 원자핵의 구조 또는 온도
④ 물질의 색깔

해설 물질의 고유저항은 재질, 모양, 자유전자의 수, 원자핵의 구조 또는 온도에 따라서 변화한다.

04 전선의 저항에 대한 설명 중 옳은 것은?

① 전선이 길어지면 저항이 감소한다.
② 전선의 지름이 커지면 저항이 감소한다.
③ 모든 전선의 저항은 같다.
④ 전선의 저항은 전선의 단면적과 관계 없다.

해설 전선의 저항은 길이가 길어지면 증가하고, 지름 및 단면적이 커지면 감소한다.

05 **회로 중의 어느 한 점에 있어서 그 점에 들어오는 전류의 총합과 나가는 전류의 총합은 서로 같다는 법칙은?**

① 렌츠의 법칙
② 줄의 법칙
③ 키르히호프 제1법칙
④ 플레밍의 왼손법칙

해설 키르히호프 제1법칙은 회로 내의 어떤 한 점에 유입된 전류의 총합과 유출한 전류의 총합은 같다는 법칙이다.

06 **전압·전류 및 저항에 대한 설명으로 옳은 것은?**

① 직렬회로에서 전류와 저항은 비례 관계이다.
② 직렬회로에서 분압된 전압의 합은 전원전압과 같다.
③ 직렬회로에서 전압과 전류는 반비례 관계이다.
④ 직렬회로에서 전압과 저항은 반비례 관계이다.

해설 **직렬회로의 특징**
- 합성저항은 각 저항의 합과 같다.
- 어느 저항에서나 똑같은 전류가 흐른다.
- 전압이 나누어져 저항 속을 흐른다.
- 분압된 전압의 합은 전원전압과 같다.

07 **건설기계에서 사용되는 전기장치에서 과전류에 의한 화재예방을 위해 사용하는 부품으로 가장 적절한 것은?**

① 콘덴서 ② 저항기
③ 퓨즈 ④ 전파방지기

해설 퓨즈는 전기장치에서 단락에 의해 전선이 타거나 과대전류가 부하에 흐르지 않도록 하는 부품이다. 즉, 전기장치에서 과전류에 의한 화재예방을 위해 사용하는 부품이다.

08 **전기장치에서 접촉저항이 발생하는 개소 중 가장 거리가 먼 것은?**

① 배선 중간지점 ② 스위치 접점
③ 축전지 터미널 ④ 배선 커넥터

해설 접촉저항은 스위치 접점, 배선의 커넥터, 축전지 단자(터미널) 등에서 발생하기 쉽다.

09 **전기장치 회로에 사용하는 퓨즈의 재질로 적합한 것은?**

① 스틸 합금 ② 알루미늄 합금
③ 구리 합금 ④ 납과 주석 합금

해설 퓨즈의 재질은 납과 주석의 합금이다.

10 **전기회로에서 퓨즈의 설치방법은?**

① 직렬 ② 직·병렬
③ 병렬 ④ 상관없다.

해설 전기회로에서 퓨즈는 직렬로 설치한다.

11 **건설기계의 전기회로의 보호 장치로 옳은 것은?**

① 안전밸브 ② 퓨저블 링크
③ 캠버 ④ 턴 시그널 램프

해설 퓨저블 링크(fusible link)는 전기회로를 보호하는 도체 크기의 작은 전선으로 회로에 삽입되어 있다.

12 **P형 반도체와 N형 반도체를 마주대고 접합한 것은?**

① 캐리어 ② 홀
③ 스위칭 ④ 다이오드

해설 다이오드는 P형과 N형 반도체를 접합한 것으로 순방향 접속에서는 전류가 흐르고, 역방향 접속에서는 전류가 흐르지 못하는 특성이 있어 교류를 직류로 변화시키는 정류회로에서 사용한다.

13 빛을 받으면 전류가 흐르지만 빛이 없으면 전류가 흐르지 않는 전기소자는?

① 발광다이오드
② 포토다이오드
③ 제너다이오드
④ PN 접합다이오드

해설 포토다이오드는 접합부분에 빛을 받으면 빛에 의해 자유전자가 되어 전자가 이동하며, 역방향으로 전기가 흐른다.

14 어떤 기준전압 이상이 되면 역방향으로 큰 전류가 흐르게 된 반도체는?

① PNP형 트랜지스터
② NPN형 트랜지스터
③ 포토다이오드
④ 제너다이오드

해설 제너다이오드는 어떤 전압 아래에서는 역방향으로도 전류가 흐르도록 설계된 것이다.

15 트랜지스터에 대한 일반적인 특성으로 틀린 것은?

① 고온·고전압에 강하다.
② 내부전압 강하가 적다.
③ 수명이 길다.
④ 소형·경량이다.

해설 반도체는 고온·고전압에 약하다. 150℃ 이상 되면 파손되기 쉽다.

16 건설기계에 사용되는 전기장치 중 플레밍의 왼손법칙이 적용된 부품은?

① 발전기
② 점화코일
③ 릴레이
④ 기동전동기

해설 기동전동기는 플레밍의 왼손법칙을 이용한다.

17 그림과 같은 AND회로(논리적 회로)에 대한 설명으로 틀린 것은?

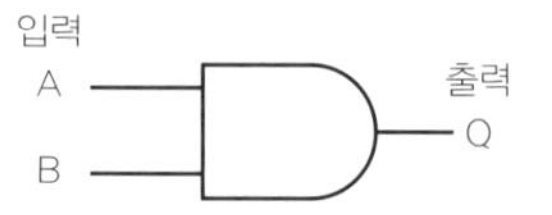

① 입력 A가 0이고 B가 0이면 출력 Q는 0이다.
② 입력 A가 1이고 B가 0이면 출력 Q는 1이다.
③ 입력 A가 0이고 B가 1이면 출력 Q는 0이다.
④ 입력 A가 1이고 B가 1이면 출력 Q는 1이다.

해설 입력 A가 1이고 B가 0이면 출력 Q는 0이다.

18 직류직권 전동기에 대한 설명 중 틀린 것은?

① 기동회전력이 분권전동기에 비해 크다.
② 부하에 따른 회전속도의 변화가 크다.
③ 부하를 크게 하면 회전속도는 낮아진다.
④ 부하에 관계없이 회전속도가 일정하다.

해설 직류직권 전동기는 기동 회전력이 크고, 부하가 걸렸을 때에는 회전속도는 낮으나 회전력이 큰 장점이 있으나 회전속도의 변화가 큰 단점이 있다.

19 기동전동기의 기능으로 틀린 것은?

① 기관을 구동시킬 때 사용한다.
② 플라이휠의 링 기어에 기동전동기 피니언을 맞물려 크랭크축을 회전시킨다.
③ 축전지와 각부 전장품에 전기를 공급한다.
④ 기관의 시동이 완료되면 피니언을 링 기어로부터 분리시킨다.

해설 축전지와 각부 전장품에 전기를 공급하는 장치는 발전기이다.

20 기동전동기에서 토크를 발생하는 부분은?

① 계자코일
② 솔레노이드 스위치
③ 전기자 코일
④ 계철

해설 기동 전동기에서 토크가 발생하는 부분은 전기자 코일이다.

21 기동전동기에서 전기자 철심을 여러 층으로 겹쳐서 만드는 이유는?

① 자력선 감소　② 소형 경량화
③ 온도상승 촉진　④ 맴돌이 전류 감소

해설 전기자 철심을 두께 0.35~1.0mm의 얇은 철판을 각각 절연하여 겹쳐 만든 이유는 자력선을 잘 통과시키고, 맴돌이 전류를 감소시키기 위함이다.

22 기동전동기 전기자 코일에 항상 일정한 방향으로 전류가 흐르도록 하기 위해 설치한 것은?

① 정류자　② 로터
③ 슬립링　④ 다이오드

해설 정류자는 전기자 코일에 항상 일정한 방향으로 전류가 흐르도록 하는 작용을 한다.

23 기동전동기의 전기자 축으로부터 피니언으로는 동력이 전달되나 피니언으로부터 전기자 축으로는 동력이 전달되지 않도록 해주는 장치는?

① 오버헤드 가드
② 솔레노이드 스위치
③ 오버러닝 클러치
④ 시프트 칼라

해설 오버러닝 클러치는 기동전동기의 전기자 축으로부터 피니언으로는 동력이 전달되나 피니언으로부터 전기자 축으로는 동력이 전달되지 않도록 해주는 장치이다.

24 기동전동기 구성부품 중 자력선을 형성하는 것은?

① 전기자　② 계자코일
③ 슬립링　④ 브러시

해설 계자코일에 전기가 흐르면 계자철심은 전자석이 되며, 자력선을 형성한다.

25 기동전동기에서 마그네틱 스위치는?

① 전자석 스위치이다.
② 전류조절기이다.
③ 전압조절기이다.
④ 저항조절기이다.

해설 마그네틱 스위치는 솔레노이드 스위치라고도 부르며, 기동 전동기의 전자석 스위치이다.

26 기동전동기의 동력전달 기구를 동력전달 방식으로 구분한 것이 아닌 것은?

① 벤딕스 방식
② 피니언 섭동방식
③ 계자 섭동방식
④ 전기자 섭동방식

해설 기동전동기의 피니언을 엔진의 플라이휠 링 기어에 물리는 방식(동력전달방식)에는 벤딕스 방식, 피니언 섭동방식, 전기자 섭동방식 등이 있다.

27 기관에 사용되는 기동전동기가 회전이 안 되거나 회전력이 약한 원인이 아닌 것은?

① 시동스위치의 접촉이 불량하다.
② 배터리 단자와 케이블의 접촉이 나쁘다.
③ 브러시가 정류자에 잘 밀착되어 있다.
④ 축전지 전압이 낮다.

해설 브러시와 정류자의 밀착이 불량하면 기동전동기가 회전이 안 되거나 회전력이 약해진다.

28 **시동스위치를 시동(ST)위치로 했을 때 솔레노이드 스위치는 작동되나 기동전동기는 작동되지 않는 원인으로 틀린 것은?**

① 축전지 방전으로 전류 용량 부족
② 시동스위치 불량
③ 엔진 내부 피스톤 고착
④ 기동전동기 브러시 손상

해설 시동스위치를 시동위치로 했을 때 솔레노이드 스위치는 작동되나 기동전동기가 작동되지 않는 원인은 축전지 용량의 과다방전, 엔진 내부 피스톤 고착, 전기자 코일 또는 계자 코일의 개회로(단선) 등이다.

29 **예열장치의 설치 목적으로 옳은 것은?**

① 냉간시동 시 시동을 원활히 하기 위함이다.
② 연료를 압축하여 분무성을 향상시키기 위함이다.
③ 연료분사량을 조절하기 위함이다.
④ 냉각수의 온도를 조절하기 위함이다.

해설 예열장치는 한랭한 상태에서 디젤기관을 시동할 때 기관에 흡입된 공기온도를 상승시켜 시동을 원활히 한다.

30 **디젤엔진 연소실 내의 압축공기를 예열하는 실드형 예열플러그의 특징이 아닌 것은?**

① 병렬로 연결되어 있다.
② 히트코일이 가는 열선으로 되어 있어 예열플러그 자체의 저항이 크다.
③ 발열량 및 열용량이 크다.
④ 흡입공기 속에 히트코일이 노출되어 있어 예열시간이 짧다.

해설 실드형 예열플러그는 보호금속 튜브에 히트코일이 밀봉되어 있어 코일형보다 예열에 소요되는 시간이 길다.

31 **기동전동기의 시험과 관계없는 것은?**

① 부하 시험 ② 무부하 시험
③ 관성 시험 ④ 저항 시험

해설 기동 전동기의 시험 항목에는 회전력(부하) 시험, 무부하 시험, 저항 시험 등이 있다.

32 **6실린더 디젤기관의 병렬로 연결된 예열플러그 중 제3번 실린더의 예열플러그가 단선되었을 때 나타나는 현상으로 옳은 것은?**

① 제2번과 제4번의 예열플러그도 작동이 안 된다.
② 제3번 실린더 예열플러그만 작동이 안 된다.
③ 축전지 용량의 배가 방전된다.
④ 예열플러그 전체가 작동이 안 된다.

해설 병렬로 연결된 예열플러그가 단선되면 단선된 것만 작동을 하지 못한다.

33 **디젤기관의 전기가열방식 예열장치에서 예열진행의 3단계로 틀린 것은?**

① 프리 글로 ② 스타트 글로
③ 포스트 글로 ④ 컷 글로

해설 디젤기관의 전기가열방식 예열장치에서 예열진행의 3단계는 프리 글로(pre glow), 스타트 글로(start glow), 포스트 글로(post glow)이다.

34 **디젤기관에서 예열플러그가 단선되는 원인으로 틀린 것은?**

① 너무 짧은 예열시간
② 규정 이상의 과대전류 흐름
③ 기관의 과열상태에서 잦은 예열
④ 예열플러그 설치시 조임 불량

해설 예열플러그의 예열시간이 너무 길면 단선된다.

35 **예열플러그를 빼서 보았더니 심하게 오염되어 있을 때의 원인으로 옳은 것은?**

① 불완전 연소 또는 노킹
② 기관의 과열
③ 예열 플러그의 용량과다
④ 냉각수 부족

해설 예열플러그가 심하게 오염되는 경우는 불완전 연소 또는 노킹이 발생하였기 때문이다.

36 **글로플러그를 설치하지 않아도 되는 연소실은? (단, 전자제어 커먼레일은 제외)**

① 직접분사실식
② 와류실식
③ 공기실식
④ 예연소실식

해설 직접분사실식에서는 시동보조 장치로 흡기다기관에 흡기가열장치(흡기히터나 히트레인지)를 설치한다.

37 **납산축전지에 관한 설명으로 틀린 것은?**

① 기관시동 시 전기적 에너지를 화학적 에너지로 바꾸어 공급한다.
② 기관시동 시 화학적 에너지를 전기적 에너지로 바꾸어 공급한다.
③ 전압은 셀의 개수와 셀 1개당의 전압으로 결정된다.
④ 음극판이 양극판보다 1장 더 많다.

해설 축전지는 화학작용을 이용하며 기관을 시동할 때 화학적 에너지를 전기적 에너지로 바꾸어 공급한다.

38 **축전지의 구비조건으로 가장 거리가 먼 것은?**

① 축전지의 용량이 클 것
② 전기적 절연이 완전할 것
③ 가급적 크고, 다루기 쉬울 것
④ 전해액의 누출방지가 완전할 것

해설 축전지는 소형·경량이고, 수명이 길며, 다루기 쉬워야 한다.

39 **축전지의 역할을 설명한 것으로 틀린 것은?**

① 기동장치의 전기적 부하를 담당한다.
② 발전기 출력과 부하와의 언밸런스를 조정한다.
③ 기관시동 시 전기적 에너지를 화학적 에너지로 바꾼다.
④ 발전기 고장 시 주행을 확보하기 위한 전원으로 작동한다.

해설 **축전지의 역할**
기동장치의 전기적 부하 담당(가장 중요한 기능), 발전기 출력과 부하와의 언밸런스 조정, 발전기가 고장났을 때 주행을 확보하기 위한 전원으로 작동

40 **건설기계에 사용되는 12V 납산축전지의 구성은?**

① 셀(cell) 3개를 병렬로 접속
② 셀(cell) 3개를 직렬로 접속
③ 셀(cell) 6개를 병렬로 접속
④ 셀(cell) 6개를 직렬로 접속

해설 12V 축전지는 2.1V의 셀(cell) 6개가 직렬로 접속되어 있다.

41 **축전지 격리판의 구비조건으로 틀린 것은?**

① 전도성이 좋으며 전해액의 확산이 잘 될 것
② 다공성이고 전해액에 부식되지 않을 것
③ 극판에 좋지 않은 물질을 내뿜지 않을 것
④ 기계적 강도가 있을 것

해설 격리판은 비전도성이 좋으며 전해액의 확산이 잘되어야 한다.

42 **축전지의 케이스와 커버를 청소할 때 사용하는 용액으로 가장 옳은 것은?**

① 비누와 물 ② 소금과 물
③ 소다와 물 ④ 오일과 가솔린

해설 축전지 커버나 케이스의 청소는 소다와 물 또는 암모니아수를 사용한다.

43 **납산축전지의 전해액으로 알맞은 것은?**

① 순수한 물 ② 과산화납
③ 해면상납 ④ 묽은 황산

해설 납산축전지 전해액은 증류수에 황산을 혼합한 묽은 황산이다.

44 **전해액 충전 시 20°C일 때 비중으로 틀린 것은?**

① 25% 충전 - 1.150~1.170
② 50% 충전 - 1.190~1.210
③ 75% 충전 - 1.220~1.260
④ 완전충전 - 1.260~1.280

해설 75% 충전일 경우의 전해액 비중은 1.220~1.240이다.

45 **납산축전지의 온도가 내려갈 때 발생되는 현상이 아닌 것은?**

① 비중이 상승한다.
② 전류가 커진다.
③ 용량이 저하한다.
④ 전압이 저하한다.

해설 축전지의 온도가 내려가면 비중은 상승하나, 용량·전류 및 전압이 모두 저하된다.

46 **배터리에서 셀 커넥터와 터미널의 설명이 아닌 것은?**

① 셀 커넥터는 납 합금으로 되어 있다.
② 양극판이 음극판의 수보다 1장 더 적다.
③ 색깔로 구분되어 있는 것은 (-)가 적색으로 되어 있다.
④ 셀 커넥터는 배터리 내의 각각의 셀을 직렬로 연결하기 위한 것이다.

해설 색깔로 구분되어 있는 것은 (+)가 적색으로 되어 있다.

47 **납산축전지의 양극과 음극 단자를 구별하는 방법으로 틀린 것은?**

① 양극은 적색, 음극은 흑색이다.
② 양극 단자에 (+), 음극 단자에는 (-)의 기호가 있다.
③ 양극 단자에 포지티브(positive), 음극 단자에 네거티브(negative)라고 표기되어 있다.
④ 양극 단자의 직경이 음극 단자의 직경보다 작다.

해설 양극 단자의 지름이 더 크다.

48 납산축전지를 교환 및 장착할 때 연결 순서로 맞는 것은?

① 축전지의 (+)선을 먼저 부착하고, (-)선을 나중에 부착한다.
② 축전지의 (-)선을 먼저 부착하고, (+)선을 나중에 부착한다.
③ 축전지의 (+), (-)선을 동시에 부착한다.
④ (+)나 (-)선 중 편리한 것부터 연결하면 된다.

해설 축전지를 장착할 때에는 (+)선을 먼저 부착하고, (-)선을 나중에 부착한다.

49 납산축전지의 충·방전 상태를 나타낸 것이 아닌 것은?

① 축전지가 방전되면 양극판은 과산화납이 황산납으로 된다.
② 축전지가 방전되면 전해액은 묽은 황산이 물로 변하여 비중이 낮아진다.
③ 축전지가 충전되면 양극판에서 수소를, 음극판에서 산소를 발생시킨다.
④ 축전지가 충전되면 음극판은 황산납이 해면상납으로 된다.

해설 충전되면 양극판에서 산소를, 음극판에서 수소를 발생시킨다.

50 12V용 납산축전지의 방전종지전압은?

① 12V ② 10.5V
③ 7.5V ④ 1.75V

해설 축전지 셀당 방전종지전압이 1.75V이므로 12V 축전지의 방전종지전압은 6×1.75V=10.5V이다.

51 납산축전지의 방전은 어느 한도 내에서 단자 전압이 급격히 저하하며 그 이후는 방전능력이 없어지게 된다. 이때의 전압을 무엇이라고 하는가?

① 충전전압
② 방전종지전압
③ 방전전압
④ 누전전압

해설 방전종지전압이란 축전지의 방전은 어느 한도 내에서 단자 전압이 급격히 저하하며 그 이후는 방전능력이 없어지게 되는 전압이다.

52 건설기계에 사용되는 납산축전지의 용량 단위는?

① Ah ② PS
③ kW ④ kV

해설 축전지 용량의 단위는 암페어 시(Ah)이다.

53 납산축전지의 용량(전류)에 영향을 주는 요소로 틀린 것은?

① 극판의 수 ② 극판의 크기
③ 전해액의 양 ④ 냉간율

해설 납산축전지의 용량을 결정짓는 인자는 셀당 극판 수, 극판의 크기, 전해액(황산)의 양이다.

54 납산축전지의 용량표시 방법이 아닌 것은?

① 25시간율
② 25암페어율
③ 20시간율
④ 냉간율

해설 축전지의 용량표시 방법에는 20시간율, 25암페어율, 냉간율이 있다.

55 그림과 같이 12V용 축전지 2개를 사용하여 24V용 건설기계를 시동하고자 할 때 연결 방법으로 옳은 것은?

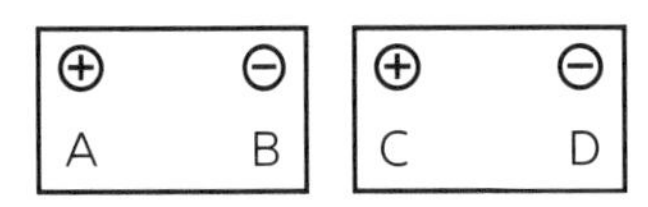

① B와 D ② A와 C
③ A와 B ④ B와 C

해설 직렬연결
전압과 용량이 동일한 축전지 2개 이상을 (+)단자와 연결대상 축전지의 (–)단자에 서로 연결하는 방식이며, 이때 전압은 축전지를 연결한 개수만큼 증가하나 용량은 1개일 때와 같다.

56 같은 용량, 같은 전압의 축전지를 병렬로 연결하였을 때 옳은 것은?

① 용량과 전압은 일정하다.
② 용량과 전압이 2배로 된다.
③ 용량은 한 개일 때와 같으나 전압은 2배로 된다.
④ 용량은 2배이고 전압은 한 개일 때와 같다.

해설 축전지의 병렬연결
같은 전압, 같은 용량의 축전지 2개 이상을 (+)단자를 다른 축전지의 (+)단자에, (–)단자는 (–)단자에 접속하는 방식이며, 용량은 연결한 개수만큼 증가하지만 전압은 1개일 때와 같다.

57 충전된 축전지라도 방치해두면 사용하지 않아도 조금씩 자연 방전하여 용량이 감소하는 현상은?

① 화학방전 ② 자기방전
③ 강제방전 ④ 급속방전

해설 자기방전이란 충전된 축전지라도 방치해두면 사용하지 않아도 조금씩 자연 방전하여 용량이 감소하는 현상이다.

58 충전된 축전지를 방치 시 자기방전(self discharge)의 원인과 가장 거리가 먼 것은?

① 양극판 작용물질 입자가 축전지 내부에 단락으로 인한 방전
② 격리판이 설치되어 방전
③ 전해액 내에 포함된 불순물에 의해 방전
④ 음극판의 작용물질이 황산과 화학작용으로 방전

해설 자기방전의 원인에는 양극판 작용물질 입자가 축전지 내부에 단락으로 인한 방전, 전해액 내에 포함된 불순물에 의해 방전, 음극판의 작용물질이 황산과 화학작용으로 방전 등이 있다.

59 납산축전지의 소비된 전기에너지를 보충하기 위한 충전방법이 아닌 것은?

① 정전류 충전
② 급속충전
③ 정전압 충전
④ 초 충전

해설 납산축전지의 충전방법에는 정전류 충전, 정전압 충전, 단별전류 충전, 급속충전 등이 있다.

60 납산축전지가 방전되어 급속충전을 할 때의 설명으로 틀린 것은?

① 충전 중 전해액의 온도가 45℃가 넘지 않도록 한다.
② 충전 중 가스가 많이 발생되면 충전을 중단한다.
③ 충전전류는 축전지 용량과 같게 한다.
④ 충전시간은 가능한 짧게 한다.

해설 급속충전을 할 때 충전전류는 축전지 용량의 50%로 한다.

61 납산축전지를 충전할 때 화기를 가까이 하면 위험한 이유는?

① 수소가스가 폭발성 가스이기 때문에
② 산소가스가 폭발성 가스이기 때문에
③ 수소가스가 조연성 가스이기 때문에
④ 산소가스가 인화성 가스이기 때문에

해설 축전지 충전 중에 화기를 가까이 하면 위험한 이유는 발생하는 수소가스가 폭발하기 때문이다.

62 납산축전지 전해액이 자연 감소되었을 때 보충에 가장 적합한 것은?

① 증류수 ② 황산
③ 수돗물 ④ 경수

해설 축전지 전해액이 자연 감소되었을 경우에는 증류수를 보충한다.

63 MF(Maintenance Free) 축전지에 대한 설명으로 적합하지 않은 것은?

① 격자의 재질은 납과 칼슘합금이다.
② 무보수용 배터리다.
③ 밀봉 촉매마개를 사용한다.
④ 증류수는 매 15일마다 보충한다.

해설 MF 축전지는 증류수를 점검 및 보충하지 않아도 된다.

64 시동키를 뽑은 상태로 주차했음에도 배터리에서 방전되는 전류를 뜻하는 것은?

① 충전전류 ② 암전류
③ 시동전류 ④ 발전전류

해설 암전류란 시동키를 뽑은 상태로 주차했음에도 배터리에서 방전되는 전류이다.

65 건설기계에 사용되는 전기장치 중 플레밍의 오른손 법칙이 적용되어 사용되는 부품은?

① 발전기 ② 기동전동기
③ 릴레이 ④ 점화코일

해설 발전기의 원리는 플레밍의 오른손 법칙을 사용한다.

66 '유도기전력의 방향은 코일 내의 자속의 변화를 방해하려는 방향으로 발생한다'는 법칙은?

① 플레밍의 왼손 법칙
② 렌츠의 법칙
③ 플레밍의 오른손 법칙
④ 자기유도 법칙

해설 렌츠의 법칙은 전자유도에 관한 법칙으로, 유도기전력의 방향은 코일 내의 자속의 변화를 방해하는 방향으로 발생된다는 법칙이다.

67 충전장치의 개요에 대한 설명으로 틀린 것은?

① 건설기계의 전원을 공급하는 것은 발전기와 축전지이다.
② 발전량이 부하량보다 적을 경우에는 축전지가 전원으로 사용된다.
③ 축전지는 발전기가 충전시킨다.
④ 발전량이 부하량보다 많을 경우에는 축전지의 전원이 사용된다.

해설 전장부품에 전원을 공급하는 장치는 축전지와 발전기이며, 축전지는 발선기가 충전시킨다. 또 발전기의 발전량이 부하량보다 적을 경우에는 축전지의 전원이 사용된다.

68 건설기계의 충전장치에서 가장 많이 사용되고 있는 발전기는?

① 단상 교류발전기
② 직류발전기
③ 3상 교류발전기
④ 와전류 발전기

해설 건설기계에서는 주로 3상 교류발전기를 사용한다.

69 충전장치에서 발전기는 어떤 축과 연동되어 구동되는가?

① 크랭크축 ② 캠축
③ 추진축 ④ 변속기 입력축

해설 발전기는 크랭크축에 의해 구동된다.

70 교류(AC)발전기의 특성이 아닌 것은?

① 저속에서도 충전성능이 우수하다.
② 소형·경량이고 출력도 크다.
③ 소모부품이 적고 내구성이 우수하며 고속회전에 견딘다.
④ 전압조정기, 전류조정기, 컷 아웃 릴레이로 구성된다.

해설 교류발전기는 전압조정기만 있으면 된다.

71 교류발전기의 부품이 아닌 것은?

① 다이오드 ② 슬립링
③ 전류조정기 ④ 스테이터 코일

해설 교류발전기는 스테이터, 로터, 다이오드, 슬립링과 브러시, 엔드 프레임, 전압조정기 등으로 되어 있다.

72 교류발전기의 유도전류는 어디에서 발생하는가?

① 스테이터 ② 전기자
③ 계자 코일 ④ 로터

해설 교류 발전기의 유도전류는 스테이터에서 발생한다.

73 AC 발전기에서 전류가 흐를 때 전자석이 되는 것은?

① 계자 철심 ② 로터
③ 아마추어 ④ 스테이터 철심

해설 교류발전기에서 로터(회전체)는 전류가 흐를 때 전자석이 되는 부분이다.

74 AC 발전기의 출력은 무엇을 변화시켜 조정하는가?

① 축전지 전압
② 발전기의 회전속도
③ 로터 코일 전류
④ 스테이터 전류

해설 교류발전기의 출력은 로터 코일 전류를 변화시켜 조정한다.

75 교류발전기의 다이오드가 하는 역할은?

① 전류를 조정하고, 교류를 정류한다.
② 전압을 조정하고, 교류를 정류한다.
③ 교류를 정류하고, 역류를 방지한다.
④ 여자전류를 조정하고, 역류를 방지한다.

해설 AC발전기 다이오드의 역할은 교류를 정류하고, 역류를 방지하는 것이다.

76 **교류발전기에서 높은 전압으로부터 다이오드를 보호하는 구성품은 어느 것인가?**

① 콘덴서 ② 계자 코일
③ 정류기 ④ 로터

해설 콘덴서(condenser)는 교류발전기에서 높은 전압으로부터 다이오드를 보호한다.

77 **교류발전기에 사용되는 반도체인 다이오드를 냉각하기 위한 것은?**

① 냉각튜브
② 유체클러치
③ 히트싱크
④ 엔드프레임에 설치된 오일장치

해설 히트싱크(heat sink)는 다이오드를 설치하는 철판이며, 다이오드가 정류작용을 할 때 다이오드를 냉각시켜주는 작용을 한다.

78 **충전장치에서 축전지 전압이 낮을 때의 원인으로 틀린 것은?**

① 조정전압이 낮을 때
② 다이오드가 단락되었을 때
③ 축전지 케이블 접속이 불량할 때
④ 충전회로에 부하가 적을 때

해설 충전회로의 부하가 크면 충전 불량의 원인이 된다.

79 **전조등 형식 중 내부에 불활성 가스가 들어 있으며, 광도의 변화가 적은 것은?**

① 로우 빔식 ② 하이 빔식
③ 실드 빔식 ④ 세미실드 빔식

해설 실드 빔형(shield beam type) 전조등은 반사경에 필라멘트를 붙이고 여기에 렌즈를 녹여 붙인 후 내부에 불활성 가스를 넣어 그 자체가 1개의 전구가 되도록 한 것이다.

80 **건설기계에 사용되는 계기의 장점으로 틀린 것은?**

① 구조가 복잡할 것
② 소형이고 경량일 것
③ 지침을 읽기가 쉬울 것
④ 가격이 쌀 것

해설 계기는 구조가 간단하고, 소형·경량이며, 지침을 읽기 쉽고, 가격이 싸야 한다.

81 **건설기계의 전조등 성능을 유지하기 위하여 가장 좋은 방법은?**

① 단선으로 한다.
② 복선식으로 한다.
③ 축전지와 직결시킨다.
④ 굵은 선으로 갈아 끼운다.

해설 복선식은 접지 쪽에도 전선을 사용하는 것으로 주로 전조등과 같이 큰 전류가 흐르는 회로에서 사용한다.

82 **헤드라이트에서 세미실드 빔형은?**

① 렌즈, 반사경 및 전구를 분리하여 교환이 가능한 것
② 렌즈, 반사경 및 전구가 일체인 것
③ 렌즈와 반사경은 일체이고, 전구는 교환이 가능한 것
④ 렌즈와 반사경을 분리하여 제작한 것

해설 세미실드 빔형(semi shield beam type)은 렌즈와 반사경은 녹여 붙였으나 전구는 별개로 설치한 것으로 필라멘트가 끊어지면 전구만 교환하면 된다.

83 전조등 회로의 구성부품으로 틀린 것은?

① 전조등 릴레이 ② 전조등 스위치
③ 디머 스위치 ④ 플래셔 유닛

해설 전조등 회로는 퓨즈, 라이트 스위치, 디머 스위치로 구성된다.

84 방향지시등 전구에 흐르는 전류를 일정한 주기로 단속, 점멸하여 램프의 광도를 증감시키는 것은?

① 디머 스위치
② 플래셔 유닛
③ 파일럿 유닛
④ 방향지시기 스위치

해설 플래셔 유닛(flasher unit)은 방향지시등 전구에 흐르는 전류를 일정한 주기로 단속, 점멸하여 램프의 광도를 증감시키는 부품이다.

85 방향지시등 스위치를 작동할 때 한쪽은 정상이고, 다른 한쪽은 점멸작용이 정상과 다르게(빠르게, 느리게, 작동 불량) 작용한다. 고장 원인이 아닌 것은?

① 전구 1개가 단선되었을 때
② 전구를 교체하면서 규정용량의 전구를 사용하지 않았을 때
③ 플래셔 유닛이 고장 났을 때
④ 한쪽 전구소켓에 녹이 발생하여 전압강하가 있을 때

해설 플래셔 유닛이 고장 나면 모든 방향지시등이 점멸되지 못한다.

86 건설기계로 작업할 때 계기판에서 오일경고등이 점등되었을 때 우선 조치사항으로 적합한 것은?

① 엔진을 분해한다.
② 즉시 엔진시동을 끄고 오일계통을 점검한다.
③ 엔진오일을 교환하고 운전한다.
④ 냉각수를 보충하고 운전한다.

해설 오일경고등이 점등되면 즉시 엔진의 시동을 끄고 오일계통을 점검한다.

87 전조등의 좌우 램프 간 회로에 대한 설명으로 옳은 것은?

① 직렬 또는 병렬로 되어 있다.
② 병렬과 직렬로 되어 있다.
③ 병렬로 되어 있다.
④ 직렬로 되어 있다.

해설 전조등 회로는 병렬로 연결되어 있다.

88 한쪽의 방향지시등만 점멸 속도가 빠른 원인으로 옳은 것은?

① 전조등 배선접촉 불량
② 플래셔 유닛 고장
③ 한쪽 램프의 단선
④ 비상등 스위치 고장

해설 한쪽 램프가 단선되면 한쪽의 방향지시등만 점멸 속도가 빨라진다.

89 그림과 같은 경고등의 의미는?

① 엔진오일 압력 경고등
② 와셔액 부족 경고등
③ 브레이크액 누유 경고등
④ 냉각수 온도 경고등

90 건설기계 운전 중에 계기판에 그림과 같은 등이 갑자기 점등되었다. 무슨 표시인가?

① 배터리 충전 경고등
② 연료레벨 경고등
③ 냉각수 과열 경고등
④ 유압유 온도 경고등

91 건설기계 운전 중에 계기판에 그림과 같은 등이 갑자기 점등되었다면 이 경고등의 의미는?

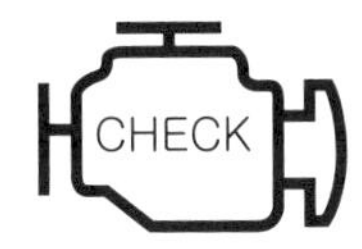

① 엔진오일 압력 경고등
② 와셔액 부족 경고등
③ 브레이크액 누유 경고등
④ 엔진 점검 경고등

92 건설기계 작업 시 계기판에서 냉각수 경고등이 점등되었을 때 운전자로서 가장 적절한 조치는?

① 엔진오일량을 점검한다.
② 작업을 중지하고 점검 및 정비를 받는다.
③ 라디에이터를 교환한다.
④ 작업이 모두 끝나면 곧바로 냉각수를 보충한다.

해설 냉각수 경고등이 점등되면 작업을 중지하고 냉각수량 점검 및 냉각계통의 정비를 받는다.

93 건설기계 운전 중 운전석 계기판에 그림과 같은 등이 갑자기 점등되었다. 무슨 표시인가?

① 배터리 완전충전 표시등
② 전원 차단 경고등
③ 전기장치 작동 표시등
④ 충전 경고등

94 지구환경 문제로 인하여 기존의 냉매는 사용을 억제하고, 대체가스로 사용되고 있는 자동차 에어컨 냉매는?

① R-134a　② R-22
③ R-16　④ R-12

해설 현재 차량에서 사용하는 냉매는 R-134a이다.

95 에어컨의 구성부품 중 고압의 기체냉매를 냉각시켜 액화시키는 작용을 하는 것은?

① 압축기 ② 응축기
③ 증발기 ④ 팽창밸브

해설 응축기(condenser)는 라디에이터 앞쪽에 설치되어 있으며 주행속도와 냉각팬의 작동에 의해 고온·고압의 기체냉매를 응축시켜 고온·고압의 액체냉매로 만든다.

96 자동차 에어컨에서 고압의 액체냉매를 저압의 기체냉매로 바꾸는 구성부품은?

① 압축기(compressor)
② 리퀴드 탱크(liquid tank)
③ 팽창밸브(expansion valve)
④ 에버퍼레이터(evaperator)

해설 팽창밸브(expansion valve)는 고온·고압의 액체냉매를 급격히 팽창시켜 저온·저압의 무상(기체)냉매로 변화시킨다.

97 자동차 에어컨 장치에서 리시버드라이어의 기능으로 틀린 것은?

① 액체냉매의 저장기능
② 수분제거 기능
③ 냉매압축 기능
④ 기포분리 기능

해설 리시버드라이어(receiver dryer)의 기능은 액체냉매의 저장기능, 수분제거 기능, 기포분리 등이다.

3 전·후진 주행장치

01 건설기계에서 환향장치(steering system)의 역할은?

① 제동을 쉽게 하는 장치이다.
② 분사압력 증대장치이다.
③ 분사시기를 조절하는 장치이다.
④ 건설기계의 진행방향을 바꾸는 장치이다.

해설 환향장치(조향장치)는 건설기계의 진행방향을 바꾸는 장치이다.

02 조향장치의 특성에 관한 설명 중 틀린 것은?

① 조향조작이 경쾌하고 자유로워야 한다.
② 회전반경이 되도록 커야 한다.
③ 타이어 및 조향장치의 내구성이 커야 한다.
④ 노면으로부터의 충격이나 원심력 등의 영향을 받지 않아야 한다.

해설 조향장치는 회전반경이 작아서 좁은 곳에서도 방향 변환을 할 수 있어야 한다.

03 동력조향장치 구성부품에 속하지 않는 것은?

① 유압펌프
② 복동 유압실린더
③ 제어밸브
④ 하이포이드 피니언

해설 유압발생장치(오일펌프), 유압제어장치(제어밸브), 작동장치(유압실린더)로 되어 있다.

04 **동력조향장치의 장점으로 적합하지 않은 것은?**

① 작은 조작력으로 조향조작을 할 수 있다.
② 조향기어비는 조작력에 관계없이 선정할 수 있다.
③ 굴곡노면에서의 충격을 흡수하여 조향핸들에 전달되는 것을 방지한다.
④ 조작이 미숙하면 엔진가동이 자동으로 정지된다.

해설 동력조향장치는 조작이 미숙하여도 엔진이 자동으로 정지되는 경우는 없다.

05 **타이어 건설기계의 조향 휠이 정상보다 돌리기 힘들 때의 원인으로 틀린 것은?**

① 파워스티어링 오일 부족
② 파워스티어링 오일펌프 벨트파손
③ 파워스티어링 오일호스 파손
④ 파워스티어링 오일에 공기 제거

해설 파워스티어링 오일에 공기가 혼입되어 있으면 조향 휠(조향핸들)을 돌리기 힘들어진다.

06 **타이어 건설기계에서 주행 중 조향핸들이 한쪽으로 쏠리는 원인이 아닌 것은?**

① 타이어 공기압 불균일
② 브레이크 라이닝 간극조정 불량
③ 베이퍼록 현상 발생
④ 휠 얼라인먼트 조정 불량

해설 주행 중 조향핸들이 한쪽으로 쏠리는 원인으로는 타이어 공기압 불균일, 브레이크 라이닝 간극조정 불량, 휠 얼라인먼트 조정 불량 등이 있다.

07 **타이어 건설기계에서 조향바퀴의 얼라인먼트의 요소와 관계없는 것은?**

① 캠버 ② 부스터
③ 토인 ④ 캐스터

해설 조향바퀴 얼라인먼트의 요소에는 캠버, 토인, 캐스터, 킹핀 경사각 등이 있다.

08 **타이어 건설기계에서 앞바퀴 정렬의 역할과 거리가 먼 것은?**

① 브레이크의 수명을 길게 한다.
② 타이어 마모를 최소로 한다.
③ 방향 안정성을 준다.
④ 조향핸들의 조작을 작은 힘으로 쉽게 할 수 있다.

해설 앞바퀴 정렬은 타이어 마모를 최소로 하며, 방향안정성을 주고, 조향핸들의 조작을 작은 힘으로 쉽게 할 수 있도록 하고, 조향 후 바퀴의 복원력이 발생하도록 한다.

09 **앞바퀴 정렬요소 중 캠버의 필요성에 대한 설명으로 거리가 먼 것은?**

① 앞차축의 휨을 적게 한다.
② 조향 휠의 조작을 가볍게 한다.
③ 조향 시 바퀴의 복원력이 발생한다.
④ 토(toe)와 관련성이 있다.

해설 캠버는 토(toe)와 관련성이 있으며, 앞차축의 휨을 적게 하고, 조향 휠(핸들)의 조작을 가볍게 한다.

10 타이어 건설기계의 휠 얼라인먼트에서 토인의 필요성이 아닌 것은?

① 조향바퀴의 방향성을 준다.
② 타이어 이상마멸을 방지한다.
③ 조향바퀴를 평행하게 회전시킨다.
④ 바퀴가 옆 방향으로 미끄러지는 것을 방지한다.

해설 조향바퀴의 방향성을 주는 요소는 캐스터이다.

11 타이어 건설기계에서 조향바퀴의 토인을 조정하는 것은?

① 조향핸들 ② 웜 기어
③ 타이로드 ④ 드래그 링크

해설 토인은 타이로드에서 조정한다.

12 변속기의 필요성과 관계가 없는 것은?

① 시동 시 기관을 무부하 상태로 한다.
② 기관의 회전력을 증대시킨다.
③ 건설기계의 후진 시 필요로 한다.
④ 환향을 빠르게 한다.

해설 변속기는 기관을 시동할 때 무부하 상태로 하고, 회전력을 증가시키며, 역전(후진)을 가능하게 한다.

13 변속기의 구비조건으로 틀린 것은?

① 전달효율이 적을 것
② 변속조작이 용이할 것
③ 소형·경량일 것
④ 단계가 없이 연속적인 변속조작이 가능할 것

해설 변속기는 전달효율이 커야 한다.

14 자동변속기에서 토크컨버터의 설명으로 틀린 것은?

① 토크컨버터의 회전력 변환율은 3~5:1이다.
② 오일의 충돌에 의한 효율저하 방지를 위하여 가이드 링이 있다.
③ 마찰 클러치에 비해 연료소비율이 더 높다.
④ 펌프, 터빈, 스테이터로 구성되어 있다.

해설 토크 컨버터의 회전력 변환율은 2~3:1이다.

15 엔진과 직결되어 같은 회전수로 회전하는 토크컨버터의 구성품은?

① 터빈 ② 스테이터
③ 펌프 ④ 변속기 출력축

해설 펌프(또는 임펠러)는 기관의 크랭크축에, 터빈은 변속기 입력축과 연결된다.

16 토크컨버터의 오일의 흐름방향을 바꾸어 주는 것은?

① 펌프 ② 변속기축
③ 터빈 ④ 스테이터

해설 스테이터(stator)는 오일의 흐름 방향을 바꾸어 회전력을 증대시킨다.

17 토크컨버터의 출력이 가장 큰 경우? (단, 기관속도는 일정함)

① 항상 일정함
② 변환비가 1:1일 경우
③ 터빈의 속도가 느릴 때
④ 임펠러의 속도가 느릴 때

해설 터빈의 속도가 느릴 때 토크 컨버터의 출력이 가장 크다.

18 토크컨버터 오일의 구비조건이 아닌 것은?

① 점도가 높을 것
② 착화점이 높을 것
③ 빙점이 낮을 것
④ 비점이 높을 것

해설 토크컨버터 오일은 점도가 낮고, 비중이 커야 한다.

19 유성기어장치의 구성요소가 바르게 된 것은?

① 평 기어, 유성기어, 후진기어, 링 기어
② 선 기어, 유성기어, 래크기어, 링 기어
③ 링 기어 스퍼기어, 유성기어 캐리어, 선 기어
④ 선 기어, 유성기어, 유성기어 캐리어, 링 기어

해설 유성기어장치의 주요부품은 선 기어, 유성기어, 링 기어, 유성기어 캐리어이다.

20 휠 형식(wheel type) 건설기계의 동력전달장치에서 슬립이음이 변화를 가능하게 하는 것은?

① 축의 길이 ② 회전속도
③ 축의 진동 ④ 드라이브 각

해설 슬립이음을 사용하는 이유는 추진축의 길이 변화를 주기 위함이다.

21 추진축의 각도변화를 가능하게 하는 이음은?

① 자재이음 ② 슬립이음
③ 등속이음 ④ 플랜지이음

해설 자재이음(유니버설 조인트)은 변속기와 종 감속 기어 사이(추진축)의 구동각도 변화를 가능하게 한다.

22 유니버설 조인트 중에서 훅형(십자형) 조인트가 가장 많이 사용되는 이유가 아닌 것은?

① 구조가 간단하다.
② 급유가 불필요하다.
③ 큰 동력의 전달이 가능하다.
④ 작동이 확실하다.

해설 훅형(십자형) 조인트를 많이 사용하는 이유는 구조가 간단하고, 작동이 확실하며, 큰 동력의 전달이 가능하기 때문이다. 훅형 조인트에는 그리스를 급유하여야 한다.

23 십자축 자재이음을 추진축 앞뒤에 둔 이유를 가장 적합하게 설명한 것은?

① 추진축의 진동을 방지하기 위하여
② 회전 각속도의 변화를 상쇄하기 위하여
③ 추진축의 굽힘을 방지하기 위하여
④ 길이의 변화를 다소 가능하게 하기 위하여

해설 십자축 자재이음은 각도 변화를 주는 부품이며, 추진축 앞뒤에 둔 이유는 회전 각 속도의 변화를 상쇄하기 위함이다.

24 타이어형 건설기계에서 추진축의 스플라인 부분이 마모되면 어떤 현상이 발생하는가?

① 차동기어의 물림이 불량하다.
② 클러치 페달의 유격이 크다.
③ 가속 시 미끄럼 현상이 발생한다.
④ 주행 중 소음이 나고 차체에 진동이 있다.

해설 추진축의 스플라인 부분이 마모되면 주행 중 소음이 나고 차체에 진동이 발생한다.

25 타이어형 건설기계의 동력전달 계통에서 최종적으로 구동력을 증가시키는 것은?

① 트랙 모터
② 종감속기어
③ 스프로킷
④ 변속기

해설 종감속기어(파이널 드라이브 기어)는 엔진의 동력을 바퀴까지 전달할 때 마지막으로 감속하여 최종적으로 구동력을 증가시킨다.

26 종감속비에 대한 설명으로 옳지 않은 것은?

① 종감속비는 링 기어 잇수를 구동피니언 잇수로 나눈 값이다.
② 종감속비가 크면 가속성능이 향상된다.
③ 종감속비가 적으면 등판능력이 향상된다.
④ 종감속비는 나누어서 떨어지지 않는 값으로 한다.

해설 종감속비가 적으면 등판능력이 저하된다.

27 하부추진체가 휠(wheel)로 되어 있는 건설기계로 커브를 돌 때 선회를 원활하게 해주는 장치는?

① 변속기 ② 차동장치
③ 최종구동장치 ④ 트랜스퍼케이스

해설 차동장치는 타이어형 건설기계에서 선회할 때(커브를 돌 때) 바깥쪽 바퀴의 회전속도를 안쪽 바퀴보다 빠르게 하여 선회를 원활하게 한다.

28 차축의 스플라인 부분은 차동장치의 어느 기어와 결합되어 있는가?

① 차동피니언
② 링 기어
③ 구동피니언
④ 차동 사이드기어

해설 차축의 스플라인 부분은 차동장치의 차동 사이드기어와 결합되어 있다.

29 액슬축의 종류가 아닌 것은?

① 반부동식 ② 3/4부동식
③ 1/2부동식 ④ 전부동식

해설 액슬축(차축) 지지방식에는 전부동식, 반부동식, 3/4부동식이 있다.

30 타이어 건설기계에서 유압제동장치의 구성부품이 아닌 것은?

① 휠 실린더
② 에어 컴프레셔
③ 마스터 실린더
④ 오일 리저브 탱크

해설 유압 제동장치는 마스터 실린더(피스톤, 피스톤 리턴 스프링, 체크밸브 내장), 오일 리저브 탱크, 브레이크 파이프 및 호스, 휠 실린더, 브레이크슈, 슈 리턴 스프링, 브레이크 드럼 등으로 구성되어 있다.

31 **브레이크 장치의 베이퍼록 발생 원인이 아닌 것은?**

① 긴 내리막길에서 과도한 브레이크 사용
② 엔진 브레이크를 장시간 사용
③ 드럼과 라이닝의 끌림에 의한 가열
④ 오일의 변질에 의한 비등점의 저하

해설 베이퍼록을 방지하려면 엔진 브레이크를 사용하여야 한다.

32 **타이어 건설기계를 길고 급한 경사 길을 운전할 때 반 브레이크를 사용하면 어떤 현상이 생기는가?**

① 라이닝은 페이드, 파이프는 스팀록
② 라이닝은 페이드, 파이프는 베이퍼록
③ 파이프는 스팀록, 라이닝은 베이퍼록
④ 파이프는 증기폐쇄, 라이닝은 스팀록

해설 길고 급한 경사 길을 운전할 때 반 브레이크를 사용하면 라이닝에서는 페이드가 발생하고, 파이프에서는 베이퍼록이 발생한다.

33 **브레이크 드럼의 구비조건 중 틀린 것은?**

① 회전 불평형이 유지되어야 한다.
② 충분한 강성을 가지고 있어야 한다.
③ 방열이 잘되어야 한다.
④ 가벼워야 한다.

해설 **브레이크 드럼의 구비조건**
가벼울 것, 내마멸성과 내열성이 클 것, 강도와 강성이 클 것, 정적·동적 평형이 잡혀 있을 것, 냉각(방열)이 잘될 것

34 **제동장치의 페이드 현상방지책으로 틀린 것은?**

① 드럼의 냉각성능을 크게 한다.
② 드럼은 열팽창률이 적은 재질을 사용한다.
③ 온도 상승에 따른 마찰계수 변화가 큰 라이닝을 사용한다.
④ 드럼의 열팽창률이 적은 형상으로 한다.

해설 페이드 현상을 방지하려면 온도상승에 따른 마찰계수 변화가 작은 라이닝을 사용한다.

35 **브레이크에서 하이드로 백에 관한 설명으로 틀린 것은?**

① 대기압과 흡기다기관 부압과의 차이를 이용하였다.
② 하이드로 백에 고장이 나면 브레이크가 전혀 작동하지 않는다.
③ 외부에 누출이 없는데도 브레이크 작동이 나빠지는 것은 하이드로 백 고장일 수도 있다.
④ 하이드로 백은 브레이크 계통에 설치되어 있다.

해설 하이드로 백(진공제동 배력장치)은 흡기다기관 진공과 대기압과의 차이를 이용한 것이므로 배력장치에 고장이 발생하여도 일반적인 유압 브레이크로 작동할 수 있도록 하고 있다.

36 **브레이크가 잘 작동되지 않을 때의 원인으로 가장 거리가 먼 것은?**

① 라이닝에 오일이 묻었을 때
② 휠 실린더 오일이 누출되었을 때
③ 브레이크 페달 자유간극이 작을 때
④ 브레이크 드럼의 간극이 클 때

해설 브레이크 페달의 자유간극이 작으면 급제동되기 쉽다.

37 **드럼 브레이크에서 브레이크 작동 시 조향핸들이 한쪽으로 쏠리는 원인이 아닌 것은?**

① 타이어 공기압이 고르지 않다.
② 한쪽 휠 실린더 작동이 불량하다.
③ 브레이크 라이닝 간극이 불량하다.
④ 마스터 실린더 체크밸브 작용이 불량하다.

해설 브레이크를 작동시킬 때 조향핸들이 한쪽으로 쏠리는 원인은 타이어 공기압이 고르지 않을 때, 한쪽 휠 실린더 작동이 불량할 때, 한쪽 브레이크 라이닝 간극이 불량할 때 등이 있다.

38 **공기브레이크의 장점이 아닌 것은?**

① 차량중량에 제한을 받지 않는다.
② 베이퍼록 발생이 많다.
③ 페달을 밟는 양에 따라 제동력이 조절된다.
④ 공기가 다소 누출되어도 제동성능이 현저하게 저하되지 않는다.

해설 공기 브레이크는 베이퍼록 발생 염려가 없다.

39 **공기브레이크 장치의 구성부품 중 틀린 것은?**

① 브레이크 밸브
② 마스터 실린더
③ 공기탱크
④ 릴레이 밸브

해설 공기브레이크는 공기압축기, 압력조정기와 언로드 밸브, 공기탱크, 브레이크 밸브, 퀵 릴리스 밸브, 릴레이 밸브, 슬랙 조정기, 브레이크 체임버, 캠, 브레이크슈, 브레이크 드럼으로 구성된다.

40 **공기브레이크에서 브레이크슈를 직접 작동시키는 것은?**

① 유압 ② 브레이크 페달
③ 캠 ④ 릴레이 밸브

해설 공기브레이크에서 브레이크슈를 직접 작동시키는 것은 캠(cam)이다.

41 **제동장치 중 주브레이크에 속하지 않는 것은?**

① 유압 브레이크 ② 배력 브레이크
③ 공기 브레이크 ④ 배기 브레이크

해설 배기 브레이크는 긴 내리막길을 내려갈 때 사용하는 감속 브레이크이다.

42 **사용압력에 따른 타이어의 분류에 속하지 않는 것은?**

① 고압 타이어 ② 초고압 타이어
③ 저압 타이어 ④ 초저압 타이어

해설 공기압력에 따른 타이어의 분류에는 고압타이어, 저압타이어, 초저압 타이어가 있다.

43 타이어의 구조에서 직접 노면과 접촉되어 마모에 견디고 적은 슬립으로 견인력을 증대시키는 곳의 명칭은?

① 트레드(tread)
② 브레이커(breaker)
③ 카커스(carcass)
④ 비드(bead)

해설 트레드는 타이어가 직접 노면과 접촉되어 마모에 견디고 적은 슬립으로 견인력을 증대시키는 곳이다.

44 타이어에서 몇 겹의 코드 층을 내열성의 고무로 싼 구조로 되어 있으며, 트레드와 카커스의 분리를 방지하고 노면에서의 완충작용도 하는 부분은?

① 카커스 ② 비드
③ 트레드 ④ 브레이커

해설 브레이커(breaker)는 타이어에서 몇 겹의 코드 층을 내열성의 고무로 싼 구조로 되어 있으며, 트레드와 카커스의 분리를 방지하고 노면에서의 완충작용도 한다.

45 타이어에서 고무로 피복된 코드를 여러 겹으로 겹친 층에 해당되며 타이어 골격을 이루는 부분은?

① 카커스(carcass)
② 트레드(tread)
③ 숄더(should)
④ 비드(bead)

해설 카커스는 고무로 피복된 코드를 여러 겹 겹친 층에 해당되며, 타이어 골격을 이루는 부분이다.

46 내부에는 고 탄소강의 강선(피아노 선)을 묶음으로 넣고 고무로 피복한 림 상태의 보강 부위로 타이어를 림에 견고하게 고정시키는 역할을 하는 부분은?

① 카커스(carcass)부분
② 비드(bead)부분
③ 숄더(should)부분
④ 트레드(tread)부분

해설 비드부분은 내부에는 고 탄소강의 강선(피아노 선)을 묶음으로 넣고 고무로 피복한 림 상태의 보강 부위로 타이어를 림에 견고하게 고정시키는 역할을 하는 부분이다.

47 타이어 건설기계에 부착된 부품을 확인하였더니 13.00-24-18PR로 명기되어 있었다. 다음 중 어느 것에 해당되는가?

① 유압펌프 ② 엔진 일련번호
③ 타이어 규격 ④ 시동모터 용량

48 건설기계에 사용되는 저압타이어 호칭치수 표시는?

① 타이어의 외경-타이어의 폭-플라이 수
② 타이어의 폭-타이어의 내경-플라이 수
③ 타이어의 폭-림의 지름
④ 타이어의 내경-타이어의 폭-플라이 수

해설 저압타이어 호칭치수는 타이어의 폭-타이어의 내경-플라이 수로 표시한다.

49 **타이어 건설기계 주행 중 발생할 수도 있는 히트 세퍼레이션 현상에 대한 설명으로 맞는 것은?**

① 물에 젖은 노면을 고속으로 달리면 타이어와 노면 사이에 수막이 생기는 현상
② 고속으로 주행 중 타이어가 터져버리는 현상
③ 고속 주행 시 차체가 좌·우로 밀리는 현상
④ 고속 주행할 때 타이어 공기압이 낮아져 타이어가 찌그러지는 현상

해설 히트 세퍼레이션(heat separation) 현상이란 고속으로 주행할 때 열에 의해 타이어의 고무나 코드가 용해 및 분리되어 터지는 현상이다.

50 **무한궤도 건설기계에서 트랙의 구성부품으로 옳은 것은?**

① 슈, 스프로킷, 하부롤러, 상부롤러, 감속기어
② 슈, 슈 볼트, 링크, 부싱, 핀
③ 슈, 조인트, 스프로킷, 핀, 슈 볼트
④ 스프로킷, 트랙롤러, 상부롤러, 아이들러

해설 트랙은 슈, 슈 볼트, 링크, 부싱, 핀 등으로 구성되어 있다.

51 **트랙장치의 구성부품 중 트랙 슈와 슈를 연결하는 부품은?**

① 부싱과 상부 롤러
② 하부 롤러와 상부 롤러
③ 트랙 링크와 핀
④ 아이들러와 스프로켓

해설 트랙 슈와 슈를 연결하는 부품은 트랙 링크와 핀이다.

52 **트랙링크의 수가 38조라면 트랙 핀의 부싱은 몇 조인가?**

① 37조(set) ② 38조(set)
③ 39조(set) ④ 40조(set)

해설 트랙링크의 수가 38조라면 트랙 핀의 부싱은 38조이다.

53 **트랙 슈의 종류에 속하지 않는 것은?**

① 단일돌기 슈 ② 이중 돌기 슈
③ 습지용 슈 ④ 변하중 돌기 슈

해설 트랙 슈의 종류에는 단일돌기 슈, 2중 돌기 슈, 3중 돌기 슈, 습지용 슈, 고무 슈, 암반용 슈, 평활 슈 등이 있다.

54 **도로를 주행할 때 포장노면의 파손을 방지하기 위해 주로 사용하는 트랙 슈는?**

① 습지용 슈 ② 스노 슈
③ 평활 슈 ④ 단일돌기 슈

해설 평활 슈는 도로를 주행할 때 포장노면의 파손을 방지하기 위해 사용한다.

55 무한궤도식 건설기계에서 트랙을 탈거하기 위해 가장 먼저 제거해야 하는 것은?

① 슈 ② 부싱
③ 링크 ④ 마스터 핀

해설 마스터 핀은 트랙의 분리를 쉽게 하기 위하여 둔다.

56 무한궤도식 건설기계에서 프런트 아이들러의 작용은?

① 구동력을 트랙으로 전달한다.
② 파손을 방지하고 원활한 운전을 할 수 있도록 해준다.
③ 회전력을 발생하여 트랙에 전달한다.
④ 트랙의 진로를 조정하면서 주행방향으로 트랙을 유도한다.

해설 프런트 아이들러(front idler, 전부 유동륜)는 트랙의 장력을 조정하면서 트랙의 진행방향을 유도한다.

57 주행 중 트랙 전방에서 오는 충격을 완화하여 차체 파손을 방지하고 운전을 원활하게 해주는 것은?

① 리코일 스프링 ② 댐퍼 스프링
③ 하부롤러 ④ 상부롤러

해설 리코일 스프링은 트랙 전방에서 오는 충격을 완화시키기 위해 설치한다.

58 상부롤러에 대한 설명이 잘못된 것은?

① 전부 유동륜과 기동륜 사이에 1~2개가 설치된다.
② 트랙의 회전을 바르게 유지한다.
③ 더블 플랜지형을 주로 사용한다.
④ 트랙이 밑으로 처지는 것을 방지한다.

해설 상부롤러는 싱글 플랜지형(바깥쪽으로 플랜지가 있는 형식)을 사용한다.

59 롤러(roller)에 대한 설명 중 옳지 않은 것은?

① 하부롤러는 트랙 프레임의 한쪽 아래에 3~7개 설치되어 있다.
② 하부롤러는 트랙의 마모를 방지해준다.
③ 상부롤러는 일반적으로 1~2개가 설치되어 있다.
④ 상부롤러는 스프로킷과 아이들러 사이에 트랙이 처지는 것을 방지한다.

해설 하부롤러는 건설기계의 전체하중을 지지하고 중량을 트랙에 균등하게 분배해주며, 트랙의 회전위치를 바르게 유지한다.

60 무한궤도식 건설기계에서 트랙 장력을 측정하는 부위는?

① 스프로킷과 상부롤러 사이
② 아이들러와 상부롤러 사이
③ 아이들러와 스프로킷 사이
④ 1번 상부롤러와 2번 상부롤러 사이

해설 트랙장력은 프런트 아이들러와 상부롤러 사이에서 측정한다.

61 아래 [보기] 중 무한궤도형 건설기계에서 트랙장력 조정방법으로 모두 옳은 것은?

> **보기**
> A. 그리스 주입방식
> B. 너트조정 방식
> C. 전자제어 방식
> D. 유압제어 방식

① A, C ② A, B
③ A, B, C ④ B, C, D

해설 무한궤도형 건설기계의 트랙장력 조정방법에는 그리스를 주입하는 방법과 조정너트를 이용하는 방법이 있으며, 프런트 아이들러를 이동시켜서 조정한다.

62 무한궤도형 건설기계에서 주행 충격이 클 때 트랙의 조정방법 중 틀린 것은?

① 브레이크가 있는 경우에는 브레이크를 사용해서는 안 된다.
② 장력은 일반적으로 25~40cm이다.
③ 2~3회 반복 조정하여 양쪽 트랙의 유격을 똑같이 조정하여야 한다.
④ 전진하다가 정지시켜야 한다.

해설 트랙유격은 일반적으로 25~40mm 정도로 조정하며 브레이크가 있는 건설기계를 정차할 때에는 브레이크를 사용해서는 안 된다.

63 무한궤도식 건설기계에서 트랙이 자주 벗겨지는 원인과 관계없는 것은?

① 최종구동기어가 마모되었을 때
② 트랙의 중심정렬이 맞지 않을 때
③ 유격(긴도)이 규정보다 클 때
④ 트랙의 상·하부롤러가 마모되었을 때

해설 트랙이 자주 벗겨지는 원인은 트랙의 중심정렬이 맞지 않았을 때, 유격(긴도)이 규정보다 클 때, 트랙의 상·하부롤러가 마모되었을 때이다.

64 일반적으로 무한궤도식 건설기계에서 트랙을 분리하여야 할 경우에 속하지 않는 것은?

① 스프로킷을 교환할 때
② 아이들러를 교환할 때
③ 트랙을 교환할 때
④ 상부롤러를 교환할 때

해설 트랙을 분리하여야 하는 경우는 트랙을 교환할 때, 스프로킷을 교환할 때, 프런트 아이들러를 교환할 때 등이다.

4 유압장치

01 건설기계의 유압장치를 가장 적절히 표현한 것은?

① 오일을 이용하여 전기를 생산하는 것
② 기체를 액체로 전환시키기 위하여 압축하는 것
③ 오일의 연소에너지를 통해 동력을 생산하는 것
④ 오일의 압력 에너지를 이용하여 기계적인 일을 하도록 하는 것

해설 유압장치란 오일의 압력 에너지를 이용하여 기계적인 일을 하도록 하는 것이다.

02 압력의 단위가 아닌 것은?

① bar ② kgf/cm^2
③ N·m ④ kPa

해설 압력의 단위에는 kgf/cm^2, psi(PSI), atm, Pa(kPa, MPa), mmHg, bar, atm, mAq 등이 있다.

03 "밀폐된 용기 속의 유체 일부에 가해진 압력은 각 부의 모든 부분에 같은 세기로 전달된다."는 원리는?

① 베르누이의 원리
② 렌츠의 원리
③ 파스칼의 원리
④ 보일-샤를의 원리

해설 **파스칼의 원리**
- 밀폐된 용기 내의 한 부분에 가해진 압력은 액체 내의 전 부분에 같은 압력으로 전달된다.
- 정지된 액체에 접하고 있는 면에 가해진 압력은 그 면에 수직으로 작용한다.
- 정지된 액체의 한 점에 있어서의 압력의 크기는 전 방향에 대하여 동일하다.

04 유압장치의 장점에 속하지 않는 것은?

① 소형으로 큰 힘을 낼 수 있다.
② 정확한 위치제어가 가능하다.
③ 배관이 간단하다.
④ 원격제어가 가능하다.

해설 유압장치는 배관회로의 구성이 어렵고, 관로를 연결하는 곳에서 유압유가 누출될 우려가 있다.

05 유압장치의 단점에 대한 설명 중 틀린 것은?

① 관로를 연결하는 곳에서 작동유가 누출될 수 있다.
② 고압사용으로 인한 위험성이 존재한다.
③ 작동유 누유로 인해 환경오염을 유발할 수 있다.
④ 전기·전자의 조합으로 자동제어가 곤란하다.

해설 유압장치는 전기·전자의 조합으로 자동제어가 가능한 장점이 있다.

06 일반적인 유압펌프에 대한 설명으로 가장 거리가 먼 것은?

① 오일을 흡입하여 컨트롤밸브(control valve)로 송유(토출)한다.
② 엔진 또는 모터의 동력으로 구동된다.
③ 벨트에 의해서만 구동된다.
④ 동력원이 회전하는 동안에는 항상 회전한다.

해설 유압펌프는 동력원과 주로 기어나 커플링으로 직결되어 있으므로 동력원이 회전하는 동안에는 항상 회전하여 오일탱크 내의 유압유를 흡입하여 컨트롤 밸브로 송유(토출)한다.

07 유압장치에 사용되는 유압펌프 형식이 아닌 것은?

① 베인 펌프 ② 플런저 펌프
③ 분사펌프 ④ 기어펌프

해설 유압펌프의 종류에는 기어펌프, 베인 펌프, 피스톤(플런저)펌프, 나사펌프, 트로코이드 펌프 등이 있다.

08 기어펌프에 대한 설명으로 옳은 것은?

① 가변용량형 펌프이다.
② 정용량 펌프이다.
③ 비정용량 펌프이다.
④ 날개깃에 의해 펌핑 작용을 한다.

해설 기어펌프는 회전속도에 따라 흐름용량(유량)이 변화하는 정용량형이다.

09 **베인펌프에 대한 설명으로 틀린 것은?**

① 날개로 펌핑동작을 한다.
② 토크(torque)가 안정되어 소음이 작다.
③ 싱글형과 더블형이 있다.
④ 베인펌프는 1단 고정으로 설계된다.

해설 베인펌프는 날개로 펌핑동작을 하며, 싱글형과 더블형이 있고, 토크가 안정되어 소음이 작다.

10 **외접형 기어펌프에서 토출된 유량 일부가 입구 쪽으로 귀환하여 토출유량 감소, 축동력 증가 및 케이싱 마모 등의 원인을 유발하는 현상을 무엇이라고 하는가?**

① 폐입현상
② 숨 돌리기 현상
③ 공동현상
④ 열화촉진 현상

해설 폐입현상이란 토출된 유량의 일부가 입구 쪽으로 귀환하여 토출량 감소, 축 동력 증가 및 케이싱 마모, 기포발생 등의 원인을 유발하는 현상이다. 폐입된 부분의 유압유는 압축이나 팽창을 받으므로 소음과 진동의 원인이 된다. 기어 측면에 접하는 펌프 측판(side plate)에 릴리프 홈을 만들어 방지한다.

11 **플런저 유압펌프의 특징이 아닌 것은?**

① 구동축이 회전운동을 한다.
② 플런저가 회전운동을 한다.
③ 가변용량형과 정용량형이 있다.
④ 기어펌프에 비해 최고압력이 높다.

해설 플런저 펌프의 플런저는 왕복운동을 한다.

12 **유압펌프에서 경사판의 각을 조정하여 토출유량을 변환시키는 펌프는?**

① 기어펌프
② 로터리 펌프
③ 베인 펌프
④ 플런저 펌프

해설 액시얼형 플런저 펌프는 경사판의 각도를 조정하여 토출유량(펌프용량)을 변환시킨다.

13 **유압펌프에서 토출압력이 가장 높은 것은?**

① 베인 펌프
② 기어펌프
③ 액시얼 플런저 펌프
④ 레이디얼 플런저 펌프

해설 **유압펌프의 토출압력**
- 기어펌프 : 10~250kgf/cm^2
- 베인 펌프 : 35~140kgf/cm^2
- 레이디얼 플런저 펌프 : 140~250kgf/cm^2
- 액시얼 플런저 펌프 : 210~400kgf/cm^2

14 **유압펌프의 용량을 나타내는 방법은?**

① 주어진 압력과 그때의 오일무게로 표시
② 주어진 속도와 그때의 토출압력으로 표시
③ 주어진 압력과 그때의 토출량으로 표시
④ 주어진 속도와 그때의 점도로 표시

해설 유압펌프의 용량은 주어진 압력과 그때의 토출량으로 표시한다.

15 유압펌프가 작동 중 소음이 발생할 때의 원인으로 틀린 것은?

① 유압펌프 축의 편심오차가 크다.
② 유압펌프 흡입관 접합부로부터 공기가 유입된다.
③ 릴리프 밸브 출구에서 오일이 배출되고 있다.
④ 스트레이너가 막혀 흡입용량이 너무 작아졌다.

해설 유압펌프에서 소음이 발생하는 원인은 유압펌프 축의 편심오차가 클 때, 유압펌프 흡입관 접합부로부터 공기가 유입될 때, 스트레이너가 막혀 흡입용량이 작아졌을 때, 유압펌프의 회전속도가 너무 빠를 때 등이 있다.

16 유압펌프의 토출량을 표시하는 단위로 옳은 것은?

① L/min　② kgf·m
③ kgf/cm^2　④ kW 또는 PS

해설 유압펌프 토출량의 단위는 L/min(LPM)이나 GPM(gallon per minute)을 사용한다.

17 유압펌프의 작동유 유출여부 점검방법에 해당하지 않는 것은?

① 정상작동 온도로 난기운전을 실시하여 점검하는 것이 좋다.
② 고정 볼트가 풀린 경우에는 추가 조임을 한다.
③ 작동유 유출점검은 운전자가 관심을 가지고 점검하여야 한다.
④ 하우징에 균열이 발생되면 패킹을 교환한다.

해설 하우징에 균열이 발생되면 하우징을 교체하거나 수리한다.

18 유압장치 취급방법 중 가장 옳지 않은 것은?

① 가동 중 이상소음이 발생되면 즉시 작업을 중지한다.
② 종류가 다른 오일이라도 부족하면 보충할 수 있다.
③ 추운 날씨에는 충분한 준비 운전 후 작업한다.
④ 오일량이 부족하지 않도록 점검 보충한다.

해설 작동유가 부족할 때 종류가 다른 작동유를 보충하면 열화가 일어난다.

19 유압회로 내에 기포가 발생할 때 일어날 수 있는 현상과 가장 거리가 먼 것은?

① 작동유의 누설저하
② 소음증가
③ 공동현상 발생
④ 액추에이터의 작동불량

해설 유압회로 내에 기포가 생기면 공동현상 발생, 오일탱크의 오버플로, 소음증가, 액추에이터의 작동불량 등이 발생한다.

20 건설기계에서 유압 구성부품을 분해하기 전에 내부압력을 제거하려면 어떻게 하는 것이 좋은가?

① 압력밸브를 밀어 준다.
② 고정너트를 서서히 푼다.
③ 엔진가동 정지 후 조정레버를 모든 방향으로 작동하여 압력을 제거한다.
④ 엔진가동 정지 후 개방하면 된다.

해설 유압 구성부품을 분해하기 전에 내부압력을 제거하려면 엔진가동 정지 후 조정레버를 모든 방향으로 작동한다.

21 유압장치의 계통 내에 슬러지 등이 생겼을 때 이것을 용해하여 깨끗이 하는 작업은?

① 서징 ② 플러싱
③ 코킹 ④ 트램핑

해설 플러싱(flushing)이란 유압계통의 오일장치 내에 슬러지 등이 생겼을 때 이것을 용해하여 장치 내를 깨끗이 하는 작업이다.

22 유압유 관내에 공기가 혼입되었을 때 일어날 수 있는 현상이 아닌 것은?

① 공동현상 ② 기화현상
③ 열화현상 ④ 숨 돌리기 현상

해설 관로에 공기가 침입하면 실린더 숨 돌리기 현상, 열화촉진, 공동현상 등이 발생한다.

23 유압장치 내부에 국부적으로 높은 압력이 발생하여 소음과 진동이 발생하는 현상은?

① 노이즈 ② 벤트포트
③ 오리피스 ④ 캐비테이션

해설 캐비테이션(공동현상)은 저압부분의 유압이 진공에 가까워짐으로써 기포가 발생하며, 기포가 파괴되어 국부적인 고압이나 소음과 진동이 발생하고, 양정과 효율이 저하되는 현상이다.

24 유압유의 압력·유량 또는 방향을 제어하는 밸브의 총칭은?

① 안전밸브 ② 제어밸브
③ 감압밸브 ④ 축압기

해설 제어밸브란 유압유의 압력·유량 또는 방향을 제어하는 밸브의 총칭이다.

25 유압회로 내의 밸브를 갑자기 닫았을 때, 오일의 속도 에너지가 압력 에너지로 변하면서 일시적으로 큰 압력 증가가 생기는 현상을 무엇이라 하는가?

① 캐비테이션(cavitation) 현상
② 서지(surge) 현상
③ 채터링(chattering) 현상
④ 에어레이션(aeration) 현상

해설 서지 현상은 유압회로 내의 밸브를 갑자기 닫았을 때, 오일의 속도 에너지가 압력 에너지로 변하면서 일시적으로 큰 압력 증가가 생기는 현상이다.

26 유압회로에 사용되는 제어밸브의 역할과 종류의 연결사항으로 틀린 것은?

① 일의 크기제어 – 압력제어밸브
② 일의 속도제어 – 유량조절밸브
③ 일의 방향제어 – 방향전환밸브
④ 일의 시간제어 – 속도제어밸브

해설 압력제어밸브는 일의 크기, 유량제어밸브는 일의 속도, 방향제어밸브는 일의 방향을 결정한다.

27 유압유의 압력을 제어하는 밸브가 아닌 것은?

① 릴리프 밸브 ② 체크 밸브
③ 리듀싱 밸브 ④ 시퀀스 밸브

해설 압력제어밸브의 종류에는 릴리프 밸브, 리듀싱(감압) 밸브, 시퀀스(순차) 밸브, 언로드(무부하) 밸브, 카운터 밸런스 밸브 등이 있다.

28 유압회로 내의 압력이 설정압력에 도달하면 펌프에 토출된 오일의 일부 또는 전량을 직접 탱크로 돌려보내 회로의 압력을 설정값으로 유지하는 밸브는?

① 시퀀스 밸브 ② 릴리프 밸브
③ 언로드 밸브 ④ 체크밸브

해설 릴리프 밸브는 유압장치 내의 압력을 일정하게 유지하고, 최고압력을 제한하며 회로를 보호하며, 과부하 방지와 유압기기의 보호를 위하여 최고 압력을 규제한다.

29 유압원에서의 주 회로부터 유압실린더 등이 2개 이상의 분기회로를 가질 때, 각 유압실린더를 일정한 순서로 순차 작동시키는 밸브는?

① 시퀀스 밸브 ② 감압 밸브
③ 릴리프 밸브 ④ 체크 밸브

해설 시퀀스 밸브는 두 개 이상의 분기회로에서 유압 실린더나 모터의 작동순서를 결정한다.

30 릴리프 밸브(relief valve)에서 볼(ball)이 밸브의 시트(seat)를 때려 소음을 발생시키는 현상은?

① 채터링(chattering) 현상
② 베이퍼록(vapor lock) 현상
③ 페이드(fade) 현상
④ 노킹(knocking) 현상

해설 채터링이란 릴리프 밸브에서 스프링 장력이 약할 때 볼이 밸브의 시트를 때려 소음을 내는 진동현상이다.

31 릴리프 밸브에서 포핏밸브를 밀어 올려 기름이 흐르기 시작할 때의 압력은?

① 설정압력 ② 크랭킹 압력
③ 허용압력 ④ 전량압력

해설 크랭킹 압력이란 릴리프 밸브에서 포핏 밸브를 밀어 올려 기름이 흐르기 시작할 때의 압력이다.

32 유압회로에서 어떤 부분 회로의 압력을 주회로의 압력보다 저압으로 해서 사용하고자 할 때 사용하는 밸브는?

① 릴리프 밸브
② 체크 밸브
③ 리듀싱 밸브
④ 카운터 밸런스 밸브

해설 리듀싱(감압) 밸브는 회로 일부의 압력을 릴리프 밸브의 설정압력(메인 유압) 이하로 하고 싶을 때 사용하며 입구(1차 쪽)의 주 회로에서 출구(2차 쪽)의 감압회로로 유압유가 흐른다. 상시개방 상태로 되어 있다가 출구(2차 쪽)의 압력이 감압 밸브의 설정압력보다 높아지면 밸브가 작용하여 유로를 닫는다.

33 유압회로 내의 압력이 설정압력에 도달하면 펌프에서 토출된 오일을 전부 탱크로 회송시켜 펌프를 무부하로 운전시키는 데 사용하는 밸브는?

① 체크 밸브(check valve)
② 시퀀스 밸브(sequence valve)
③ 언로드 밸브(unloader valve)
④ 카운터 밸런스 밸브(counter balance valve)

해설 언로드(무부하)밸브는 유압회로 내의 압력이 설정압력에 도달하면 펌프에서 토출된 오일을 전부 탱크로 회송시켜 펌프를 무부하로 운전시키는 데 사용한다.

34 **유압실린더 등의 중력에 의한 자유낙하를 방지하기 위해 배압을 유지하는 압력제어 밸브는?**

① 감압밸브
② 시퀀스 밸브
③ 언로드 밸브
④ 카운터 밸런스 밸브

해설 카운터 밸런스 밸브는 유압 실린더 등이 중력 및 자체중량에 의한 자유낙하를 방지하기 위해 배압을 유지한다.

35 **유압장치에서 유량제어밸브가 아닌 것은?**

① 교축밸브 ② 유량조정밸브
③ 분류밸브 ④ 릴리프 밸브

해설 **유량제어밸브의 종류**
속도제어밸브, 급속배기밸브, 분류밸브, 니들밸브, 오리피스 밸브, 교축밸브(스로틀밸브), 스톱밸브, 스로틀체크밸브, 유량조정밸브

36 **유압장치에서 방향제어밸브에 해당하는 것은?**

① 릴리프 밸브 ② 셔틀밸브
③ 시퀀스 밸브 ④ 언로더 밸브

해설 방향제어밸브의 종류에는 스풀밸브, 체크밸브, 셔틀밸브 등이 있다.

37 **작동유를 한 방향으로는 흐르게 하고 반대 방향으로는 흐르지 않게 하기 위해 사용하는 밸브는?**

① 릴리프 밸브 ② 체크밸브
③ 무부하 밸브 ④ 감압밸브

해설 체크밸브(check valve)는 역류를 방지하고, 회로 내의 잔류압력을 유지시키며, 오일의 흐름이 한 쪽 방향으로만 가능하게 한다.

38 **유압작동기의 방향을 전환시키는 밸브에 사용되는 형식 중 원통형 슬리브 면에 내접하여 축 방향으로 이동하면서 유로를 개폐하는 형식은?**

① 스풀 형식
② 포핏 형식
③ 베인 형식
④ 카운터 밸런스 밸브 형식

해설 스풀밸브(spool valve)는 원통형 슬리브 면에 내접하여 축 방향으로 이동하여 유로를 개폐하여 오일의 흐름방향을 바꾸는 기능을 한다.

39 **방향제어밸브를 동작시키는 방식이 아닌 것은?**

① 수동방식
② 스프링 방식
③ 전자방식
④ 유압 파일럿 방식

해설 방향제어밸브를 동작시키는 방식에는 수동방식, 전자방식, 유압 파일럿 방식 등이 있다.

40 **유압실린더의 행정 최종 단에서 실린더의 속도를 감속하여 서서히 정지시키고자 할 때 사용되는 밸브는?**

① 프레필 밸브(prefill valve)
② 디콤프레션 밸브(decompression valve)
③ 디셀러레이션 밸브(deceleration valve)
④ 셔틀 밸브(shuttle valve)

해설 디셀러레이션 밸브(deceleration valve)는 캠으로 조작되는 유압밸브이며 액추에이터의 속도를 서서히 감속시킬 때 사용한다.

41 방향전환밸브 중 4포트 3위치 밸브에 대한 설명으로 틀린 것은?

① 직선형 스풀 밸브이다.
② 스풀의 전환위치가 3개이다.
③ 밸브와 주배관이 접속하는 접속구는 3개이다.
④ 중립위치를 제외한 양끝 위치에서 4포트 2위치 밸브와 같은 기능을 한다.

해설 밸브와 주배관이 접속하는 접속구는 4개이다.

42 유압장치에 사용되는 밸브부품의 세척유로 가장 적절한 것은?

① 엔진오일 ② 물
③ 경유 ④ 합성세제

해설 밸브부품은 솔벤트나 경유로 세척한다.

43 유압유의 유체 에너지(압력·속도)를 기계적인 일로 변환시키는 유압장치는?

① 유압펌프 ② 유압 액추에이터
③ 어큐뮬레이터 ④ 유압밸브

해설 유압 액추에이터는 유압펌프에서 발생된 유압 에너지를 기계적 에너지(직선운동이나 회전운동)로 바꾸는 장치이다.

44 유압모터와 유압실린더의 설명으로 맞는 것은?

① 유압모터는 회전운동, 유압실린더는 직선운동을 한다.
② 둘 다 왕복운동을 한다.
③ 둘 다 회전운동을 한다.
④ 유압모터는 직선운동, 유압실린더는 회전운동을 한다.

해설 유압모터는 회전운동, 유압실린더는 직선운동을 한다.

45 유압실린더의 주요 구성부품이 아닌 것은?

① 피스톤 ② 피스톤 로드
③ 실린더 ④ 커넥팅 로드

해설 유압 실린더는 실린더, 피스톤, 피스톤 로드로 구성된다.

46 유압실린더의 종류에 해당하지 않는 것은?

① 단동 실린더 ② 복동 실린더
③ 다단 실린더 ④ 회전 실린더

해설 유압실린더의 종류에는 단동 실린더, 복동 실린더(싱글로드형과 더블로드형), 다단 실린더, 램형 실린더 등이 있다.

47 유압 복동 실린더에 대하여 설명한 것 중 틀린 것은?

① 싱글 로드형이 있다.
② 더블 로드형이 있다.
③ 수축은 자중이나 스프링에 의해서 이루어진다.
④ 피스톤의 양방향으로 유압을 받아 늘어난다.

해설 자중이나 스프링에 의해서 수축이 이루어지는 방식은 단동 실린더이다.

48 유압실린더의 지지방식이 아닌 것은?

① 유니언형
② 푸트형
③ 트러니언형
④ 플랜지형

해설 유압실린더 지지방식에는 플랜지형, 트러니언형, 클레비스형, 푸트형이 있다.

49 유압실린더에서 피스톤 행정이 끝날 때 발생하는 충격을 흡수하기 위해 설치하는 장치는?

① 쿠션기구
② 압력보상 장치
③ 서보밸브
④ 스로틀 밸브

해설 쿠션기구는 유압 실린더에서 피스톤 행정이 끝날 때 발생하는 충격을 흡수하기 위해 설치한다.

50 유압실린더를 교환하였을 경우 조치해야 할 작업으로 가장 거리가 먼 것은?

① 오일필터 교환
② 공기빼기 작업
③ 누유점검
④ 시운전하여 작동상태 점검

해설 유압장치를 교환하였을 경우에는 기관을 시동하여 공회전 시킨 후 작동상태 점검, 공기빼기 작업, 누유점검, 오일보충을 한다.

51 유압실린더에서 숨 돌리기 현상이 생겼을 때 일어나는 현상이 아닌 것은?

① 작동지연 현상이 생긴다.
② 피스톤 동작이 정지된다.
③ 오일의 공급이 과대해진다.
④ 작동이 불안정하게 된다.

해설 숨 돌리기 현상은 유압유의 공급이 부족할 때 발생한다.

52 유압모터의 장점이 아닌 것은?

① 관성력이 크며, 소음이 크다.
② 전동모터에 비하여 급속정지가 쉽다.
③ 광범위한 무단변속을 얻을 수 있다.
④ 작동이 신속, 정확하다.

해설 유압모터는 광범위한 무단변속을 얻을 수 있고, 작동이 신속, 정확하며, 관성력이 작아 전동모터에 비하여 급속정지가 쉬운 장점이 있다.

53 유압에너지를 이용하여 외부에 기계적인 일을 하는 유압기기는?

① 유압모터 ② 근접 스위치
③ 유압탱크 ④ 기동전동기

해설 유압모터는 유압에너지에 의해 연속적으로 회전운동을 하여 기계적인 일을 하는 장치이다.

54 유압모터의 회전력이 변화하는 것에 영향을 미치는 것은?

① 유압유 압력 ② 유량
③ 유압유 점도 ④ 유압유 온도

해설 유압모터의 회전력에 영향을 주는 것은 유압유의 압력이다.

55 유압모터를 선택할 때 고려사항과 가장 거리가 먼 것은?

① 동력 ② 부하
③ 효율 ④ 점도

56 **유압모터의 종류에 포함되지 않는 것은?**

① 기어형 ② 베인형
③ 플런저형 ④ 터빈형

해설 유압모터의 종류에는 기어 모터, 베인 모터, 플런저 모터 등이 있다.

57 **유압장치에서 기어모터에 대한 설명 중 잘못된 것은?**

① 내부누설이 적어 효율이 높다.
② 구조가 간단하고 가격이 저렴하다.
③ 일반적으로 스퍼기어를 사용하나 헬리컬 기어도 사용한다.
④ 유압유에 이물질이 혼입되어도 고장 발생이 적다.

해설 **기어모터의 장점**
구조가 간단하여 가격이 싸며, 먼지나 이물질이 많은 곳에서도 사용이 가능하다. 또 스퍼기어를 주로 사용하나 헬리컬 기어도 사용한다.

58 **유압모터에서 소음과 진동이 발생할 때의 원인이 아닌 것은?**

① 내부부품의 파손
② 작동유 속에 공기의 혼입
③ 체결볼트의 이완
④ 유압펌프의 최고 회전속도 저하

해설 유압모터에서 소음과 진동이 발생하는 원인은 내부부품이 파손되었을 때, 작동유 속에 공기가 혼입되었을 때, 체결볼트가 이완되었을 때, 유압펌프를 최고 회전속도로 작동시킬 때 등이 있다.

59 **유압모터의 회전속도가 규정 속도보다 느릴 경우 그 원인이 아닌 것은?**

① 유압펌프의 오일 토출량 과다
② 각 작동부의 마모 또는 파손
③ 유압유의 유입량 부족
④ 오일의 내부누설

해설 유압펌프의 오일 토출유량이 과다하면 유압모터의 회전속도가 빨라진다.

60 **유압모터와 연결된 감속기의 오일수준을 점검할 때의 유의사항으로 틀린 것은?**

① 오일이 정상 온도일 때 오일수준을 점검해야 한다.
② 오일량은 영하(–)의 온도상태에서 가득 채워야 한다.
③ 오일수준을 점검하기 전에 항상 오일수준 게이지 주변을 깨끗하게 청소한다.
④ 오일량이 너무 적으면 모터유닛이 올바르게 작동하지 않거나 손상될 수 있으므로 오일량은 항상 정량유지가 필요하다.

해설 유압모터의 감속기 오일량은 정상온도 상태에서 Full 가까이 있어야 한다.

61 **유압회로에서 유량제어를 통하여 작업속도를 조절하는 방식에 속하지 않는 것은?**

① 미터–인(meter–in) 방식
② 미터–아웃(meter–out) 방식
③ 블리드 오프(bleed–off) 방식
④ 블리드 온(bleed–on) 방식

해설 속도제어 회로에는 미터–인 방식, 미터–아웃 방식, 블리드 오프 방식이 있다.

62 액추에이터의 입구 쪽 관로에 유량제어 밸브를 직렬로 설치하여 작동유의 유량을 제어함으로써 액추에이터의 속도를 제어하는 회로는?

① 시스템 회로(system circuit)
② 블리드 오프 회로(bleed-off circuit)
③ 미터-인 회로(meter-in circuit)
④ 미터-아웃 회로(meter-out circuit)

해설 미터-인(meter in) 회로는 유압 액추에이터의 입력 쪽에 유량제어 밸브를 직렬로 연결하여 액추에이터로 유입되는 유량을 제어하여 액추에이터의 속도를 제어한다.

63 유압장치의 기호회로도에 사용되는 유압기호의 표시방법으로 적절하지 않은 것은?

① 기호에는 흐름의 방향을 표시한다.
② 각 기기의 기호는 정상상태 또는 중립상태를 표시한다.
③ 기호는 어떠한 경우에도 회전하여서는 안 된다.
④ 기호에는 각 기기의 구조나 작용압력을 표시하지 않는다.

해설 기호는 오해의 위험이 없는 경우에는 기호를 회전하거나 뒤집어도 된다.

64 유압실린더의 속도를 제어하는 블리드 오프(bleed off) 회로에 대한 설명으로 틀린 것은?

① 유압펌프 토출유량 중 일정한 양을 탱크로 되돌린다.
② 릴리프 밸브에서 과잉압력을 줄일 필요가 없다.
③ 유량제어 밸브를 실린더와 직렬로 설치한다.
④ 부하변동이 급격한 경우에는 정확한 유량제어가 곤란하다.

해설 블리드 오프(bleed off) 회로는 유량제어 밸브를 실린더와 병렬로 연결하여 실린더의 속도를 제어한다.

65 유압장치에서 가장 많이 사용되는 유압회로도는?

① 조합 회로도 ② 그림 회로도
③ 단면 회로도 ④ 기호 회로도

해설 일반적으로 많이 사용하는 유압 회로도는 기호 회로도이다.

66 그림의 유압기호는 무엇을 표시하는가?

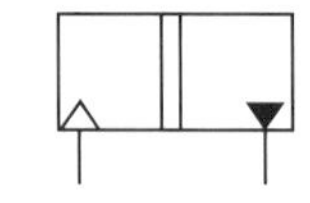

① 공기·유압변환기
② 증압기
③ 촉매컨버터
④ 어큐뮬레이터

67 유압도면 기호의 명칭은?

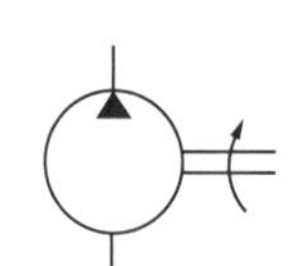

① 스트레이너
② 유압모터
③ 유압펌프
④ 압력계

68 정용량형 유압펌프의 기호는?

① ② ③ ④

69 유압장치에서 가변용량형 유압펌프의 기호는?

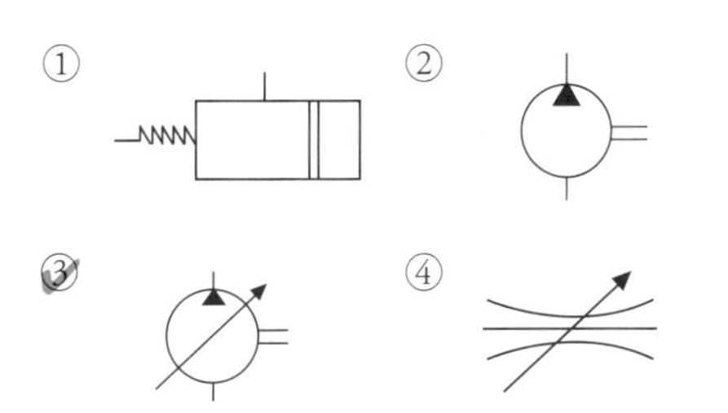

① ② ③ ④

70 공·유압기호 중 그림이 나타내는 것은?

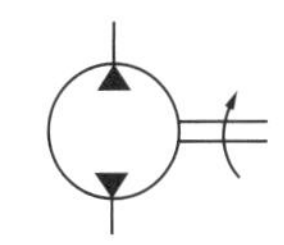

① 정용량형 펌프·모터
② 가변용량형 펌프·모터
③ 요동형 액추에이터
④ 가변형 액추에이터

71 그림의 유압기호는 무엇을 표시하는가?

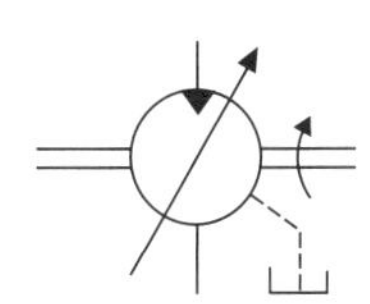

① 가변 유압모터　② 유압펌프
③ 가변 토출밸브　④ 가변 흡입밸브

72 그림과 같은 유압기호에 해당하는 밸브는?

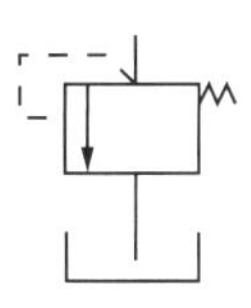

① 체크밸브
② 카운터 밸런스 밸브
③ 릴리프 밸브
④ 리듀싱 밸브

73 다음 유압기호가 나타내는 것은?

① 릴리프 밸브
② 감압밸브
③ 순차밸브
④ 무부하 밸브

74 단동 실린더의 기호 표시로 맞는 것은?

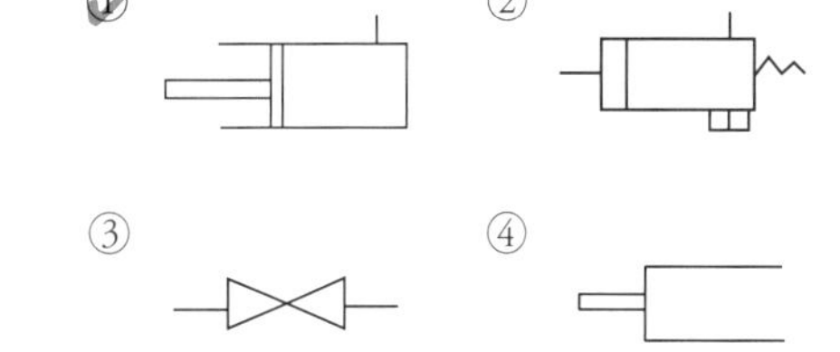

① ② ③ ④

75 그림과 같은 실린더의 명칭은?

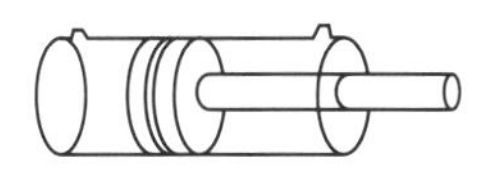

① 단동 실린더
② 단동 다단실린더
③ 복동 실린더
④ 복동 다단실린더

76 복동 실린더 양 로드형을 나타내는 유압 기호는?

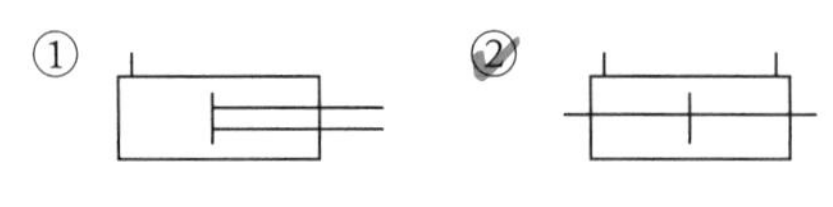

① ②

③ ④

77 체크밸브를 나타낸 것은?

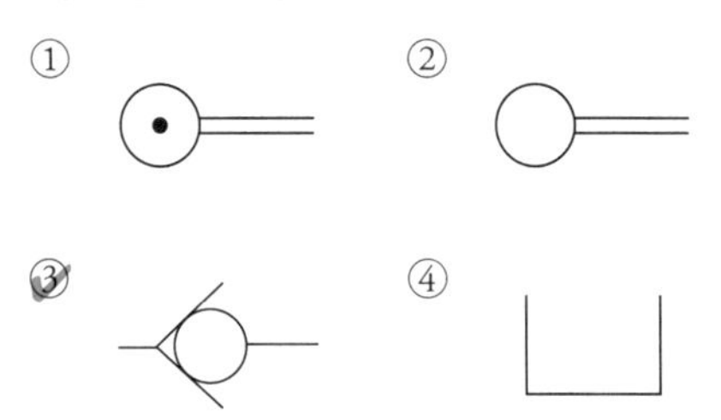

① ② ③ ④

78 그림의 유압기호는 무엇을 표시하는가?

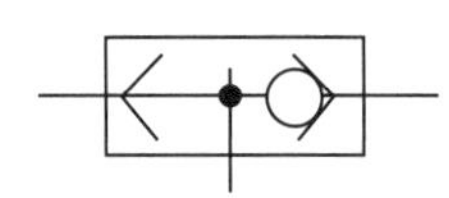

① 스톱밸브
② 무부하 밸브
③ 고압우선형 셔틀밸브
④ 저압우선형 셔틀밸브

79 그림의 유압기호는 무엇을 표시하는가?

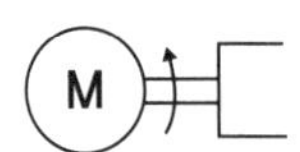

① 복동 가변식 전자 액추에이터
② 회전형 전기 액추에이터
③ 단동 가변식 전자 액추에이터
④ 직접 파일럿 조작 액추에이터

80 그림의 공·유압기호는 무엇을 표시하는가?

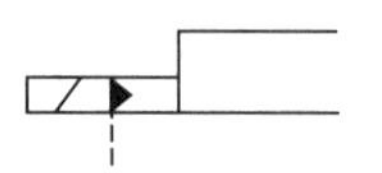

① 전자·공기압 파일럿
② 전자·유압 파일럿
③ 유압 2단 파일럿
④ 유압가변 파일럿

81 유압·공기압 도면기호 중 그림이 나타내는 것은?

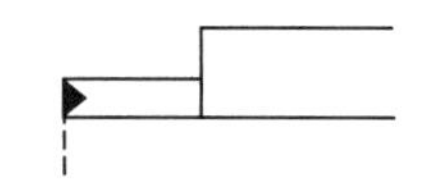

① 유압 파일럿(외부)
② 공기압 파일럿(외부)
③ 유압 파일럿(내부)
④ 공기압 파일럿(내부)

82 방향전환밸브의 조작방식에서 단동 솔레노이드 기호는?

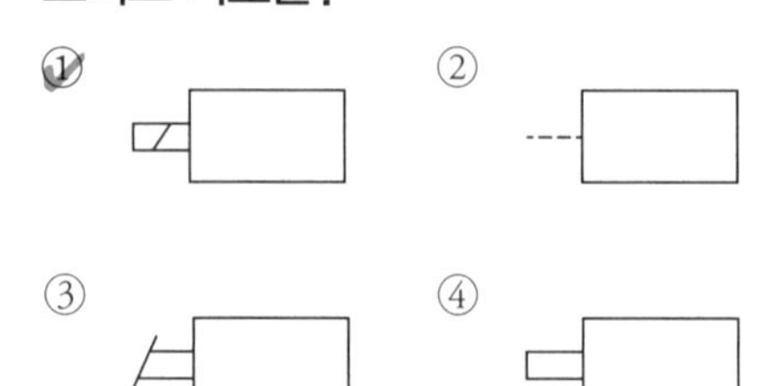

① ② ③ ④

해설 ②는 간접조작방식, ③은 레버조작방식, ④는 기계조작방식이다.

83 그림의 유압기호에서 "A" 부분이 나타내는 것은?

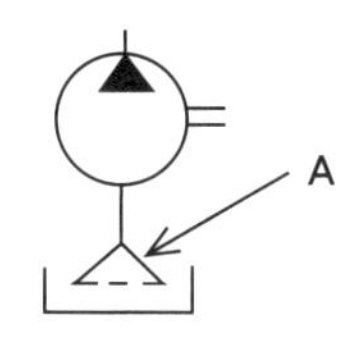

① 오일냉각기
② 스트레이너
③ 가변용량 유압펌프
④ 가변용량 유압모터

84 그림의 유압기호가 나타내는 것은?

① 유압밸브 ② 차단밸브
③ 오일탱크 ④ 유압 실린더

85 그림의 유압기호는 무엇을 표시하는가?

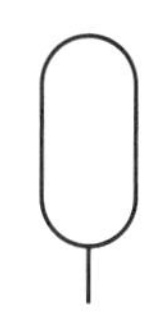

① 유압실린더
② 어큐뮬레이터
③ 오일탱크
④ 유압실린더 로드

86 공·유압기호 중 그림이 나타내는 것은?

① 유압동력원 ② 공기압 동력원
③ 전동기 ④ 원동기

87 유압도면 기호에서 여과기의 기호 표시는?

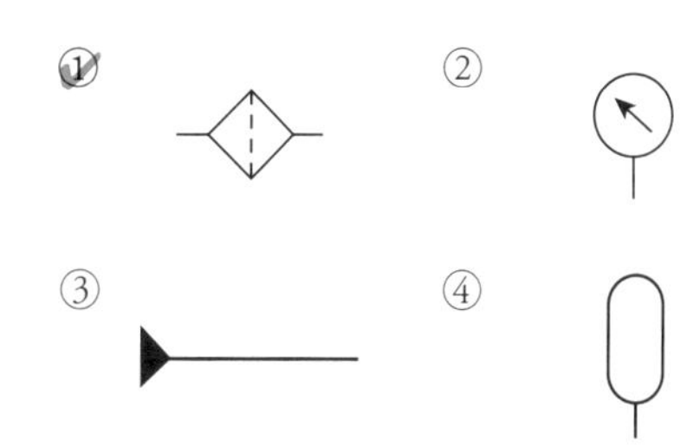

88 유압도면 기호에서 압력스위치를 나타내는 것은?

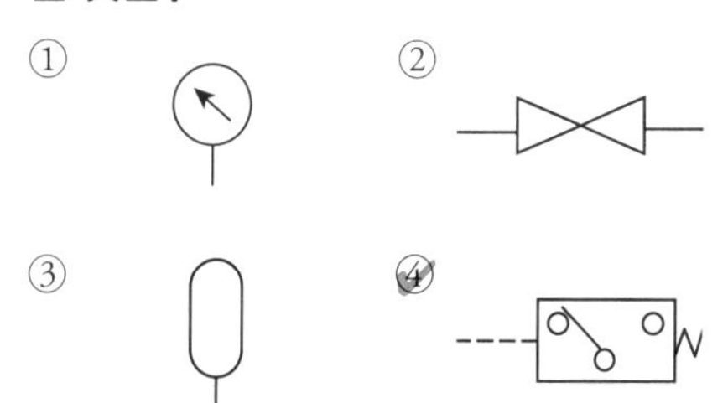

89 작동유에 대한 설명으로 틀린 것은?

① 점도지수가 낮아야 한다.
② 점도는 압력손실에 영향을 미친다.
③ 마찰부분의 윤활작용 및 냉각작용도 한다.
④ 공기가 혼입되면 유압기기의 성능은 저하된다.

해설 작동유는 마찰부분의 윤활작용 및 냉각작용을 하며, 점도지수가 높아야 하고, 점도가 낮으면 유압이 낮아진다. 또 공기가 혼입되면 유압기기의 성능은 저하된다.

90 유압유의 점도가 지나치게 높을 때 나타나는 현상이 아닌 것은?

① 오일누설이 증가한다.
② 유동저항이 커져 압력손실이 증가한다.
③ 동력손실이 증가하여 기계효율이 감소한다.
④ 내부마찰이 증가하고, 압력이 상승한다.

해설 유압유의 점도가 너무 높으면 유동저항이 커져 압력손실의 증가, 동력손실의 증가로 기계효율 감소, 내부마찰이 증가하여 압력상승, 열 발생의 원인이 된다.

91 작동유가 넓은 온도범위에서 사용되기 위한 조건으로 가장 알맞은 것은?

① 산화작용이 양호해야 한다.
② 점도지수가 높아야 한다.
③ 소포성이 좋아야 한다.
④ 유성이 커야 한다.

해설 작동유가 넓은 온도범위에서 사용되기 위해서는 점도지수가 높아야 한다.

92 유압 작동유의 주요기능이 아닌 것은?

① 윤활작용
② 냉각작용
③ 압축작용
④ 동력전달 기능

해설 유압유의 작용은 열을 흡수하는 냉각작용, 동력을 전달하는 작용, 필요한 요소 사이를 밀봉하는 작용, 움직이는 기계요소의 마모를 방지하는 윤활작용 등이다.

93 [보기]에서 유압 작동유가 갖추어야 할 조건으로 모두 맞는 것은?

보기

A. 압력에 대해 비압축성일 것
B. 밀도가 작을 것
C. 열팽창계수가 작을 것
D. 체적탄성계수가 작을 것
E. 점도지수가 낮을 것
F. 발화점이 높을 것

① A, B, C, D ② B, C, E, F
③ B, D, E, F ④ A, B, C, F

해설 **유압유의 구비조건**
비압축성일 것, 밀도와 열팽창계수가 작을 것, 체적탄성계수가 클 것, 점도지수가 높을 것, 인화점 및 발화점이 높을 것

94 유압유의 첨가제가 아닌 것은?

① 마모 방지제 ② 유동점 강하제
③ 산화 방지제 ④ 점도지수 방지제

해설 유압유 첨가제에는 마모 방지제, 점도지수 향상제, 산화방지제, 소포제(기포방지제), 유동점 강하제 등이 있다.

95 금속 사이의 마찰을 방지하기 위한 방안으로 마찰계수를 저하시키기 위하여 사용되는 첨가제는?

① 유동점 강하제 ② 유성향상제
③ 점도지수 향상제 ④ 방청제

해설 유성향상제는 금속 사이의 마찰을 방지하기 위한 방안으로 마찰계수를 저하시키기 위하여 사용되는 첨가제이다.

96 **유압 작동유에 수분이 미치는 영향이 아닌 것은?**

① 작동유의 윤활성을 저하시킨다.
② 작동유의 방청성을 저하시킨다.
③ 작동유의 산화와 열화를 촉진시킨다.
④ 작동유의 내마모성을 향상시킨다.

해설 유압유에 수분이 혼입되면 윤활성, 방청성, 내마모성을 저하시키고, 산화와 열화를 촉진시킨다.

97 **현장에서 오일의 오염도 판정방법 중 가열한 철판 위에 오일을 떨어뜨리는 방법은 오일의 무엇을 판정하기 위한 방법인가?**

① 먼지나 이물질 함유
② 오일의 열화
③ 수분함유
④ 산성도

해설 가열한 철판 위에 오일을 떨어뜨리는 방법은 오일의 수분함유 여부를 판정하기 위한 방법이다.

98 **현장에서 오일의 열화를 찾아내는 방법이 아닌 것은?**

① 색깔의 변화나 수분, 침전물의 유무 확인
② 흔들었을 때 생기는 거품이 없어지는 양상 확인
③ 자극적인 악취 유무 확인
④ 오일을 가열하였을 때 냉각되는 시간 확인

해설 작동유의 열화를 판정하는 방법은 점도 상태, 색깔의 변화나 수분, 침전물의 유무, 자극적인 악취(냄새) 유무, 흔들었을 때 생기는 거품이 없어지는 양상 등이 있다.

99 **유압유 교환을 판단하는 조건이 아닌 것은?**

① 점도의 변화 ② 색깔의 변화
③ 수분의 함량 ④ 유량의 감소

해설 **유압유 교환조건**
점도의 변화, 색깔의 변화, 열화발생, 수분의 함량, 유압유의 변질

100 **유압회로에서 작동유의 정상작동 온도에 해당되는 것은?**

① 125~140℃ ② 40~80℃
③ 112~115℃ ④ 5~10℃

해설 작동유의 정상작동 온도범위는 40~80℃ 정도이다.

101 **유압유(작동유)의 온도 상승 원인에 해당하지 않는 것은?**

① 작동유의 점도가 너무 높을 때
② 유압모터 내에서 내부마찰이 발생될 때
③ 유압회로 내의 작동압력이 너무 낮을 때
④ 유압회로 내에서 공동현상이 발생될 때

해설 유압회로 내의 작동압력(유압)이 너무 높으면 유압장치의 열 발생 원인이 된다.

102 **유압유 관내에 공기가 혼입되었을 때 일어날 수 있는 현상이 아닌 것은?**

① 공동현상 ② 기화현상
③ 열화현상 ④ 숨 돌리기 현상

해설 관로에 공기가 침입하면 실린더 숨 돌리기 현상, 열화촉진, 공동현상 등이 발생한다.

103 축압기(어큐뮬레이터)의 기능과 관계가 없는 것은?

① 충격압력 흡수
② 유압에너지 축적
③ 릴리프 밸브 제어
④ 유압펌프 맥동흡수

해설 축압기(어큐뮬레이터)의 기능(용도)은 압력보상, 체적변화 보상, 유압에너지 축적, 유압회로 보호, 맥동감쇠, 충격압력 흡수, 일정압력 유지, 보조 동력원으로 사용 등이다.

104 축압기의 종류 중 가스-오일방식이 아닌 것은?

① 스프링 하중방식(spring loaded type)
② 피스톤 방식(piston type)
③ 다이어프램 방식(diaphragm type)
④ 블래더 방식(bladder type)

해설 가스와 오일을 사용하는 축압기의 종류에는 피스톤 방식, 다이어프램 방식, 블래더 방식이 있다.

105 기체-오일방식 어큐뮬레이터에서 가장 많이 사용되는 가스는?

① 산소 ② 아세틸렌
③ 질소 ④ 이산화탄소

해설 가스형 축압기에는 질소가스를 주입한다.

106 유압유에 포함된 불순물을 제거하기 위해 유압펌프 흡입관에 설치하는 것은?

① 스트레이너 ② 부스터
③ 공기청정기 ④ 어큐뮬레이터

해설 스트레이너(strainer)는 유압펌프의 흡입관에 설치하는 여과기이다.

107 유압장치에서 오일냉각기(oil cooler)의 구비조건으로 틀린 것은?

① 촉매작용이 없을 것
② 오일 흐름에 저항이 클 것
③ 온도 조정이 잘될 것
④ 정비 및 청소하기가 편리할 것

해설 **오일냉각기의 구비조건**
촉매작용이 없을 것, 온도조정이 잘될 것, 정비 및 청소하기가 편리할 것, 오일 흐름에 저항이 적을 것

108 유압장치에서 내구성이 강하고 작동 및 움직임이 있는 곳에 사용하기 적합한 호스는?

① 플렉시블 호스 ② 구리 파이프
③ PVC 호스 ④ 강 파이프

해설 플렉시블 호스는 내구성이 강하고 작동 및 움직임이 있는 곳에 사용하기 적합하다.

109 유압회로에서 호스의 노화현상이 아닌 것은?

① 호스의 표면에 갈라짐이 발생한 경우
② 코킹부분에서 오일이 누유되는 경우
③ 액추에이터의 작동이 원활하지 않을 경우
④ 정상적인 압력상태에서 호스가 파손될 경우

해설 호스의 노화현상이란 호스의 표면에 갈라짐(crack)이 발생한 경우, 호스의 탄성이 거의 없는 상태로 굳어 있는 경우, 정상적인 압력상태에서 호스가 파손될 경우, 코킹부분에서 오일이 누출되는 경우이다.

110 **유압장치 운전 중 갑작스럽게 유압배관에서 오일이 분출되기 시작하였을 때 가장 먼저 운전자가 취해야 할 조치는?**

① 작업 장치를 지면에 내리고 기관시동을 정지한다.
② 작업을 멈추고 배터리 선을 분리한다.
③ 오일이 분출되는 호스를 분리하고 플러그를 막는다.
④ 유압회로 내의 잔압을 제거한다.

해설 유압배관에서 오일이 분출되기 시작하면 가장 먼저 작업 장치를 지면에 내리고 기관 시동을 정지한다.

111 **유압 작동부에서 오일이 새고 있을 때 일반적으로 먼저 점검하여야 하는 것은?**

① 밸브(valve)
② 플런저(plunger)
③ 기어(gear)
④ 실(seal)

해설 유압 작동부분에서 오일이 누유되면 가장 먼저 실(seal)을 점검하여야 한다.

112 **유압장치에 사용되는 오일 실(seal)의 종류 중 O-링이 갖추어야 할 조건은?**

① 체결력이 작을 것
② 탄성이 양호하고, 압축변형이 적을 것
③ 작동 시 마모가 클 것
④ 오일의 입·출입이 가능할 것

해설 O-링은 탄성이 양호하고, 압축변형이 적어야 한다.

113 **유압장치에서 피스톤 로드에 있는 먼지 또는 오염물질 등이 실린더 내로 혼입되는 것을 방지하는 것은?**

① 필터(filter)
② 더스트 실(dust seal)
③ 밸브(valve)
④ 실린더 커버(cylinder cover)

해설 더스트 실(dust seal)은 피스톤 로드에 있는 먼지 또는 오염물질 등이 실린더 내로 혼입되는 것을 방지한다.

실전 모의고사

1회 실전 모의고사

01 [보기]에서 작업자의 올바른 안전자세로 모두 짝지어진 것은?

> **보기**
> A. 자신의 안전과 타인의 안전을 고려한다.
> B. 작업에 임해서는 아무런 생각 없이 작업한다.
> C. 작업장 환경조성을 위해 노력한다.
> D. 작업 안전사항을 준수한다.

① A, B, C
② A, C, D
③ A, B, D
④ A, B, C, D

02 작업장에서 작업복을 착용하는 주된 이유는?

① 작업속도를 높이기 위해서
② 작업자의 복장통일을 위해서
③ 작업장의 질서를 확립시키기 위해서
④ 재해로부터 작업자의 몸을 보호하기 위해서

03 스패너를 사용할 때 주의사항으로 잘못된 것은?

① 스패너의 입이 폭과 맞는 것을 사용한다.
② 필요하면 두 개를 이어서 사용할 수 있다.
③ 스패너를 너트에 정확하게 장착하여 사용한다.
④ 스패너의 입이 변형된 것은 폐기한다.

04 재해 발생원인 중 직접원인이 아닌 것은?

① 기계배치의 결함
② 교육훈련 미숙
③ 불량공구 사용
④ 작업조명의 불량

05 안전제일에서 가장 먼저 선행되어야 하는 이념으로 맞는 것은?

① 재산 보호
② 생산성 향상
③ 신뢰성 향상
④ 인명 보호

06 동력공구를 사용할 때 주의사항으로 틀린 것은?

① 보호구는 안 해도 무방하다.
② 에어 그라인더는 회전수에 유의한다.
③ 규정 공기압력을 유지한다.
④ 압축공기 중의 수분을 제거하여 준다.

07 연삭기에서 연삭 칩의 비산을 막기 위한 안전방호 장치는?

① 안전덮개
② 광전방식 안전 방호장치
③ 급정지 장치
④ 양수조작방식 방호장치

08 점검주기에 따른 안전점검의 종류에 해당되지 않는 것은?

① 수시점검
② 정기점검
③ 특별점검
④ 구조점검

09 작업장에서 지킬 안전사항 중 틀린 것은?

① 안전모는 반드시 착용한다.
② 고압전기, 유해가스 등에는 적색표지판을 부착한다.
③ 해머작업을 할 때에는 장갑을 착용한다.
④ 기계에 주유를 할 때에는 동력을 차단한다.

10 B급 화재에 대한 설명으로 옳은 것은?

① 목재, 섬유류 등의 화재로서 일반적으로 냉각소화를 한다.
② 유류 등의 화재로서 일반적으로 질식효과(공기 차단)로 소화한다.
③ 전기기기의 화재로서 일반적으로 전기절연성을 갖는 소화제로 소화한다.
④ 금속나트륨 등의 화재로서 일반적으로 건조사를 이용한 질식효과로 소화한다.

11 와이어로프를 이용하여 화물을 매다는 방법에 대한 설명으로 틀린 것은?

① 화물을 매달 때 경사지게 해서는 안 된다.
② 가능한 총 걸림 각도가 60도 이내가 되도록 한다.
③ 화물을 들 때 지상 30cm 정도 들어서 안전한지 확인해야 한다.
④ 수직하중이 작용하도록 가능한 적은 수의 와이어로프를 사용하여야 한다.

12 기중기로 작업할 수 있는 가장 적합한 것은?

① 백호 작업
② 스노플로 작업
③ 트럭과 호퍼에 토사적재 작업
④ 훅 작업

13 기중기 양중작업 중 급선회를 하게 되면 인양력은 어떻게 변하는가?

① 인양을 멈춘다.
② 인양력이 감소한다.
③ 인양력이 증가한다.
④ 인양력에 영향을 주지 않는다.

14 기중기의 작업용도와 가장 거리가 먼 것은?

① 기중작업
② 굴토작업
③ 지균작업
④ 항타작업

15 기중기의 작업반경에 대한 설명으로 맞는 것은?

① 운전석 중심을 지나는 수직선과 훅의 중심을 지나는 수직선 사이의 최단거리
② 무한궤도 전면을 지나는 수직선과 훅의 중심을 지나는 수직선 사이의 최단거리
③ 선회장치의 회전중심을 지나는 수직선과 훅의 중심을 지나는 수직선 사이의 최단거리
④ 무한궤도의 스프로킷 중심을 지나는 수직선과 훅의 중심을 지나는 수직선 사이의 최단거리

16 기중기 선회동작에 대한 설명으로 틀린 것은?

① 상부회전체는 종축을 중심으로 선회한다.
② 기중기 형식에 따라 선회작업 영역의 범위가 다르다.
③ 상부선회체의 회전각도는 최대 180도까지 가능하다.
④ 선회 록(lock)은 상부선회체를 고정하는 장치이다.

17 타이어형 기중기의 아우트리거(outrigger)에 대한 설명으로 틀린 것은?

① 기중작업을 할 때 기중기를 안정시킨다.
② 평탄하고 단단한 지면에 설치한다.
③ 빔을 완전히 펴서 바퀴가 지면에서 뜨도록 한다.
④ 유압방식일 때에는 여러 개의 레버를 동시에 조작하여야 한다.

18 기중기에서 사용하는 지브 붐(jib boom)에 대한 설명으로 옳은 것은?

① 붐 중간을 연장하는 붐이다.
② 붐 끝부분의 전체 길이를 연장하는 붐이다.
③ 붐 하단에 연장하는 붐이다.
④ 활차를 여러 개 사용하기 위한 붐이다.

19 주행 장치에 따른 기중기의 분류에 속하지 않는 것은?

① 로터리형 ② 무한궤도형
③ 트럭형 ④ 타이어형

20 기중기 양중작업을 계획할 때 점검해야 할 현장의 환경사항이 아닌 것은?

① 기중기 조립 및 설치 장소
② 카운터웨이트의 중량
③ 작업장 주변의 장애물 유무
④ 기중기의 현장 반입성능 및 반출성능

21 기중기에서 훅(hook)전부장치는 어떤 작업에 가장 효과적인가?

① 수직굴토 작업
② 토사적재 작업
③ 일반 기중작업
④ 오물제거 작업

22 아우트리거를 작동시켜 기중기를 받치고 있는 동안에 호스나 파이프가 터져도 기중기가 기울어지지 않도록 안정성을 유지해 주는 것은?

① 릴리프 밸브(relief valve)
② 리듀싱 밸브(reducing valve)
③ 솔레노이드 밸브(solenoid valve)
④ 파일럿 체크밸브(pilot check valve)

23 기계방식 기중기에서 붐의 최대 안정각도는 얼마인가?

① 30°30′
② 40°30′
③ 66°30′
④ 82°30′

24 인양작업을 위해 기중기를 설치할 때 고려하여야 할 사항으로 틀린 것은?

① 기중기의 수평균형을 맞춘다.
② 타이어는 지면과 닿도록 하여야 한다.
③ 아우트리거는 모두 확장시키고 핀으로 고정한다.
④ 선회할 때 접촉되지 않도록 장애물과 최소 60cm 이상 이격시킨다.

25 기중기에 적용되는 작업 장치에 대한 설명으로 틀린 것은?

① 콘크리트 펌핑(concrete pumping) 작업 - 콘크리트를 펌핑하여 타설 장소까지 이송하는 작업
② 마그넷(magnet)작업 - 마그넷을 사용하여 철 등을 자석에 부착해 들어 올려 이동시키는 작업
③ 드래그라인(dragline)작업 - 기중기에서 늘어뜨린 바가지 모양의 기구를 윈치에 의해서 끌어당겨 땅을 파내는 작업
④ 클램셸(clamshell)작업 - 우물 공사 등 수직으로 깊이 파는 굴토작업, 토사를 적재하는 작업으로 선박 또는 무개화차에서 화물 또는 오물제거 작업 등에 주로 사용

26 줄걸이 작업을 할 때 확인할 사항으로 맞지 않는 것은?

① 중심위치가 올바른지 확인한다.
② 와이어로프의 각도가 올바른지 확인한다.
③ 중심이 높아지도록 작업하고 있는지 확인한다.
④ 양중물을 매달아 올린 후 수평상태를 유지하는지 확인한다.

27 와이어로프 취급에 관한 사항으로 맞지 않는 것은?

① 와이어로프도 기계의 한 부품처럼 소중하게 취급한다.
② 와이어로프를 풀거나 감을 때 킹크가 생기지 않도록 한다.
③ 와이어로프를 운송차량에서 하역할 때 차량으로부터 굴려서 내린다.
④ 와이어로프를 보관할 때 로프용 오일을 충분히 급유하여 보관한다.

28 기중기로 항타(pile drive) 작업을 할 때 지켜야 할 안전수칙이 아닌 것은?

① 붐의 각을 적게 한다.
② 작업할 때 붐은 상승시키지 않는다.
③ 항타할 때 반드시 우드 캡을 씌운다.
④ 호이스트 케이블의 고정 상태를 점검한다.

29 파일박기 전부장치를 사용할 수 있는 건설기계는?

① 기중기　② 모터 그레이더
③ 불도저　④ 롤러

30 기중기에 오르고 내릴 때 주의해야 할 사항으로 틀린 것은?

① 이동 중인 기중기에 뛰어 오르거나 내리지 않는다.
② 오르고 내릴 때는 항상 기중기를 마주보고 양손을 이용한다.
③ 오르고 내리기 전에 계단과 난간손잡이 등을 깨끗이 닦는다.
④ 오르고 내릴 때는 운전실 내의 각종 조종 장치를 손잡이로 이용한다.

31 냉각수에 엔진오일이 혼합되는 원인으로 가장 적합한 것은?

① 물 펌프 마모
② 수온조절기 파손
③ 방열기 코어 파손
④ 헤드개스킷 파손

32 윤활장치에 사용되고 있는 오일펌프로 적합하지 않은 것은?

① 기어펌프　② 포막펌프
③ 베인 펌프　④ 로터리 펌프

33 기관에서 폭발행정 말기에 배기가스가 실린더 내의 압력에 의해 배기밸브를 통해 배출되는 현상은?

① 블로바이(blow by)
② 블로 백(blow back)
③ 블로 다운(blow down)
④ 블로 업(blow up)

34 디젤기관의 연료여과기에 장착되어 있는 오버플로밸브의 역할이 아닌 것은?

① 연료계통의 공기를 배출한다.
② 분사펌프의 압송압력을 높인다.
③ 연료압력의 지나친 상승을 방지한다.
④ 연료공급펌프의 소음 발생을 방지한다.

35 여과기 종류 중 원심력을 이용하여 이물질을 분리시키는 형식은?

① 원심여과기
② 오일여과기
③ 습식여과기
④ 건식여과기

36 기관의 연료장치에서 희박한 혼합비가 미치는 영향으로 옳은 것은?

① 시동이 쉬워진다.
② 저속 및 공전이 원활하다.
③ 연소속도가 빠르다.
④ 출력(동력)의 감소를 가져온다.

37 기동전동기에서 마그네틱 스위치는?

① 전자석스위치이다.
② 전류조절기이다.
③ 전압조절기이다.
④ 저항조절기이다.

38 교류발전기의 유도전류는 어디에서 발생하는가?

① 로터 ② 전기자
③ 계자코일 ④ 스테이터

39 전류의 3대 작용이 아닌 것은?

① 발열작용 ② 지기작용
③ 원심작용 ④ 화학작용

40 12V 동일한 용량의 축전지 2개를 직렬로 접속하면?

① 전류가 증가한다.
② 전압이 높아진다.
③ 저항이 감소한다.
④ 용량이 감소한다.

41 건설기계 범위에 해당되지 않는 것은?

① 준설선
② 3톤 지게차
③ 항타 및 항발기
④ 자체중량 1톤 미만의 굴착기

42 건설기계조종사 면허를 취소시킬 수 있는 사유에 해당하지 않는 것은?

① 여행을 목적으로 1개월 이상 해외로 출국하였을 때
② 건설기계의 조종 중 고의로 인명 피해를 입힌 때
③ 거짓 또는 부정한 방법으로 건설기계의 면허를 받은 때
④ 건설기계조종사면허증을 다른 사람에게 빌려 준 경우

43 건설기계관리법상 소형건설기계에 포함되지 않는 것은?

① 3톤 미만의 굴착기
② 5톤 미만의 불도저
③ 천공기
④ 공기압축기

44 시·도지사는 건설기계 등록원부를 건설기계의 등록을 말소한 날부터 몇 년간 보존하여야 하는가?

① 1년 ② 3년
③ 5년 ④ 10년

45 정기검사유효기간이 1년인 건설기계는? (다만, 연식이 20년 이하인 경우)

① 기중기
② 모터그레이더
③ 타이어식 로더
④ 1톤 이상의 지게차

46 건설기계조종사면허증 발급신청을 할 때 첨부하는 서류와 가장 거리가 먼 것은?

① 신체검사서
② 국가기술자격수첩
③ 주민등록표등본
④ 소형건설기계조종교육이수증

47 교통안전 표지에 대한 설명으로 맞는 것은?

① 최고중량 제한 표지
② 차간거리 최저 30m 제한 표지
③ 최고시속 30킬로미터 속도제한 표지
④ 최저시속 30킬로미터 속도제한 표지

48 신호등이 없는 철길건널목 통과방법 중 옳은 것은?

① 차단기가 올라가 있으면 그대로 통과해도 된다.
② 반드시 일시정지를 한 후 안전을 확인하고 통과한다.
③ 신호등이 진행신호일 경우에도 반드시 일시정지를 하여야 한다.
④ 일시정지를 하지 않아도 좌우를 살피면서 서행으로 통과하면 된다.

49 도로교통법상에서 차마가 도로의 중앙이나 좌측부분을 통행할 수 있도록 허용한 것은 도로 우측부분의 폭이 얼마 이하일 때인가?

① 2미터 ② 3미터
③ 5미터 ④ 6미터

50 교통사고가 발생하였을 때 운전자가 가장 먼저 취해야 할 조치로 적절한 것은?

① 즉시 보험회사에 신고한다.
② 모범운전자에게 신고한다.
③ 즉시 피해자 가족에게 알린다.
④ 즉시 사상자를 구호하고 경찰에 연락한다.

51 유압모터와 연결된 감속기의 오일수준을 점검할 때의 유의사항으로 틀린 것은?

① 오일이 정상 온도일 때 오일수준을 점검해야 한다.
② 오일량은 영하(-)의 온도상태에서 가득 채워야 한다.
③ 오일수준을 점검하기 전에 항상 오일수준 게이지 주변을 깨끗하게 청소한다.
④ 오일량이 너무 적으면 모터 유닛이 올바르게 작동하지 않거나 손상될 수 있으므로 오일량은 항상 정량 유지가 필요하다.

52 유압장치에서 오일의 역류를 방지하기 위한 밸브는?

① 변환밸브 ② 압력조절밸브
③ 체크밸브 ④ 흡기밸브

53 플런저형 유압펌프의 특징이 아닌 것은?

① 구동축이 회전운동을 한다.
② 플런저가 회전운동을 한다.
③ 가변용량형과 정용량형이 있다.
④ 기어펌프에 비해 최고압력이 높다.

54 압력제어밸브의 종류가 아닌 것은?

① 교축 밸브(throttle valve)
② 릴리프 밸브(relief valve)
③ 시퀀스 밸브(sequence valve)
④ 카운터 밸런스 밸브(counter balance valve)

55 각종 압력을 설명한 것으로 틀린 것은?

① 계기압력 - 대기압을 기준으로 한 압력
② 절대압력 - 완전진공을 기준으로 한 압력
③ 대기압력 - 절대압력과 계기압력을 곱한 압력
④ 진공압력 - 대기압 이하의 압력, 즉 음(-)의 계기압력

56 기체-오일방식 어큐뮬레이터에 가장 많이 사용되는 가스는?

① 산소 ② 질소
③ 아세틸렌 ④ 이산화탄소

57 가변용량형 유압펌프의 기호 표시는?

① 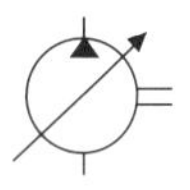 ② 

③  ④ 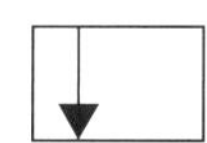

58 기어형 유압펌프에 폐쇄작용이 생기면 어떤 현상이 생길 수 있는가?

① 기름의 토출
② 기포의 발생
③ 기어진동의 소멸
④ 출력의 증가

59 유압회로에서 호스의 노화현상이 아닌 것은?

① 호스의 표면에 갈라짐이 발생한 경우
② 코킹부분에서 오일이 누유되는 경우
③ 액추에이터의 작동이 원활하지 않을 경우
④ 정상적인 압력상태에서 호스가 파손될 경우

60 유압유의 주요 기능이 아닌 것은?

① 열을 흡수한다.
② 동력을 전달한다.
③ 필요한 요소사이를 밀봉한다.
④ 움직이는 기계요소를 마모시킨다.

2회 실전 모의고사

01 렌치의 사용이 적합하지 않은 것은?

① 둥근 파이프를 죌 때 파이프 렌치를 사용하였다.
② 렌치는 적당한 힘으로 볼트, 너트를 죄고 풀어야 한다.
③ 오픈렌치로 파이프 피팅 작업에 사용하였다.
④ 토크렌치의 용도는 큰 토크를 요할 때만 사용한다.

02 감전되거나 전기화상을 입을 위험이 있는 곳에서 작업할 때 작업자가 착용해야 할 것은?

① 구명구 ② 보호구
③ 구명조끼 ④ 비상벨

03 안전의 제일이념에 해당하는 것은?

① 품질 향상 ② 재산 보호
③ 인간 존중 ④ 생산성 향상

04 안전관리상 장갑을 끼고 작업할 경우 위험할 수 있는 것은?

① 드릴작업 ② 줄 작업
③ 용접작업 ④ 판금작업

05 위험기계·기구에 설치하는 방호장치가 아닌 것은?

① 하중측정 장치
② 급정지 장치
③ 역화방지 장치
④ 자동전격 방지장치

06 전기감전 위험이 생기는 경우로 가장 거리가 먼 것은?

① 몸에 땀이 배어 있을 때
② 옷이 비에 젖어 있을 때
③ 앞치마를 하지 않았을 때
④ 발밑에 물이 있을 때

07 기중기 타이어의 바깥쪽에 다리를 빼내어 차대를 떠받쳐 작업할 때 안정성을 좋게 하는 장치는?

① 아우트리거
② 붐 호이스트
③ 카운터웨이트
④ 붐 기복방지장치

08 인양작업 전 점검사항으로 옳지 않은 것은?

① 인양물의 중량 확인은 필요시에만 한다.
② 아우트리거 설치를 위해 지반을 확인한다.
③ 안전 작업공간을 확보하기 위해 바리케이드를 설치한다.
④ 기중기가 수평을 유지할 수 있도록 지반의 경사도를 확인한다.

09 기중기 붐 길이에 대한 올바른 설명은?

① 훅 중심에서 턴테이블 중심까지의 길이
② 봄의 톱 시브 중심에서 붐의 풋 핀 중심까지의 길이
③ 붐의 톱 시브 중심에서 턴테이블 중심까지의 길이
④ 붐 톱 시브 중심에서 겐트리 시브 중심까지의 길이

10 호이스트 와이어로프의 점검사항으로 가장 적절하지 못한 것은?

① 킹크 발생
② 길이 수축
③ 절단된 소선의 수
④ 공칭지름의 감소

11 화물을 인양할 때 줄걸이용 와이어로프에 장력이 걸리면 일단 정지하여 점검해야 할 사항이 아닌 것은?

① 화물이 파손될 우려가 없는지 확인한다.
② 장력이 걸리지 않는 와이어로프는 없는지 확인한다.
③ 와이어로프의 장력 배분이 맞는지 확인한다.
④ 와이어로프의 종류와 규격을 확인한다.

12 주행 장치에 따른 기중기의 분류가 아닌 것은?

① 트럭 형식
② 타이어 형식
③ 로터리 형식
④ 무한궤도 형식

13 기중기의 환향장치가 하는 역할은?

① 제동을 쉽게 하는 장치이다.
② 분사압력 증대장치이다.
③ 분사 시기를 조절하는 장치이다.
④ 진행 방향을 바꾸는 장치이다.

14 기중기로 양중작업을 할 때 확인해야 할 사항이 아닌 것은?

① 정비지침서 ② 양중능력표
③ 작업계획서 ④ 작업매뉴얼

15 와이어로프를 기중기 작업의 고리걸이 용구로 사용할 때 가장 적절하지 못한 것은?

① 와이어로프 끝에 훅을 부착한 것
② 와이어로프 끝에 링을 부착한 것
③ 와이어로프 끝에 샤클을 부착한 것
④ 와이어로프를 서로 맞대어 소선을 끼워서 짠 것

16 기중기에 클램셸을 설치하면 어떤 작업을 하는 데 가장 적합한가?

① 배수로 굴토작업
② 수평평삭 작업
③ 경사지 구축작업
④ 수직굴토 작업

17 작업장치를 부착한 자체중량 상태인 건설기계의 중심면으로부터 좌우 각각의 방향으로 윤거 또는 트랙중심간거리의 100분의 25에 해당하는 거리 이내에 위치하는 차체의 가장 낮은 부분에서 지면까지의 최단거리를 무엇이라고 하는가?

① 높이 ② 최저지상고
③ 너비 ④ 중심면

18 기중기에서 사용하는 지브 붐(jib boom)에 대한 설명으로 옳은 것은?

① 붐 중간을 연장하는 붐이다.
② 붐 끝단에 전장을 연장하는 붐이다.
③ 붐 하단에 연장하는 붐이다.
④ 활차를 여러 개 사용하기 위한 붐이다.

19 기중기의 주행 중 주의사항으로 옳지 못한 것은?

① 타이어형 기중기를 주차할 경우 반드시 주차 브레이크를 걸어둔다.
② 고압선 아래를 통과할 때는 충분한 간격을 두고 신호자의 지시에 따른다.
③ 언덕길을 오를 때는 붐을 가능한 세운다.
④ 기중기를 주행할 때는 선회 록(lock)을 고정시킨다.

20 기중기의 작업 장치 종류에 포함되지 않는 것은?

① 클램셀
② 드래그라인
③ 스캐리파이어
④ 파일드라이버

21 와이어로프를 많이 감아 인양물이나 훅이 붐의 끝단과 충돌하는 것을 방지하기 위한 안전장치는?

① 브레이크 장치
② 권과방지장치
③ 비상정지장치
④ 과부하 방지장치

22 기중기의 엔진시동 전 일상 점검사항으로 가장 거리가 먼 것은?

① 변속기어 마모상태
② 연료탱크 유량
③ 엔진오일 유량
④ 라디에이터 수량

23 기중기에 파일드라이버를 연결하여 할 수 있는 작업은?

① 토사적재
② 경사면 굴토
③ 기둥박기 작업
④ 땅 고르기 작업

24 기중기로 화물을 양중 운반할 때 유의사항으로 틀린 것은?

① 붐을 가능한 짧게 한다.
② 이동 방향과 붐의 방향을 일치시킨다.
③ 지면에서 가깝게 양중상태를 유지하며 이동한다.
④ 붐을 낮게 하고 차체와 중량물의 사이를 멀게 한다.

25 기중기 신호수가 하여야 할 직무가 아닌 것은?

① 명확한 작업내용 이해
② 장비정비 및 보수일지 점검
③ 무전기, 깃발, 호루라기 등으로 신호
④ 운전수 및 작업자가 잘 보이는 위치에서 신호

26 기중기 로드차트에 포함되어 있는 정보가 아닌 것은?

① 작업반경
② 실제작업 중량
③ 기중기 구성내용
④ 기중기 본체형식

27 도로교통법상 4차로 이상 고속도로에서 건설기계의 최저속도는?

① 30km/h ② 40km/h
③ 50km/h ④ 60km/h

28 도로교통법령상 총중량 2,000kg 미만인 자동차를 총중량이 그의 3배 이상인 자동차로 견인할 때의 속도는? (단, 견인하는 차량이 견인자동차가 아닌 경우이다.)

① 매시 30km 이내
② 매시 50km 이내
③ 매시 80km 이내
④ 매시 100km 이내

29 도로교통법상 교통안전시설이나 교통정리요원의 신호가 서로 다른 경우에 우선시되어야 하는 신호는?

① 신호등의 신호
② 안전표시의 지시
③ 경찰공무원의 수신호
④ 경비업체 관계자의 수신호

30 도로교통법상 주차 금지의 장소로 틀린 것은?

① 터널 안 및 다리 위
② 화재경보기로부터 5m 이내인 곳
③ 소방용 기계·기구가 설치된 5m 이내인 곳
④ 소방용 방화물통이 있는 5m 이내의 곳

31 건설기계관리법령상 건설기계를 검사유효기간이 끝난 후에 계속 운행하고자 할 때는 어느 검사를 받아야 하는가?

① 신규등록검사
② 계속검사
③ 수시검사
④ 정기검사

32 도로교통법상 규정한 운전면허를 받아 조종할 수 있는 건설기계가 아닌 것은?

① 타워크레인
② 덤프트럭
③ 콘크리트펌프
④ 콘크리트믹서트럭

33 건설기계관리법상 건설기계 정비명령을 이행하지 아니한 자의 벌금은?

① 1년 이하의 징역 또는 500만 원 이하의 벌금
② 2년 이하의 징역 또는 500만 원 이하의 벌금
③ 1년 이하의 징역 또는 1,000만 원 이하의 벌금
④ 2년 이하의 징역 또는 2,000만 원 이하의 벌금

34 검사·명령이행 기간 연장 불허통지를 받은 자는 정기검사 등의 신청기간 만료일부터 며칠 이내에 검사 신청을 해야 하는가?

① 10일 이내 ② 20일 이내
③ 30일 이내 ④ 60일 이내

35 건설기계관리법에서 정의한 '건설기계형식'으로 가장 옳은 것은?

① 형식 및 규격을 말한다.
② 성능 및 용량을 말한다.
③ 구조·규격 및 성능 등에 관하여 일정하게 정한 것을 말한다.
④ 엔진구조 및 성능을 말한다.

36 건설기계 등록신청에 대한 설명으로 맞는 것은? (단, 전시·사변 등 국가비상사태 하의 경우 제외)

① 시·군·구청장에게 취득한 날로부터 10일 이내 등록신청을 한다.
② 시·도지사에게 취득한 날로부터 15일 이내 등록신청을 한다.
③ 시·군·구청장에게 취득한 날로부터 1월 이내 등록신청을 한다.
④ 시·도지사에게 취득한 날로부터 2월 이내 등록신청을 한다.

37 기관의 피스톤이 고착되는 원인으로 틀린 것은?

① 냉각수량이 부족할 때
② 압축압력이 너무 높을 때
③ 기관이 과열되었을 때
④ 기관오일이 부족하였을 때

38 기관의 운전 상태를 감시하고 고장진단 할 수 있는 기능은?

① 자기진단기능 ② 제동기능
③ 조향기능 ④ 윤활기능

39 납산축전지 터미널에 녹이 발생했을 때의 조치방법으로 가장 적합한 것은?

① 물걸레로 닦아내고 더 조인다.
② 녹을 닦은 후 고정시키고 소량의 그리스를 상부에 바른다.
③ [+]와 [-] 터미널을 서로 교환한다.
④ 녹슬지 않게 엔진오일을 도포하고 확실히 더 조인다.

40 기관 윤활유의 구비조건이 아닌 것은?

① 점도가 적당할 것
② 청정력이 클 것
③ 응고점이 높을 것
④ 비중이 적당할 것

41 직류직권 전동기에 대한 설명 중 틀린 것은?

① 기동 회전력이 분권전동기에 비해 크다.
② 부하에 따른 회전속도의 변화가 크다.
③ 부하를 크게 하면 회전속도는 낮아진다.
④ 부하에 관계없이 회전속도가 일정하다.

42 소음기나 배기관 내부에 많은 양의 카본이 부착되면 배압은 어떻게 되는가?

① 낮아진다.
② 저속에서는 높아졌다가 고속에서는 낮아진다.
③ 높아진다.
④ 영향을 미치지 않는다.

43 [보기]에 나타낸 것은 기관에서 어느 구성부품을 형태에 따라 구분한 것인가?

보기
직접분사식, 예연소실식, 와류실식, 공기실식

① 연료분사장치 ② 연소실
③ 점화장치 ④ 동력전달장치

44 냉각장치에 사용되는 라디에이터의 구성부품이 아닌 것은?

① 냉각수 주입구
② 냉각핀
③ 코어
④ 물재킷

45 충전장치에서 발전기는 어떤 축과 연동되어 구동되는가?

① 크랭크축
② 캠축
③ 추진축
④ 변속기 입력축

46 디젤기관에서 인젝터 간 연료분사량이 일정하지 않을 때 나타나는 현상은?

① 연료분사량에 관계없이 기관은 순조로운 회전을 한다.
② 연료소비에는 관계가 있으나 기관회전에는 영향을 미치지 않는다.
③ 연소폭발음의 차이가 있으며 기관은 부조를 한다.
④ 출력은 향상되나 기관은 부조를 한다.

47 유압펌프에서 발생된 유체에너지를 이용하여 직선운동이나 회전운동을 하는 유압기기는?

① 오일 쿨러 ② 제어밸브
③ 액추에이터 ④ 어큐뮬레이터

48 유압장치에서 방향제어밸브에 해당하는 것은?

① 셔틀밸브 ② 릴리프 밸브
③ 시퀀스 밸브 ④ 언로더 밸브

49 압력제어밸브의 종류가 아닌 것은?

① 언로더 밸브 ② 스로틀 밸브
③ 시퀀스 밸브 ④ 릴리프 밸브

50 유압유의 점검사항과 관계없는 것은?

① 점도
② 마멸성
③ 소포성
④ 윤활성

51 그림의 유압기호는 무엇을 표시하는가?

① 유압실린더
② 어큐뮬레이터
③ 오일탱크
④ 유압실린더 로드

52 피스톤형 유압펌프에서 회전경사판의 기능으로 가장 적합한 것은?

① 유압펌프 압력 조정
② 유압펌프 출구 개폐
③ 유압펌프 용량 조정
④ 유압펌프 회전속도 조정

53 작업 중에 유압펌프로부터 토출유량이 필요하지 않게 되었을 때, 오일을 탱크에 저압으로 귀환시키는 회로는?

① 시퀀스 회로
② 어큐뮬레이터 회로
③ 블리드 오프 회로
④ 언로드 회로

54 유압모터를 선택할 때 고려사항과 가장 거리가 먼 것은?

① 동력 ② 부하
③ 효율 ④ 점도

55 유압유에 요구되는 성질이 아닌 것은?

① 산화안정성이 있을 것
② 윤활성과 방청성이 있을 것
③ 보관 중에 성분의 분리가 있을 것
④ 넓은 온도범위에서 점도변화가 적을 것

56 유압유에 포함된 불순물을 제거하기 위해 유압펌프 흡입관에 설치하는 것은?

① 부스터
② 스트레이너
③ 공기청정기
④ 어큐뮬레이터

57 수공구를 사용할 때 안전수칙으로 바르지 못한 것은?

① 쇠톱 작업은 밀 때 절삭되게 작업한다.
② 줄 작업으로 생긴 쇳가루는 브러시로 털어낸다.
③ 해머작업은 미끄러짐을 방지하기 위해서 반드시 면장갑을 끼고 작업한다.
④ 조정렌치는 조정조가 있는 부분에 힘을 받지 않게 하여 사용한다.

58 **화재가 발생하였을 때 초기진화를 위해 소화기를 사용하고자 할 때, 다음 [보기]에서 소화기 사용방법에 따른 순서로 맞는 것은?**

> **보기**
> A. 안전핀을 뽑는다.
> B. 안전핀 걸림 장치를 제거한다.
> C. 손잡이를 움켜잡아 분사한다.
> D. 노즐을 불이 있는 곳으로 향하게 한다.

① A → B → C → D
② C → A → B → D
③ D → B → C → A
④ B → A → D → C

59 **기중기로 인양할 때 물체의 중심을 측정하여 인양하여야 한다. 다음 중 잘못된 것은?**

① 형상이 복잡한 물체의 무게 중심을 확인한다.
② 와이어로프나 매달기용 체인이 벗겨질 우려가 있으면 되도록 높이 인양한다.
③ 인양물체의 중심이 높으면 물체가 기울 수 있다.
④ 인양물체를 서서히 올려 지상 약 30cm 지점에서 정지하여 확인한다.

60 **작업 중 기계에 손이 끼어 들어가는 안전사고가 발생했을 경우 우선적으로 해야 할 것은?**

① 신고부터 한다.
② 응급처치를 한다.
③ 기계의 전원을 끈다.
④ 신경 쓰지 않고 계속 작업한다.

3회 실전 모의고사

01 유압장치의 작동원리는 어느 이론에 바탕을 둔 것인가?

① 열역학 제1법칙
② 보일의 법칙
③ 파스칼의 원리
④ 가속도 법칙

02 전기기기에 의한 감전 사고를 막기 위하여 필요한 설비로 가장 중요한 것은?

① 접지설비
② 방폭등 설비
③ 고압계 설비
④ 대지전위 상승설비

03 유류화재에서 소화방법으로 적절하지 않은 것은?

① 모래를 뿌린다.
② 다량을 물을 부어 끈다.
③ ABC소화기를 사용한다.
④ B급 화재소화기를 사용한다.

04 소화 작업의 기본요소가 아닌 것은?

① 가연물질을 제거하면 된다.
② 산소를 차단하면 된다.
③ 점화원을 제거시키면 된다.
④ 연료를 기화시키면 된다.

05 밀폐된 공간에서 엔진을 가동할 때 가장 주의하여야 할 사항은?

① 소음으로 인한 추락
② 배출가스 중독
③ 진동으로 인한 직업병
④ 작업시간

06 벨트를 교체할 때 기관의 상태는?

① 고속상태 ② 중속상태
③ 저속상태 ④ 정지 상태

07 진동 장애의 예방대책이 아닌 것은?

① 실외작업을 한다.
② 저(低) 진동공구를 사용한다.
③ 진동업무를 자동화한다.
④ 방진장갑과 귀마개를 착용한다.

08 화재 및 폭발의 우려가 있는 가스발생장치 작업장에서 지켜야 할 사항으로 옳지 않은 것은?

① 불연성 재료의 사용 금지
② 화기의 사용 금지
③ 인화성 물질 사용 금지
④ 점화의 원인이 될 수 있는 기계 사용 금지

09 해머작업을 할 때 틀린 것은?

① 장갑을 끼지 않는다.
② 작업에 알맞은 무게의 해머를 사용한다.
③ 해머는 처음부터 힘차게 때린다.
④ 자루가 단단한 것을 사용한다.

10 드라이버 사용방법으로 틀린 것은?

① 날 끝 홈의 폭과 깊이가 같은 것을 사용한다.
② 전기 작업을 할 때에는 자루는 모두 금속으로 되어 있는 것을 사용한다.
③ 날 끝이 수평이어야 하며 둥글거나 빠진 것은 사용하지 않는다.
④ 작은 공작물이라도 한손으로 잡지 않고 바이스 등으로 고정하고 사용한다.

11 기중기로 무거운 화물을 위로 달아 올릴 때 주의할 점이 아닌 것은?

① 달아 올릴 화물의 무게를 파악하여 제한하중 이하에서 작업한다.
② 매달린 화물이 불안전하다고 생각될 때는 작업을 중지한다.
③ 신호의 규정이 없으므로 작업자가 적절히 작업한다.
④ 신호자의 신호에 따라 작업한다.

12 화물을 인양할 때 줄걸이용 와이어로프에 장력이 걸리면 일단 정지하여 점검해야 할 내용이 아닌 것은?

① 장력의 배분은 맞는지 확인한다.
② 와이어로프의 종류와 규격을 확인한다.
③ 화물이 파손될 우려가 없는지 확인한다.
④ 장력이 걸리지 않는 와이어로프는 없는지 확인한다.

13 권상용 드럼에 플리트(fleet) 각도를 두는 이유는?

① 드럼의 균열 방지
② 드럼의 역회전 방지
③ 와이어로프의 부식 방지
④ 와이어로프가 엇갈려서 겹쳐 감김을 방지

14 기중기에 대한 설명 중 틀린 것을 모두 고른 것은?

> A. 붐의 각과 기중능력은 반비례한다.
> B. 붐의 길이와 운전반경은 반비례한다.
> C. 상부 회전체의 최대 회전각은 270°이다.

① A, B　② A, C
③ B, C　④ A, B, C

15 기중기의 드래그라인 작업방법으로 틀린 것은?

① 도랑을 팔 때 경사면이 기중기 앞쪽에 위치하도록 한다.
② 굴착력을 높이기 위해 버킷 투스를 날카롭게 연마한다.
③ 기중기 앞에 작업한 토사를 쌓아 놓지 않는다.
④ 드래그 베일소켓을 페어리드 쪽으로 당긴다.

16 그림과 같이 기중기에 부착된 작업 장치는?

① 클램셀
② 백호
③ 파일드라이버
④ 훅

17 기중기의 붐 각도를 40°에서 60°로 조작하였을 때의 설명으로 옳은 것은?

① 붐 길이가 짧아진다.
② 임계하중이 작아진다.
③ 작업반경이 작아진다.
④ 기중능력이 작아진다.

18 과권방지장치의 설치위치 중 맞는 것은?

① 붐 끝단 시브와 훅 블록 사이
② 메인윈치와 붐 끝단 시브 사이
③ 겐드리 시브와 붐 끝단 시브 사이
④ 붐 하부 풋 핀과 상부선회체 사이

19 기중기 작업을 할 때 후방전도 위험상황으로 가장 거리가 먼 것은?

① 급경사로를 내려올 때
② 붐의 기복각도가 큰 상태에서 기중기를 앞으로 이동할 때
③ 붐의 기복각도가 큰 상태에서 급가속으로 양중할 때
④ 양중물이 갑자기 해제하여 반력이 붐의 후방으로 발생할 경우

20 기중기의 작업 전 점검해야 할 안전장치가 아닌 것은?

① 과부하 방지장치
② 붐 과권장치
③ 훅 과권장치
④ 어큐뮬레이터

21 기중기에서 와이어로프 드럼에 주로 쓰이는 작업 브레이크의 형식은?

① 내부수축 방식
② 내부확장 방식
③ 외부확장 방식
④ 외부수축 방식

22 기중기를 트레일러에 상차하는 방법을 설명한 것으로 틀린 것은?

① 흔들리거나 미끄러져 전도되지 않도록 고정한다.
② 붐을 분리시키기 어려운 경우 낮고 짧게 유지한다.
③ 최대한 무거운 카운터웨이트를 부착하여 상차한다.
④ 아우트리거는 완전히 집어넣고 상차한다.

23 기중기에서 선회장치의 회전중심을 지나는 수직선과 훅의 중심을 지나는 수직선 사이의 최단거리를 무엇이라 하는가?

① 붐의 각　② 붐의 중심축
③ 작업반경　④ 선회 중심축

24 와이어로프가 이탈되는 것을 방지하기 위해 훅에 설치된 안전장치는?

① 해지장치　② 걸림장치
③ 이송장치　④ 스위블장치

25 건설기계가 있는 장소보다 높은 곳의 굴착에 적합한 기중기의 작업 장치는?

① 훅　② 셔블
③ 드래그라인　④ 파일드라이버

26 기중기의 주행 중 유의사항으로 틀린 것은?

① 언덕길을 오를 때는 붐을 가능한 세운다.
② 기중기를 주행할 때는 선회 록(lock)을 고정시킨다.
③ 타이어형 기중기를 주차할 경우 반드시 주차브레이크를 걸어둔다.
④ 고압선 아래를 통과할 때는 충분한 간격을 두고 신호자의 지시에 따른다.

27 와이어로프 구성요소 중 심강(core)의 역할에 해당되지 않는 것은?

① 충격 흡수 ② 마멸 방지
③ 부식 방지 ④ 풀림 방지

28 기중기 작업장치 중 디젤해머로 할 수 있는 작업은?

① 파일항타 ② 수중굴착
③ 수직굴토 ④ 와이어로프 감기

29 권상용(와이어로프를 말아 올려 물건을 들어 올리는 용도) 와이어로프, 지브의 기복용(높낮이와 각도를 조절하는 용도) 와이어로프 및 호이스트로프의 안전율은 얼마인가?

① 4.5 ② 5.5
③ 86.5 ④ 10.5

30 기중기에 아우트리거를 설치할 때 가장 나중에 해야 하는 일은?

① 아우트리거 고정 핀을 뺀다.
② 모든 아우트리거 실린더를 확장한다.
③ 기중기가 수평이 되도록 정렬시킨다.
④ 모든 아우트리거 빔을 원하는 폭이 되도록 연장시킨다.

31 커먼레일 디젤기관의 연료장치에서 출력요소는?

① 공기유량센서
② 인젝터
③ 엔진 ECU
④ 브레이크 스위치

32 엔진오일이 연소실로 올라오는 주된 이유는?

① 피스톤링 마모
② 피스톤핀 마모
③ 커넥팅로드 마모
④ 크랭크축 마모

33 4행정 사이클 기관에서 1사이클을 완료할 때 크랭크축은 몇 회전하는가?

① 1회전 ② 2회전
③ 3회전 ④ 4회전

34 디젤기관 연료여과기에 설치된 오버플로 밸브(over flow valve)의 기능이 아닌 것은?

① 여과기 각 부분 보호
② 연료공급펌프 소음발생 억제
③ 운전 중 공기배출 작용
④ 인젝터의 연료분사시기 제어

35 라디에이터(radiator)에 대한 설명으로 틀린 것은?

① 공기흐름 저항이 커야 냉각효율이 높다.
② 단위면적당 방열량이 커야 한다.
③ 냉각효율을 높이기 위해 방열 핀이 설치된다.
④ 라디에이터 재료 대부분은 알루미늄 합금이 사용된다.

36 디젤기관의 연소실 중 연료소비율이 낮으며 연소압력이 가장 높은 연소실 형식은?

① 예연소실식
② 와류실식
③ 직접분사실식
④ 공기실식

37 기동전동기 구성부품 중 자력선을 형성하는 것은?

① 전기자 ② 계자코일
③ 슬립링 ④ 브러시

38 교류발전기의 다이오드가 하는 역할은?

① 전류를 조정하고, 교류를 정류한다.
② 전압을 조정하고, 교류를 정류한다.
③ 교류를 정류하고, 역류를 방지한다.
④ 여자전류를 조정하고, 역류를 방지한다.

39 납산축전지의 전해액으로 알맞은 것은?

① 순수한 물
② 과산화납
③ 해면상납
④ 묽은 황산

40 디젤기관 예열장치에서 코일형 예열플러그와 비교한 실드형 예열플러그의 설명 중 틀린 것은?

① 발열량이 크고 열용량도 크다.
② 예열플러그들 사이의 회로는 병렬로 결선되어 있다.
③ 기계적 강도 및 가스에 의한 부식에 약하다.
④ 예열플러그 하나가 단선되어도 나머지는 작동된다.

41 타이어형 기중기에서 브레이크 장치의 유압회로에 베이퍼록이 발생하는 원인이 아닌 것은?

① 마스터 실린더 내의 잔압 저하
② 비점이 높은 브레이크 오일 사용
③ 드럼과 라이닝의 끌림에 의한 가열
④ 긴 내리막길에서 과도한 브레이크 사용

42 대형건설기계의 범위에 속하지 않는 것은?

① 길이가 15m인 건설기계
② 너비가 2.8m인 건설기계
③ 높이가 6m인 건설기계
④ 총중량 45톤인 건설기계

43 건설기계의 구조변경 가능범위에 속하지 않는 것은?

① 수상작업용 건설기계의 선체의 형식 변경
② 적재함 용량증가를 위한 변경
③ 건설기계의 길이, 너비, 높이 변경
④ 조종 장치의 형식 변경

44 건설기계 운전자가 조종 중 고의로 인명 피해를 입히는 사고를 일으켰을 때 면허의 처분기준은?

① 면허취소
② 면허효력 정지 30일
③ 면허효력 정지 20일
④ 면허효력 정지 10일

45 건설기계 등록번호표에 표시되지 않는 것은?

① 기종 ② 등록번호
③ 등록관청 ④ 건설기계 연식

46 성능이 불량하거나 사고가 자주 발생하는 건설기계의 안전성 등을 점검하기 위하여 실시하는 검사와 건설기계 소유자의 신청을 받아 실시하는 검사는?

① 예비검사 ② 구조변경검사
③ 수시검사 ④ 정기검사

47 건설기계의 등록 전에 임시운행 사유에 해당되지 않는 것은?

① 장비 구입 전 이상 유무를 확인하기 위해 1일간 예비운행을 하는 경우
② 등록신청을 하기 위하여 건설기계를 등록지로 운행하는 경우
③ 수출을 하기 위하여 건설기계를 선적지로 운행하는 경우
④ 신개발 건설기계를 시험·연구의 목적으로 운행하는 경우

48 도로교통법상 모든 차의 운전자가 반드시 서행하여야 하는 장소에 해당하지 않는 것은?

① 도로가 구부러진 부분
② 비탈길 고갯마루 부근
③ 편도 2차로 이상의 다리 위
④ 가파른 비탈길의 내리막

49 그림의 교통안전 표지는?

① 좌·우회전 표지
② 좌·우회전 금지표지
③ 양측방 일방 통행표지
④ 양측방 통행 금지표지

50 도로교통법상에서 정의된 긴급자동차가 아닌 것은?

① 응급전신, 전화 수리공사에 사용되는 자동차
② 긴급한 경찰업무 수행에 사용되는 자동차
③ 위독한 환자의 수혈을 위한 혈액운송 차량
④ 학생운송 전용 버스

51 승차 또는 적재의 방법과 제한에서 운행상의 안전기준을 넘어서 승차 및 적재가 가능한 경우는?

① 도착지를 관할하는 경찰서장의 허가를 받은 때
② 출발지를 관할하는 경찰서장의 허가를 받은 때
③ 관할 시·군수의 허가를 받은 때
④ 동·읍·면장의 허가를 받는 때

52 유압장치에서 방향제어밸브 설명으로 틀린 것은?

① 유체의 흐름 방향을 변환한다.
② 액추에이터의 속도를 제어한다.
③ 유체의 흐름 방향을 한쪽으로만 허용한다.
④ 유압실린더나 유압모터의 작동방향을 바꾸는 데 사용된다.

53 유압펌프가 작동 중 소음이 발생할 때의 원인으로 틀린 것은?

① 유압펌프 축의 편심오차가 크다.
② 유압펌프 흡입관 접합부로부터 공기가 유입된다.
③ 릴리프 밸브 출구에서 오일이 배출되고 있다.
④ 스트레이너가 막혀 흡입용량이 너무 작아졌다.

54 자체중량에 의한 자유낙하 등을 방지하기 위하여 회로에 배압을 유지하는 밸브는?

① 감압밸브
② 체크밸브
③ 릴리프 밸브
④ 카운터밸런스 밸브

55 유압기호가 나타내는 것은?

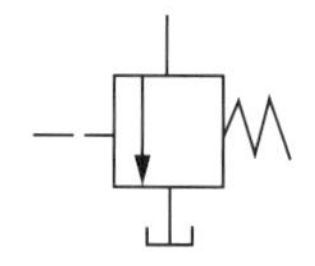

① 릴리프 밸브 ② 무부하 밸브
③ 순차밸브 ④ 감압밸브

56 유압모터의 종류에 포함되지 않는 것은?

① 기어형 ② 베인형
③ 플런저형 ④ 터빈형

57 유압장치에 사용되는 오일 실(seal)의 종류 중 O-링이 갖추어야 할 조건은?

① 체결력이 작을 것
② 탄성이 양호하고, 압축변형이 적을 것
③ 작동될 때 마모가 클 것
④ 오일의 입·출입이 가능할 것

58 유압장치에서 작동 및 움직임이 있는 곳의 연결관으로 적합한 것은?

① 플렉시블 호스
② 구리 파이프
③ 강 파이프
④ PVC호스

59 건설기계의 유압장치를 가장 적절히 나타낸 것은?

① 오일을 이용하여 전기를 생산하는 것
② 기체를 액체로 전환시키기 위하여 압축하는 것
③ 오일의 연소에너지를 통해 동력을 생산하는 것
④ 오일의 유체에너지를 이용하여 기계적인 일을 하도록 하는 것

60 유압계통에 사용되는 오일의 점도가 너무 낮을 경우 나타날 수 있는 현상이 아닌 것은?

① 시동저항 증가
② 유압펌프 효율 저하
③ 오일누설 증가
④ 유압회로 내 압력 저하

실전 모의고사 정답 및 해설

01	②	02	④	03	②	04	②	05	④	06	①	07	①	08	④	09	③	10	②
11	④	12	④	13	②	14	③	15	③	16	③	17	④	18	②	19	①	20	②
21	③	22	④	23	③	24	②	25	①	26	③	27	③	28	①	29	①	30	④
31	④	32	②	33	③	34	②	35	①	36	④	37	①	38	④	39	③	40	②
41	④	42	①	43	③	44	④	45	①	46	③	47	④	48	②	49	④	50	④
51	②	52	③	53	②	54	①	55	③	56	②	57	①	58	②	59	③	60	④

01 작업자의 올바른 안전자세는 자신의 안전과 타인의 안전을 고려하고, 작업장 환경조성을 위해 노력하며, 작업 안전사항을 준수한다.

02 작업장에서 작업복을 착용하는 이유는 재해로부터 작업자의 몸을 보호하기 위함이다.

03 스패너를 사용할 때 두 개를 이어서 사용해서는 안 된다.

04 재해의 직접적인 원인은 기계배치의 결함, 불량공구 사용, 작업조명의 불량 등이다.

05 안전제일의 이념은 인간 존중, 즉 인명 보호이다.

06 동력공구를 사용할 때에는 반드시 보호구를 착용하여야 한다.

07 연삭기에는 연삭 칩의 비산을 막기 위하여 안전덮개를 부착하여야 한다.

08 안전점검의 종류에는 일상점검, 정기점검, 수시점검, 특별점검 등이 있다.

09 해머작업을 할 때는 장갑을 착용해서는 안 된다.

10 **화재 및 소화방법**

- A급 화재 : 목재, 섬유류 등의 화재로서 일반적으로 냉각소화를 한다.
- B급 화재 : 유류 등의 화재로서 일반적으로 질식효과(공기차단)로 소화한다.
- C급 화재 : 전기기기의 화재로서 일반적으로 전기절연성을 갖는 소화제로 소화한다.
- D급 화재 : 금속나트륨 등의 화재로서 일반적으로 건조사를 이용한 질식효과로 소화한다.

11 와이어로프로 화물을 매달 때에는 화물을 매달 때 경사지게 해서는 안 되며, 가능한 총 걸림 각도가 60도 이내가 되도록 한다. 또 화물을 들 때 지상 30cm 정도 들어서 안전한지 확인해야 한다.

12 기중기의 작업 장치의 종류는 훅, 클램셸, 셔블, 드래그라인, 트렌치 호, 파일드라이브가 있다.

13 기중기 양중작업 중 급선회를 하게 되면 인양력이 감소한다.

14 지균작업은 모터그레이더의 작업이다.

15 작업반경이란 선회장치의 회전중심을 지나는 수직선과 훅의 중심을 지나는 수직선 사이의 최단거리를 말한다.

16 상부선회체의 회전각도는 360도 선회가 가능하다.

17 아우트리거를 설치할 때는 한 개씩 조작하여야 한다.

18 지브 붐은 붐 끝부분의 전체 길이를 연장하는 붐이다.

19 주행 장치에 의한 분류에는 트럭형(트럭탑재형), 크롤러형, 휠형(타이어형)이 있다.

20 양중작업을 계획할 때에는 기중기 조립 및 설치 장소, 작업장 주변의 장애물 유무, 크레인 현장 반입성능 및 반출성능 등을 점검하여야 한다.

21 훅은 일반적인 기중작업에서 사용한다.

22 파일럿 체크밸브는 아우트리거를 작동시켜 기중기를 받치고 있는 동안에 호스나 파이프가 터져도 기중기가 기울어지지 않도록 안정성을 유지해 준다.

23 붐의 최대 안정각도는 66°30′이다.

24 아우트리거의 빔을 완전히 펴서 바퀴가 지면에서 뜨도록 한다.

26 줄걸이 작업을 할 때 중심이 높아져서는 안 된다.

27 와이어로프를 운송차량에서 하역할 때 차량으로부터 굴려서 내리면 와이어로프가 변형될 우려가 있다.

28 항타(기둥박기) 작업을 할 때 붐의 각을 크게 한다.

29 파일박기 전부(작업)장치는 기중기에 장착하여 사용할 수 있다.

30 기중기에 오르고 내릴 때는 운전실 내의 각종 조종 장치를 손잡이로 이용해서는 안 된다.

31 헤드개스킷이 파손되거나 실린더 헤드에 균열이 발생하면 냉각수에 엔진오일이 혼합된다.

32 오일펌프의 종류에는 기어펌프, 베인 펌프, 로터리 펌프, 플런저 펌프가 있다.

33 블로다운이란 폭발행정 말기, 즉 배기행정 초기에 실린더 내의 압력에 의해서 배기가스가 배기밸브를 통해 스스로 배출되는 현상이다.

34 **연료여과기의 오버플로밸브 기능**

- 운전 중 연료계통의 공기를 배출한다.
- 연료공급펌프의 소음 발생을 방지한다.
- 연료필터 엘리먼트를 보호한다.
- 연료압력의 지나친 상승을 방지한다.

36 혼합비가 희박하면 기관 시동이 어렵고, 저속운전이 불량해지며, 연소속도가 느려 기관의 출력이 저하된다.

37 마그네틱 스위치는 솔레노이드 스위치라고도 부르며, 기동전동기의 전자석 스위치이다.

38 교류발전기는 스테이터에서 유도전류가 발생한다.

39 전류의 3대작용은 발열작용, 화학작용, 자기작용이다.

40 직렬 연결하면 전압은 축전지를 연결한 개수만큼 증가하나 용량은 1개일 때와 같다.

41 굴착기의 건설기계 범위는 무한궤도 또는 타이어식으로 굴착장치를 가진 자체중량 1톤 이상인것이다.

42 **건설기계조종사의 면허취소사유**

- 거짓이나 그 밖의 부정한 방법으로 건설기계조종사면허를 받은 경우
- 건설기계조종사면허의 효력정지기간 중 건설기계를 조종한 경우
- 건설기계 조종 상의 위험과 장해를 일으킬 수 있는 정신질환자 또는 뇌전증환자로서 국토교통부령으로 정하는 사람
- 앞을 보지 못하는 사람, 듣지 못하는 사람, 그 밖에 국토교통부령으로 정하는 장애인
- 건설기계 조종 상의 위험과 장해를 일으킬 수 있는 마약·대마·향정신성의약품 또는 알코올 중독자로서 국토교통부령으로 정하는 사람
- 고의로 인명피해(사망·중상·경상 등)를 입힌 경우
- 건설기계조종사면허증을 다른 사람에게 빌려 준 경우
- 술에 만취한 상태(혈중 알코올농도 0.08% 이상)에서 건설기계를 조종한 경우
- 술에 취한 상태에서 건설기계를 조종하다가 사고로 사람을 죽게 하거나 다치게 한 경우
- 2회 이상 술에 취한 상태에서 건설기계를 조종하여 면허효력정지를 받은 사실이 있는 사람이 다시 술에 취한 상태에서 건설기계를 조종한 경우

- 약물(마약, 대마, 향정신성 의약품 및 환각물질)을 투여한 상태에서 건설기계를 조종한 경우
- 정기적성검사를 받지 않거나 적성검사에 불합격한 경우

43 소형건설기계의 종류

3톤 미만의 굴착기, 3톤 미만의 로더, 3톤 미만의 지게차, 5톤 미만의 로더, 5톤 미만의 불도저, 콘크리트펌프(이동식으로 한정) 5톤 미만의 천공기(트럭적재식은 제외), 공기압축기, 쇄석기 및 준설선, 3톤 미만의 타워크레인

44 시·도지사는 건설기계등록원부를 건설기계의 등록을 말소한 날부터 10년간 보존하여야 한다.

45 연식이 20년 이하인 경우 로더(타이어식), 지게차(1톤 이상), 모터 그레이더의 정기검사유효기간은 2년이다.

46 면허증 발급신청 할 때 첨부하는 서류

- 신체검사서
- 소형건설기계조종교육이수증
- 건설기계조종사면허증(건설기계조종사면허를 받은 자가 면허의 종류를 추가하고자 하는 때에 한한다)
- 6개월 이내에 촬영한 탈모상반신 사진 2매
- 국가기술자격수첩
- 자동차운전면허 정보(3톤 미만의 지게차를 조종하려는 경우에 한정한다)

48 신호등이 없는 철길건널목을 통과할 때에는 반드시 일지정지를 한 후 안전을 확인하고 통과한다.

49 차마가 도로의 중앙이나 좌측부분을 통행할 수 있도록 허용한 것은 도로 우측부분의 폭이 6m 이하일 때이다.

51 유압모터의 감속기 오일량은 정상작동 온도에서 Full 선 가까이 있어야 한다.

52 체크밸브(check valve)는 역류를 방지하고, 회로 내의 잔류압력을 유지시키며, 오일의 흐름이 한 쪽 방향으로만 가능하게 한다.

53 플런저 펌프의 장점 및 단점

- 장점
  - 플런저(피스톤)가 직선운동을 한다.
  - 축은 회전 또는 왕복운동을 한다.
  - 가변용량에 적합하다. 즉, 토출량의 변화범위가 크다.
- 단점
  - 베어링에 가해지는 부하가 크다.
  - 가격이 비싸다.
  - 구조가 복잡하여 수리가 어렵다.
  - 흡입능력이 가장 낮다.

54 압력제어밸브의 종류

릴리프 밸브, 리듀싱(감압) 밸브, 시퀀스(순차) 밸브, 언로드(무부하) 밸브, 카운터 밸런스 밸브

55 대기압이란 지상에서 관측한 기압이며, 지면에서 대기의 상단에 이르는 단위면적의 수직인 기주(氣柱)의 무게이다. 기압의 단위는 헥토파스칼(hPa)을 사용한다.

56 가스형 어큐뮬레이터(축압기)에는 질소가스를 주입한다.

58 폐쇄작용이란 토출된 유량 일부가 입구 쪽으로 복귀하여 토출량 감소, 펌프를 구동하는 동력 증가 및 케이싱 마모, 기포 발생 등의 원인을 유발하는 현상이다.

59 호스의 노화현상

- 호스의 표면에 갈라짐(crack)이 발생한 경우
- 호스의 탄성이 거의 없는 상태로 굳어 있는 경우
- 정상적인 압력상태에서 호스가 파손될 경우
- 코킹부분에서 오일이 누유되는 경우

60 유압유는 냉각작용, 동력전달작용, 마모방지작용, 밀봉작용 등을 한다.

2회 실전 모의고사 정답 및 해설

1	④	2	②	3	③	4	①	5	①	6	③	7	①	8	①	9	②	10	②
11	④	12	③	13	④	14	①	15	④	16	④	17	②	18	②	19	③	20	③
21	②	22	①	23	③	24	④	25	②	26	②	27	③	28	①	29	③	30	②
31	④	32	①	33	③	34	①	35	③	36	④	37	②	38	①	39	②	40	③
41	④	42	③	43	②	44	④	45	①	46	③	47	③	48	①	49	②	50	②
51	②	52	③	53	④	54	④	55	③	56	②	57	③	58	④	59	②	60	③

01 토크렌치는 볼트나 너트 등을 규정값으로 조일 때에만 사용하여야 한다.

02 감전되거나 전기화상을 입을 위험이 있는 작업장에서는 보호구를 착용하여야 한다.

03 안전제일의 이념은 인간 존중, 즉 인명 보호이다.

04 드릴작업, 연삭작업, 선반작업, 해머작업, 목공기계 작업 등을 할 경우에는 장갑을 껴서는 안 된다.

05 위험기계·기구에 설치하는 방호장치에는 급정지 장치, 역화 방지장치, 자동전격 방지장치 등이 있다.

06 전기감전 위험이 생기는 경우는 몸에 땀이 배어 있을 때, 옷이 비에 젖어 있을 때, 발밑에 물이 있을 때이다.

07 아우트리거는 기중기 타이어의 바깥쪽에 다리를 빼내어 차대를 떠받쳐 작업할 때 안정성을 향상시키는 장치이다.

08 인양작업을 할 때에는 인양물의 중량을 항상 확인하도록 한다.

09 기중기 붐 길이는 붐의 톱 시브(활차) 중심에서 붐의 풋 핀 중심까지의 길이이다.

10 와이어로프의 점검사항은 킹크 발생 여부, 절단된 소선의 수, 공칭지름의 감소 등이다.

11 **와이어로프에 장력이 걸리면 일단 정지하여 점검해야 할 사항**
- 화물이 파손될 우려가 없는지 확인
- 장력이 걸리지 않는 와이어로프는 없는지 확인
- 와이어로프의 장력 배분이 맞는지 확인
- 화물이 심하게 흔들리지는 않는지 확인

12 주행 장치에 의한 분류에는 트럭 형식(트럭탑재 형식), 무한궤도(크롤러) 형식, 휠 형식(타이어 형식)이 있다.

13 환향(조향)장치는 진행방향을 바꾸는 장치이다.

14 기중기로 양중작업을 할 때에는 양중능력표, 작업계획서, 작업매뉴얼 등을 확인하여야 한다.

15 고리걸이 용구에는 와이어로프 끝에 훅을 부착한 것, 링을 부착한 것, 샤클을 부착한 것 등이 있다.

16 클램셸은 수직굴토 작업, 토사상차 및 하역작업을 하는 데 적합하다.

18 지브 붐은 붐 끝단에 전장을 연장하는 붐이다.

19 언덕길을 오를 때는 붐을 가능한 낮추어야 한다.

20 기중기의 작업 장치의 종류는 훅, 클램셸, 셔블, 드래그라인, 트렌치 호, 파일드라이브가 있다.

21 권과방지장치는 와이어로프가 지나치게 감지지 않도록 규정 위치를 지나면 경보가 울리는 장치, 즉 와이어로프를 많이 감아 인양물이나 훅이 붐의 끝단과 충돌하는 것을 방지하기 위한 안전장치이다.

23 파일드라이버를 연결하여 할 수 있는 작업은 기둥박기 작업이다.

24 기중기로 화물을 양중 운반할 때에는 붐 길이를 가능한 짧게 하고, 이동 방향과 붐의 방향을 일치시켜야 하며, 지면에서 가깝게 양중상태를 유지하며 이동한다.

25 신호수는 운전수 및 작업자가 잘 보이는 위치에서 신호를 하여야 하고, 무전기, 깃발, 호루라기 등으로 신호할 수 있으며, 작업내용을 명확하게 이해하여야 한다.

26 로드차트에 포함되어 있는 정보는 기중기 본체형식, 기중기 구성내용, 작업반경 등이다.

27 고속도로에서 건설기계의 최저속도는 50km/h이다.

28 총중량 2,000kg 미만인 자동차를 총중량이 그의 3배 이상인 자동차로 견인할 때의 속도는 매시 30km 이내이다.

29 가장 우선하는 신호는 경찰공무원의 수신호이다.

30 화재경보기로부터 3m 이내의 지점이 도로교통법상 주차 금지의 장소이다.

31 정기검사란 건설공사용 건설기계로서 3년의 범위에서 국토교통부령으로 정하는 검사유효기간이 끝난 후에 계속하여 운행하려는 경우에 실시하는 검사와 「대기환경보전법」 및 「소음·진동관리법」에 따른 운행차의 정기검사를 말한다.

32 **제1종 대형 운전면허로 조종할 수 있는 건설기계**
덤프트럭, 아스팔트 살포기, 노상 안정기, 콘크리트 믹서트럭, 콘크리트 펌프, 천공기(트럭적재식)

33 정비명령을 이행하지 아니한 자는 1년 이하의 징역 또는 1,000만 원 이하의 벌금이다.

34 검사·명령이행 기간 연장 불허통지를 받은 자는 정기검사 등의 신청기간 만료일부터 10일 이내에 검사 신청을 해야 한다.

35 건설기계형식이란 구조·규격 및 성능 등에 관하여 일정하게 정한 것이다.

36 건설기계 등록신청은 취득한 날로부터 2월 이내 소유자의 주소지 또는 건설기계 사용본거지를 관할하는 시·도지사에게 한다.

37 **피스톤이 고착되는 원인**
- 피스톤 간극이 적을 때
- 기관오일이 부족하였을 때
- 기관이 과열되었을 때
- 냉각수량이 부족할 때

38 자기진단기능이란 기관의 운전 상태를 감시하고 고장진단 할 수 있는 기능이다.

39 납산축전지 터미널(단자)에 녹이 발생하였으면 녹을 닦은 후 고정시키고 소량의 그리스를 상부에 바른다.

40 **윤활유의 구비조건**
- 점도지수가 클 것
- 인화점 및 자연발화점이 높을 것
- 강인한 오일 막(유막)을 형성할 것
- 응고점이 낮을 것
- 비중과 점도가 적당할 것
- 기포 발생 및 카본 생성에 대한 저항력(청정력)이 클 것

41 직류직권 전동기는 기동 회전력이 크고, 부하가 걸렸을 때에는 회전속도는 낮으나 회전력이 큰 장점이 있으나 회전속도의 변화가 큰 단점이 있다.

42 소음기나 배기관 내부에 많은 양의 카본이 부착되면 배압은 높아진다.

43 디젤기관 연소실은 단실식인 직접분사식과 복실식인 예연소실식, 와류실식, 공기실식 등으로 나누어진다.

44 물재킷은 실린더 헤드와 블록에 설치한 냉각수 순환통로이다.

45 발전기는 크랭크축에 의해 구동된다.

46 인젝터 간 연료분사량이 일정하지 않으면 연소 폭발음의 차이가 있으며 기관은 부조를 한다.

47 유압 액추에이터는 압력(유압)에너지를 직선운동이나 회전운동으로 바꾸는 장치이다.

48 방향제어밸브의 종류에는 스풀밸브, 체크밸브, 셔틀밸브 등이 있다.

49 압력제어밸브의 종류는 릴리프 밸브, 리듀싱(감압) 밸브, 시퀀스(순차) 밸브, 언로드(무부하) 밸브, 카운터 밸런스 밸브가 있다.

50 유압유의 점검사항은 점도, 내마멸성, 소포성, 윤활성이다.

52 피스톤형 유압펌프에서 회전경사판의 기능은 펌프의 용량 조정이다.

53 언로드 회로는 작업 중에 유압펌프 유량이 필요하지 않게 되었을 때 오일을 저압으로 탱크에 귀환시킨다.

54 유압모터를 선택할 때에는 동력, 부하, 효율 등을 고려하여야 한다.

55 **작동유가 갖추어야 할 조건**

- 압축성, 밀도, 열팽창계수가 작을 것
- 체적탄성계수 및 점도지수가 클 것
- 인화점 및 발화점이 높고 내열성이 클 것
- 화학적 안정성이 클 것, 즉 산화 안정성이 좋을 것
- 방청 및 방식성이 좋을 것
- 적절한 유동성과 점성을 갖고 있을 것
- 온도에 의한 점도 변화가 적을 것
- 소포성(기포분리성)이 클 것

56 스트레이너(strainer)는 유압펌프의 흡입관에 설치하는 여과기이다.

57 해머작업을 할 때에는 장갑을 껴서는 안 된다.

58 **소화기 사용방법**

- 안전핀 걸림 장치를 제거한다.
- 안전핀을 뽑는다.
- 노즐을 불이 있는 곳으로 향하게 한다.
- 손잡이를 움켜잡아 분사한다.

59 와이어로프나 매달기용 체인이 벗겨질 우려가 있으면 되도록 높이 인양해서는 안 된다.

60 작업 중 기계에 손이 끼어 들어가는 안전사고가 발생했을 경우에는 가장 먼저 기계의 전원을 끈다.

실전 모의고사 정답 및 해설

1	③	2	①	3	②	4	④	5	②	6	④	7	①	8	①	9	③	10	②
11	③	12	②	13	④	14	④	15	④	16	③	17	③	18	①	19	①	20	④
21	④	22	③	23	③	24	①	25	②	26	①	27	④	28	①	29	①	30	③
31	②	32	①	33	②	34	④	35	①	36	③	37	②	38	③	39	④	40	③
41	②	42	①	43	②	44	①	45	④	46	③	47	①	48	③	49	①	50	④
51	②	52	②	53	③	54	④	55	②	56	④	57	②	58	①	59	④	60	①

01 건설기계에 사용되는 유압장치는 파스칼의 원리를 이용한다.

02 전기기기에 의한 감전 사고를 막기 위해서는 접지설비를 하여야 한다.

03 유류화재에 물을 부어서는 안 된다.

04 소화 작업의 기본 요소
- 가연물질과 점화원을 제거하고 산소 공급을 차단한다.
- 가스밸브를 잠그고 전기스위치를 끈다.
- 전선에 물을 뿌릴 때는 송전 여부를 확인한다.
- 화재가 일어나면 화재경보를 한다.
- 카바이드 및 유류화재에는 물을 뿌려서는 안 된다.
- 점화원을 발화점 이하의 온도로 낮춘다.

05 밀폐된 공간에서 엔진을 가동할 때에는 배출가스 중독에 주의하여야 한다.

06 벨트를 교체할 때에는 기관의 가동을 정지시켜야 한다.

08 가스발생장치 작업장에서 지켜야 할 사항
- 가연성 재료의 사용 금지
- 화기의 사용 금지
- 인화성 물질 사용 금지
- 점화의 원인이 될 수 있는 기계 사용 금지

09 해머는 작게 시작하여 점차 큰 행정으로 작업한다.

10 전기 작업을 할 때 드라이버의 자루는 모두 절연된 것을 사용하여야 한다.

11 무거운 화물을 위로 달아 올릴 때 주의할 점
- 신호자의 신호에 따라 작업한다.
- 달아 올릴 화물의 무게를 파악하여 제한하중 이하에서 작업한다.
- 매달린 화물이 불안전하다고 생각될 때는 작업을 중지한다.

12 화물 인양작업을 할 때 와이어로프에 장력이 걸리면 일단 정지하여 장력의 배분은 맞는지 확인, 화물이 파손될 우려가 없는지 확인, 장력이 걸리지 않는 와이어로프는 없는지 확인한다.

13 드럼에 플리트(fleet) 각도를 두는 이유는 와이어로프가 엇갈려서 겹쳐 감기는 것을 방지하기 위함이며, 홈이 있는 경우 4° 이내, 홈이 없는 경우 2° 이내이다.

14 기중기
- 붐의 각과 기중능력은 비례한다.
- 붐의 길이와 운전반경은 비례한다.
- 상부회전체의 최대 회전각은 360°이다.

15 드래그 베일소켓(drag bail socket)을 페어리드(fair lead, 3개의 시브로 구성되어 있으며 던져졌던 와이어로프가 드럼에 잘 감기도록 안내해주는 장치) 쪽으로 당기지 않도록 한다.

17 붐 각도를 크게 하면 작업반경이 작아지며, 기중능력은 커진다.

18 과권방지장치는 와이어로프를 많이 감아 인양물이나 훅 블록이 붐의 끝단 시브와 충돌하는 것을 방지하기 위한 안전장치이다.

19 작업할 때 후방전도 위험상황은 붐의 기복각도가 큰 상태에서 기중기를 앞으로 이동할 때, 붐의 기복각도가 큰 상태에서 급가속으로 양중할 때, 양중물이 갑자기 해제하여 반력이 붐의 후방으로 발생할 때이다.

21 작업 브레이크는 외부수축 방식을 주로 사용하며, 이 브레이크는 케이블이 풀리지 않도록 하는 제동작용 및 와이어로프를 감을 때와 풀 때에는 제동이 풀리는 구조로 되어 있다.

22 기중기를 트레일러에 상차할 때에는 카운터웨이트를 탈착하여야 한다.

23 작업반경이란 선회장치의 회전중심을 지나는 수직선과 훅의 중심을 지나는 수직선 사이의 최단거리를 말한다.

24 해지장치는 와이어로프가 이탈되는 것을 방지하기 위해 훅에 설치된 안전장치이다.

25 셔블(shovel)은 기중기가 있는 장소보다 높은 곳의 굴착에 적합하다.

26 언덕길을 오를 때는 붐을 가능한 낮춘다.

27 심강의 역할은 충격 흡수, 마멸 방지, 부식 방지이다.

28 디젤해머로 파일항타 작업을 한다.

29 권상용(와이어로프를 말아 올려 물건을 들어 올리는 용도) 와이어로프, 지브의 기복용(높낮이와 각도를 조절하는 용도) 와이어로프 및 호이스트로프의 안전율은 4.5이다.

30 **아우트리거 설치 순서**
- 아우트리거 고정 핀을 뺀다.
- 모든 아우트리거 실린더를 확장한다.
- 모든 아우트리거 빔을 원하는 폭이 되도록 연장시킨다.
- 기중기가 수평이 되도록 정렬시킨다.

31 인젝터는 엔진 ECU의 신호에 의해 연료를 분사하는 출력요소이다.

32 피스톤링이 마모되거나 실린더 간극이 커지면 기관오일이 연소실로 올라와 연소하므로 오일의 소모가 증대되며 이때 배기가스 색이 회백색이 된다.

33 4행정 사이클 기관은 크랭크축이 2회전하고, 피스톤은 흡입 → 압축 → 폭발(동력) → 배기의 4행정을 하여 1사이클을 완성한다.

34 **연료여과기의 오버플로밸브 기능**
- 운전 중 연료계통의 공기를 배출한다.
- 연료공급펌프의 소음 발생을 방지한다.
- 연료여과기 엘리먼트를 보호한다.
- 연료압력의 지나친 상승을 방지한다.

35
- 라디에이터의 재료는 대부분 알루미늄 합금이 사용된다.
- 구비조건 : 단위면적당 방열량이 클 것, 가볍고 작으며 강도가 클 것, 냉각수 흐름저항이 적을 것, 공기 흐름저항이 적을 것

36 직접분사실식은 디젤기관의 연소실 중 연료소비율이 낮으며 연소압력이 가장 높다.

37 계자코일에 전기가 흐르면 계자철심은 전자석이 되며, 자력선을 형성한다.

38 교류발전기의 다이오드는 교류를 정류하고, 역류를 방지한다.

39 납산축전지 전해액은 증류수에 황산을 혼합한 묽은 황산이다.

40 실드형 예열플러그

- 보호금속튜브에 히트코일이 밀봉되어 있으며 병렬로 연결되어 있다.
- 히트코일이 가는 열선으로 되어 있어 예열플러그 자체의 저항이 크다.
- 발열량과 열용량이 크다.
- 예열플러그 하나가 단선되어도 나머지는 작동된다.

41 베이퍼록이 발생하는 원인

- 긴 내리막길에서 과도한 브레이크를 사용한 경우
- 지나친 브레이크 조작을 한 경우
- 브레이크 회로 내의 잔압이 저하한 경우
- 라이닝과 드럼의 간극과소로 끌림에 의한 가열이 발생한 경우
- 브레이크 오일의 변질에 의한 비등점이 저하한 경우
- 불량한 브레이크 오일을 사용한 경우

42 대형건설기계의 범위

- 길이가 16.7m를 초과하는 건설기계
- 너비가 2.5m를 초과하는 건설기계
- 높이가 4.0m를 초과하는 건설기계
- 최소회전반경이 12m를 초과하는 건설기계
- 총중량이 40톤을 초과하는 건설기계(다만, 굴착기, 로더 및 지게차는 운전중량이 40톤을 초과하는 경우)
- 총중량 상태에서 축하중이 10톤을 초과하는 건설기계(다만, 굴착기, 로더 및 지게차는 운전중량 상태에서 축하중이 10톤을 초과하는 경우)

43 건설기계의 구조변경을 할 수 없는 경우

- 건설기계의 기종 변경
- 육상작업용 건설기계의 규격을 증가시키기 위한 구조변경
- 육상작업용 건설기계의 적재함 용량을 증가시키기 위한 구조변경

44 건설기계의 조종 중 고의로 인명피해(사망, 중상, 경상 등)를 입힌 경우에는 면허가 취소된다.

45 건설기계 등록번호표에는 기종, 등록관청, 등록번호, 용도 등이 표시된다.

46 수시검사는 성능이 불량하거나 사고가 자주 발생하는 건설기계의 안전성 등을 점검하기 위하여 수시로 실시하는 검사와 건설기계 소유자의 신청을 받아 실시하는 검사이다.

47 임시운행 사유

- 등록신청을 하기 위하여 건설기계를 등록지로 운행하는 경우
- 신규등록검사 및 확인검사를 받기 위하여 건설기계를 검사장소로 운행하는 경우
- 수출을 하기 위하여 건설기계를 선적지로 운행하는 경우
- 신개발 건설기계를 시험·연구의 목적으로 운행하는 경우
- 수출을 하기 위하여 등록말소 한 건설기계를 점검·정비의 목적으로 운행하는 경우
- 판매 또는 전시를 위하여 건설기계를 일시적으로 운행하는 경우

48 서행하여야 할 장소

- 교통정리를 하고 있지 아니하는 교차로
- 도로가 구부러진 부근
- 비탈길의 고갯마루 부근
- 가파른 비탈길의 내리막
- 지방경찰청장이 안전표지로 지정한 곳

51 승차인원, 적재중량에 관하여 안전기준을 넘어서 운행하고자 하는 경우에는 출발지를 관할하는 경찰서장의 허가를 받아야 한다.

52 액추에이터의 속도 제어는 유량제어밸브의 역할이다.

53 유압펌프에서 소음이 발생하는 원인

- 유압유의 양이 부족하거나 공기가 들어 있을 때
- 유압유 점도가 너무 높을 때
- 스트레이너가 막혀 흡입용량이 작아졌을 때
- 유압펌프의 베어링이 마모되었을 때
- 유압펌프 흡입관 접합부로부터 공기가 유입될 때
- 유압펌프 축의 편심오차가 클 때
- 유압펌프의 회전속도가 너무 빠를 때

54 카운터밸런스 밸브는 유압실린더 등이 중력 및 자체중량에 의한 자유낙하를 방지하기 위해 배압을 유지한다.

56 유압모터의 종류에는 기어형, 베인형, 플런저형 등이 있다.

57 **O-링의 구비조건**

- 내압성과 내열성이 클 것
- 피로강도가 크고, 비중이 적을 것
- 탄성이 양호하고, 압축변형이 적을 것
- 정밀가공 면을 손상시키지 않을 것
- 설치하기가 쉬울 것

58 플렉시블 호스(flexible hose)는 내구성이 강하고 작동 및 움직임이 있는 곳에 사용하기 적합하다.

59 유압장치란 유체의 압력에너지를 이용하여 기계적인 일을 하도록 하는 것이다.

60 **유압유의 점도가 너무 낮을 경우**

- 유압펌프의 효율이 저하된다.
- 유압유의 누설이 증가한다.
- 유압 계통(회로) 내의 압력이 저하된다.
- 액추에이터의 작동 속도가 늦어진다.

부록

시험 직전에 보는

핵심 이론 요약

1 기중기 일반

1 기중기 구조

1 기중기의 주요 구조 부분

① 기중기는 무거운 화물의 적재 및 적하, 기중작업, 토사의 굴토 및 굴착작업, 수직굴토, 파일 드라이버(항타 및 항발작업) 등의 작업을 수행한다.

② 기중기의 종류에는 무한궤도형, 트럭탑재형, 휠(타이어)형 등이 있다.

③ 기중기는 작업 장치, 상부회전체, 하부주행장치로 구성되어 있다.

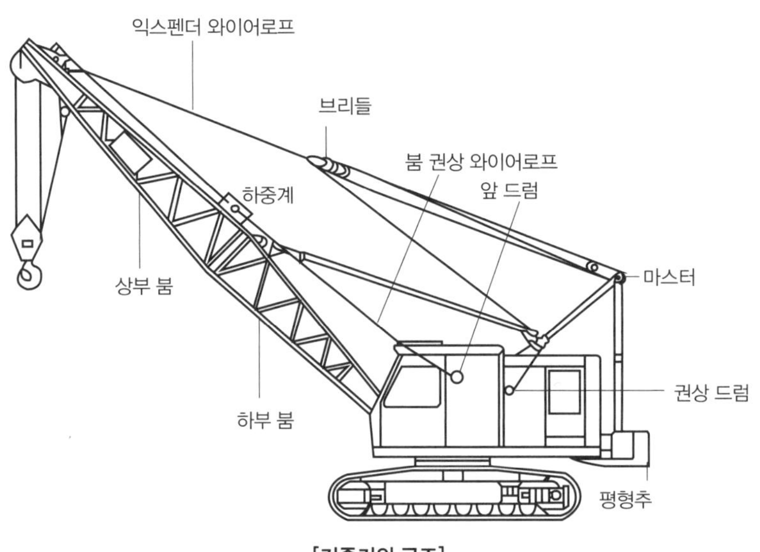

[기중기의 구조]

2 기중기 붐(crane boom)

① 붐은 철골구조의 상자형(box type)이나 유압으로 작동되는 텔레스코핑형(telescoping type)을 사용한다.

② 붐 길이는 붐의 톱(top) 시브(sheave, 활차, 도르래) 중심에서 붐의 풋 핀(foot pin) 중심까지의 길이로 표시한다.

③ 붐을 교환할 때에는 기중기를 이용하는 것이 가장 좋다.

3 작업(전부) 장치의 종류

기중기의 작업 장치의 종류에는 훅(hook), 클램셸(clamshell), 셔블(shovel), 드래그라인(dragline), 트렌치 호(trench hoe), 파일 드라이브(pile drive, 기둥박기, 항타 및 항발기) 등이 있다.

(1) 훅(hook)

훅은 일반적인 화물의 기중 작업용으로 사용한다.

훅 작업 시 안전수칙	• 붐 각도를 20° 이하로 하지 않는다. • 붐 각도를 78° 이상으로 하지 않는다. • 작업반경 내에는 사람의 접근을 방지한다. • 트럭탑재형 및 휠형(타이어형) 기중기는 작업할 때 반드시 아우트리거(outrigger)를 고인다.
점검과 관리 방법	• 입구의 벌어짐이 10% 이상 된 것은 교환한다. • 훅의 안전계수(절단하중과 안전하중과의 비율)는 5 이상이어야 한다. • 훅은 마모·균열 및 변형 등을 점검하여야 한다. • 훅의 마모는 와이어로프가 걸리는 곳에 2mm 이상의 홈이 생기면 그라인딩(연삭) 한다.

(2) 클램셀(clamshell)

① 클램셀은 수직굴토 작업 및 토사상차 작업에 주로 사용한다.

② 태그라인(tag line)은 와이어로프가 꼬이고, 버킷이 요동하는 것을 방지한다.

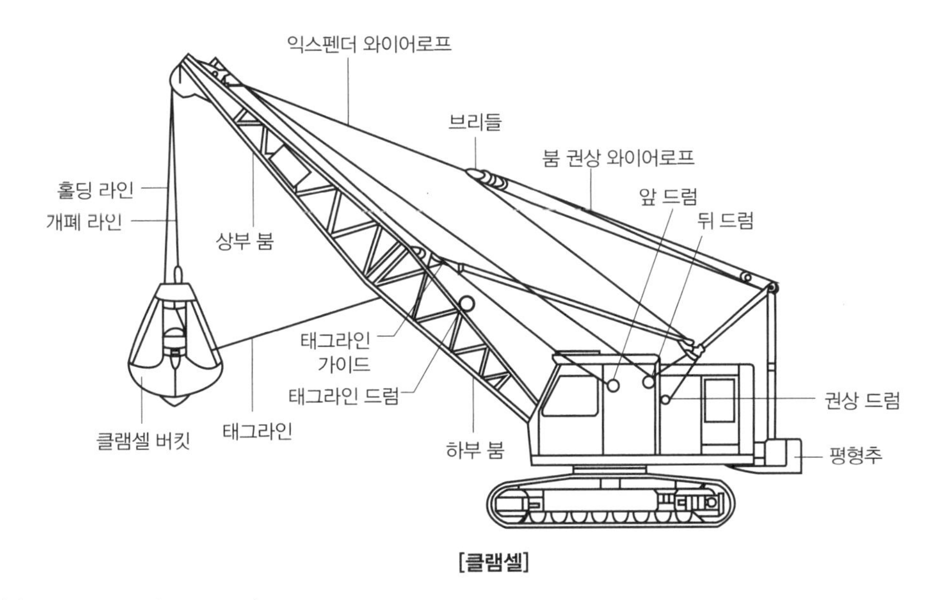

[클램셀]

(3) 드래그라인(dragline)

① 드래그라인은 수중굴착 작업이나 큰 작업반경을 요구하는 지대의 평면굴토 작업에서 사용한다.

② 페어리드(fair lead)는 드래그 로프가 드럼에 잘 감기도록 안내한다.

③ 드래그라인으로 작업 시 주의사항

- 도랑을 팔 때 경사면이 기중기 앞쪽에 위치하도록 한다.
- 굴착력을 높이기 위해 버킷 투스(bucket tooth)를 날카롭게 연마한다.
- 드래그 베일소켓(drag bail socket)을 페어리드 쪽으로 당기지 않도록 한다.
- 기중기 앞에 작업한 토사를 쌓아 놓지 않는다.

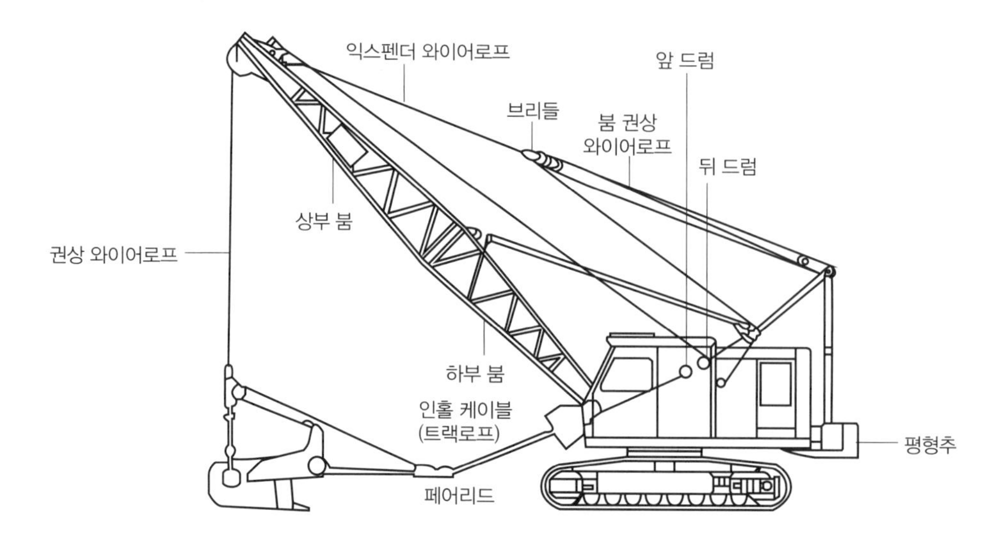

[드래그라인]

4 작업 클러치와 브레이크

(1) 작업 클러치(operating clutch)

확장방식(기계조작 방식, 유압조작 방식, 전자조작 방식)을 사용하며, 그 밖에 도그 클러치(dog clutch), 전자 클러치, 디스크 클러치 등이 있다.

(2) 작업 브레이크(operating brake)

외부수축 방식을 사용하며, 이 브레이크는 작업을 중지한 때에는 와이어로프가 풀리지 않도록 하고, 와이어로프를 감을 때와 풀 때에는 풀리는 구조이다.

5 안전장치

(1) 권과경보장치

와이어로프가 지나치게 감기지 않도록 규정 위치를 지나면 경보가 울리는 장치이다.

(2) 권상 과하중 방지장치(권과방지장치)

정격하중을 초과할 때 권상 와이어로프에 걸리는 장력에 따라 경보기가 자동으로 울리도록 하는 장치이다.

(3) 붐 전도 방지장치

기중작업을 할 때 권상 와이어로프가 절단되거나 험악한 지대를 주행할 때 붐에 전달되는 요동으로 붐이 기울어지는 것을 방지하는 장치이다.

(4) 붐(또는 지브) 기복 정지장치

붐 권상레버를 당겨 붐이 최대 제한각도에 도달하면 붐 뒤쪽에 있는 붐 기복 정지장치의 스톱볼트와 접촉되어 유압을 차단하거나 붐 권상레버를 중립으로 복귀시켜 붐 상승을 정지시키는 장치이다.

(5) 아우트리거(outrigger)

① 아우트리거는 기중기 바퀴의 바깥쪽에 다리를 빼내어 차대를 떠받쳐 작업할 때 안정성을 향상시키는 장치이다.

② 기중작업을 할 때 기중기를 안정시키며 평탄하고 단단한 지면에 설치하여야 하며, 빔을 완전히 펴서 바퀴가 지면에서 뜨도록 한다.
③ 유압방식은 레버를 한 개씩 조작하여야 한다.
④ 파일럿 체크밸브(pilot check valve)는 아우트리거를 작동시켜 기중기를 받치고 있는 동안에 호스나 파이프가 파손되어도 기중기가 기울어지지 않도록 안정성을 유지해준다.

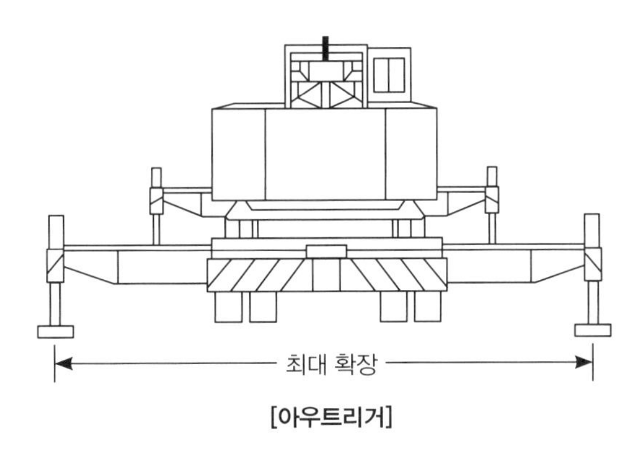

[아우트리거]

2 기중기 규격 파악

1 기중기 정격용량

① 임계하중 : 기중기가 화물을 들 수 있는 하중과 들 수 없는 하중의 임계점의 하중이다.
② 작업하중 : 화물을 들어 올려 안전하게 작업할 수 있는 하중이다.
③ 호칭하중 : 최대 작업하중이다.
④ 정격하중 : 권상(호이스팅)하중에서 훅, 크래브(crab) 또는 버킷(bucket) 등 달기기구의 중량에 상당하는 하중을 뺀 하중이다.

2 기중기 작업반경

(1) 작업반경(운전반경)

① 작업반경이란 선회장치의 회전중심을 지나는 수직선과 훅의 중심을 지나는 수직선 사이의 최단거리이다.
② 작업반경이 커지면 기중능력은 감소한다.
③ 기중작업을 할 때 화물이 무거우면 붐 길이는 짧게 하고 붐 각도는 올린다.

(2) 붐 각도(boom angle)

① 기중 작업을 할 때 66°30′이 가장 좋은 각도(최대 안전각도)이다.
② 붐의 최대 제한 각도는 78°이고, 최소 제한 각도는 20°이다.

2 기중기 점검 및 작업

1 기중기 점검 및 안전사항

1 작업 전 점검

① 연료·냉각수 및 엔진오일 보유량과 상태를 점검한다.
② 유압유의 유량과 상태를 점검한다.
③ 작업 장치 핀 부분의 니플에 그리스를 주유한다.
④ 타이어형 기중기는 타이어 공기압을 점검한다.
⑤ 각종 부품의 볼트나 너트의 풀림 여부를 점검한다.
⑥ 각종 오일 및 냉각수의 누출 부위는 없는지 점검한다.

2 작업 후 점검

① 각 부품의 변형 및 파손 유무, 볼트나 너트의 풀림 여부를 점검한다.
② 기중기 내·외부를 청소한다.
③ 연료를 보충한다.

3 안전장치 확인

붐 과권 한계(리밋)스위치 점검	한계스위치의 롤러를 손으로 밀고 컨트롤러상의 붐 각도 지시계가 적색으로 변하고 메시지 표시 창에 다음 메시지 중 어느 하나가 표시되는지 확인한다.
메인 훅 과권 한계스위치 점검	웨이트 인양 와이어로프를 위로 밀어 메시지 표시 창에 "훅 과권"이 표시되는지 확인하고 이 메시지가 사라지는 것을 확인하기 위해 와이어로프를 손으로 당긴다.
보조 훅 과권 한계스위치 점검	웨이트 인양 와이어로프를 위로 밀어 메시지 표시 창에 "훅 과권"이 표시되는지 확인하고 와이어로프를 손으로 당겨 이 메시지가 사라지는 것을 확인한다.
메인 훅 과권 한계스위치 점검	웨이트 인양 와이어로프를 위로 밀어 메시지 표시 창에 "훅 과권"이 표시되는지 확인하고 와이어로프를 손으로 당겨 이 메시지가 사라지는 것을 확인한다.

2 작업 환경 파악

1 작업장 주변 확인

① 작업안전 수칙에 따라 작업구역 주변의 장애물 유무를 확인하고, 최소 여유거리를 확보한다.
② 작업 시작 전에 작업장, 통로, 장애물의 유무, 다른 기중기의 설치상황 등을 반드시 육안으로 직접 확인한다.
③ 작업 중에는 항상 주위의 상황 변화에 주의한다.

2 지반상태 확인

① 구조물의 근접지역은 지하공사 완료 후 건물 주변을 되메우기(back fill) 하기 때문에 지반이 견고하지 못한 경우가 많다.

② 기중기를 정치할 때에는 건축물이나 구조물에서 일정거리를 떨어져야 지반의 안정성을 확보할 수 있다.

③ 경사지반이나 트렌치(trench, 건물의 배선·배관·벨트 컨베이어 따위를 바닥을 파서 설치한 도랑 모양의 콘크리트 구조물) 주변 및 지장물체를 확인하여 피해가 발생하지 않도록 철저히 검토하여 보강대책을 강구하여야 한다.

3 중량물 확인

정육면체	길이×넓이×높이×단위중량
실린더	3.14(π)×반지름×반지름×길이×단위중량
원판	3.14(π)×반지름×반지름×길이×단위중량
원뿔	$3.14\times\frac{지름\times지름}{4}\times\frac{높이}{3}\times$단위중량
파이프	3.14(π)×지름×길이×두께×단위중량

4 줄걸이 결속 확인

① 줄걸이 도구, 줄걸이 방법은 화물의 형상에 적합한지 점검한다.

② 화물의 중량, 중심위치 판단이 올바른지 점검한다.

③ 훅은 중량중심과 수직선상에 일치하는지 점검한다.

④ 줄걸이의 안전하중은 적절하게 적용하였는지 점검한다.

3 인양작업

1 인상준비 및 인상작업

① 기중할 무게, 줄걸이 용구 등을 포함하여 정격 총하중을 확인한다.

② 작업반경과 인양높이 주변 장애물을 확인한다.

③ 붐, 지브는 가능한 범위 내에서 짧게 해야 선회할 때 동력손실과 흔들림이 적어 비교적 안전하다.

④ 기중기의 조종석 옆에는 정격 총하중표가 붙어 있어야 하며, 조종사는 수시로 제원표를 확인한다.

⑤ 평형추(카운터 웨이트)는 규정 이상 달지 말아야 하며, 권상로프 수는 화물의 중량에 적합하게 조립한다.

2 인상작업

① 지정된 신호수의 신호에 따라서 기중한다.

② 조종 중 안전장치나 모니터링 장치를 통하여 과다하중이 작용하는지 수시로 확인한다.

③ 2대의 기중기로 동시에 1개의 화물을 인양할 경우에는 전문가의 검토를 수행하고 다음 사항을 준수하는 게 좋다.

- 동일 규격의 기중기를 선정하고 충분한 기중여유를 가진다.
- 보조 신호수가 있다고 하여도 한 사람의 신호를 따른다.
- 사전에 도면을 충분히 검토하여 입면도, 평면도를 작도하여 작업 가능성을 검토한다.
- 줄걸이 방법을 적절하게 선정한다.

④ 화물을 기중한 상태에서 이동하면 위험하므로 가급적 피하는 게 좋다. 필요한 경우에는 다음 사항을 준수한다.

- 연약지반이나 고르지 못한 장소는 피하고, 단단하고 평탄한 지면을 선택한다.
- 화물은 가능한 낮추어 요동이 없도록 한다.
- 주행은 될 수 있는 한 저속으로 한다.
- 타이어형 기중기는 모델별 사용설명서에서 정한 타이어의 공기압 기준, 평탄도, 붐 및 지브 장착기준 등을 준수한다.

3 인하준비 및 인하작업

① 화물을 내려놓기 전에는 일단 정지하고 흔들림 상태와 받침목 위치를 확인한다.
② 신호수와 작업자는 안전한 위치에서 작업을 수행한다.
③ 화물을 내려놓을 때는 와이어로프가 인장력을 받고 있는 상태에서 묶임 상태, 위치 등 안전을 확인 후 내려놓는다.
④ 둥근 화물은 쐐기 등을 사용하여 고정한다.
⑤ 혹은 가능한 낮은 위치에서 해지한다.
⑥ 지름이 큰 와이어로프는 회전하거나 흔들림이 심하므로 주의한다.
⑦ 기중기로 와이어로프를 잡아당겨 빼지 말아야 한다.

4 주행, 선회작업

주행작업	• 전진 주행은 프런트 아이들러 쪽으로 주행하는 것이고, 후진 주행은 주행 모터(또는 스프로킷) 쪽으로 주행하는 것이다. • 조종실 위치가 주행 모터(또는 스프로킷) 쪽일 때 주행 작동이 반대가 됨에 주의하여야 한다. • 좌측 및 우측주행 제어레버를 사용하여 주행전진, 주행후진, 피벗회전, 제자리 회전 및 큰 반경회전 등이 가능하다.
선회작업	• 선회 록 핀 및 선회 브레이크를 해제한다. • 선회 제어레버를 후방으로 당기면 상부 회전체가 오른쪽으로 회전한다. • 선회 제어레버를 전방으로 당기면 상부 회전체가 왼쪽으로 회전한다.

4 줄걸이 및 신호체계

1 와이어로프(wire rope)

(1) 와이어로프의 구성

와이어로프는 탄소강의 경강 선재인 소선과 이것을 꼬아서 만든 스트랜드(strand, 가닥)를 심강이나 중심선을 넣고 꼬아서 만든 것이다. 표시방법의 순서는 명칭 → 구성 → 기호 → 꼬임 방법 → 종류 → 와이어로프 지름이다.

(2) 와이어로프 꼬임 방법

① 보통 꼬임(original lay) : 소선과 스트랜드의 꼬임 방향이 서로 반대인 것이며, 수명은 짧으나 킹크(kink) 발생이 적다.

② 랭 꼬임(lang lay) : 소선과 스트랜드의 꼬임 방향이 같은 것이며, 접촉면이 길고 킹크 발생이 크나 수명이 길다.

③ S 꼬임 : 스트랜드를 왼쪽으로 꼰 것이다.

④ Z 꼬임 : 스트랜드를 오른쪽으로 꼰 것이다.

보통 Z꼬임

보통 S꼬임

랭 Z꼬임

랭 S꼬임

[와이어로프의 꼬임 방법]

(3) 와이어로프 교체 시기

① 와이어로프에 킹크(kink)가 발생한 경우

② 와이어로프의 마모로 지름의 감소가 공칭지름의 7% 이상인 경우

③ 와이어로프의 한 꼬임(스트랜드) 사이에서 소선수의 10% 이상 소선이 절단된 경우

④ 와이어로프가 심하게 부식되었거나 변형된 경우

(4) 와이어로프의 마모가 심한 원인

① 와이어로프의 급유가 부족하다.

② 활차(시브) 베어링의 급유가 부족하다.

③ 고열의 화물을 걸고 장시간 작업하였다.

④ 활차의 지름이 적다.

⑤ 와이어로프와 활차의 접촉면이 불량하다.

2 체인(chain)

(1) 체인의 개요

① 체인은 고열물이나 수중작업을 할 때 와이어로프 대용으로 사용한다.

② 체인의 종류에는 링크 체인(link chain)과 롤러 체인(roller chain)이 있다.

(2) 체인의 교환기준

① 안전계수가 5 이상인 것

② 지름의 감소가 공칭지름의 10%를 넘지 않은 것

③ 변형 및 균열이 없는 것

④ 늘어남이 제조 당시 길이의 5%를 넘지 않은 것(임의의 5링의 길이)

3 섀클(shackle)

섀클(샤클)은 와이어로프와 훅 또는 체인의 고리 등과의 접속용으로 사용되며, 줄걸이용이나 체인에는 핀의 발이 짧은 것이 유리하다.

4 슬링(sling)

슬링은 레일(rail), 파이프(pipe), 빔(beam) 등과 같이 무겁고 긴 화물을 대량으로 운반할 때 사용하며, 팔레트(pallet), 스프레더(spreader), 그물(net) 등의 보조기구로 사용한다.

5 줄걸이 작업 방법

① 눈 걸이 : 모든 줄걸이작업은 눈 걸이를 원칙으로 한다.
② 반 걸이 : 미끄러지기 쉬우므로 가장 위험하다.
③ 어깨걸이 : 16mm 이상의 굵은 와이어로프일 때 사용한다.
④ 짝감기 걸이 : 14mm 이하의 가는 와이어로프일 때 사용한다.
⑤ 어깨걸이 나머지 돌림 : 4가닥 줄걸이로서 꺾어 돌림 할 때(와이어로프가 굵을 때) 사용한다.
⑥ 짝감아 걸이 : 4가닥 줄걸이로서 꺾어 돌림 할 때(와이어로프가 가늘 때) 사용한다.

6 신호체계 확인

① 신호수단으로 무전기를 이용하며 보조수단으로 호루라기나 손으로 병행한다.
② 무전기로 신호를 전달할 때에는 간단명료하게 전달한다.
③ 비상의 경우를 고려하여 적절한 안전 동작을 취할 수 있도록 한다.
④ 조종사에 대한 신호는 정해진 한 사람의 신호수가 한다.
⑤ 신호수는 줄걸이 작업에도 능숙해야 하며 기중기의 정격하중, 행동반경, 운전성능 등을 알고 있어야 한다.
⑥ 줄걸이 작업이 안전하게 끝난 것을 확인하고 권상신호를 한다.
⑦ 신호수는 조종자와 작업자가 잘 볼 수 있도록 야광조끼를 착용하고 신호를 한다.

7 신호방법 확인

(1) 수신호

① 손의 모양과 움직임으로 의사를 전달하는 신호이며, 조종사가 잘 보이는 가까운 거리에서 신호를 하여야 한다.
② 소음이 심한 공장 내에서 적합한 신호방법이다.

(2) 호루라기(호각) 신호

① 호루라기 소리의 길고 짧음, 높고 낮음으로 의사를 전달하는 신호이다.
② 호루라기 신호는 수신호와 병행하여 사용하면 효과적이다.

(3) 무전기 신호

① 무선장비를 이용하여 음성으로 직접 의사를 전달하는 신호이다.
② 조종사가 보이지 않는 먼 거리 또는 사각지대에서의 신호에 적합하다.

(4) 깃발 신호

수신호와 호루라기만으로 상호의사 소통이 힘들 때 깃발을 사용하면 시각적으로 돋보이기 때문에 신호 구분이 명확해질 수 있어 편리하다.

3 안전관리

1 안전보호구 착용 및 안전장치 확인

1 안전보호구의 구비조건

① 착용이 간단하고 착용 후 작업하기 쉬울 것
② 유해, 위험요소로부터 보호성능이 충분할 것
③ 품질과 끝마무리가 양호할 것
④ 외관 및 디자인이 양호할 것

2 안전보호구 선택 시 주의사항

① 사용 목적에 적합하고, 품질이 좋을 것
② 사용하기가 쉬워야 하고, 관리하기 편할 것
③ 작업자에게 잘 맞을 것

3 안전보호구의 종류

작업장에서 안전모, 작업화, 작업복을 착용하도록 하는 이유는 작업자의 안전을 위함이다.

(1) 안전모(safety cap)

안전모는 작업자가 작업할 때 비래하는 물건이나 낙하하는 물건에 의한 위험성으로부터 머리를 보호한다.

(2) 안전화(safety shoe)

① 경작업용 : 금속선별, 전기제품조립, 화학제품 선별, 식품가공업 등 경량의 물체를 취급하는 작업장용이다.
② 보통작업용 : 기계공업, 금속가공업 등 공구부품을 손으로 취급하는 작업 및 차량 사업장, 기계 등을 조작하는 일반작업장용이다.
③ 중작업용 : 광산에서 채광, 철강업에서 원료 취급, 강재 운반 등 중량물 운반 작업 및 중량이 큰 물체를 취급하는 작업상용이다.

(3) 안전작업복(safety working clothes)

① 작업에 따라 보호구 및 그 밖의 물건을 착용할 수 있을 것
② 소매나 바지자락이 조일 수 있을 것
③ 화기사용 직장에서는 방염성, 불연성일 것
④ 작업복은 몸에 맞고 동작이 편할 것
⑤ 상의의 끝이나 바지자락 등이 기계에 말려 들어갈 위험이 없을 것
⑥ 옷소매는 되도록 폭이 좁게 된 것이나, 단추가 달린 것은 피할 것

(4) 보안경

보안경은 날아오는 물체로부터 눈을 보호하고 유해광선에 의한 시력장해를 방지하기 위해 사용한다.

4 안전대

안전대는 신체를 지지하는 요소와 구조물 등 걸이설비에 연결하는 요소로 구성된다. 안전대의 용도의 용도는 작업 제한, 작업 자세 유지, 추락 억제이다.

5 사다리식 통로

① 견고한 구조로 만들고, 심한 손상, 부식 등이 없는 재료를 사용할 것
② 발판의 간격은 일정하게 만들고, 발판 폭은 30cm 이상으로 만들 것
③ 사다리가 넘어지거나 미끄러지는 것을 방지하기 위한 조치를 할 것
④ 발판과 벽과의 사이는 15cm 이상의 간격을 유지할 것
⑤ 사다리의 상단(끝)은 걸쳐놓은 지점으로부터 60cm 이상 올라가도록 할 것
⑥ 사다리식 통로의 길이가 10m 이상인 경우에는 5m 이내마다 계단참을 설치할 것
⑦ 사다리식 통로는 90°까지 설치할 수 있다. 다만, 고정식이면서 75°를 넘고, 사다리 높이가 7m를 넘으면 바닥으로 높이 2m 지점부터 등받이가 있어야 한다.

6 방호장치

격리형 방호장치	작업점 외에 직접 사람이 접촉하여 말려들거나 다칠 위험이 있는 장소를 덮어씌우는 방호장치 방법이다.
덮개형 방호조치	V-벨트나 평 벨트, 기어가 회전하면서 접선방향으로 물려 들어가는 장소에 많이 설치한다.
접근 반응형 방호장치	작업자의 신체부위가 위험한계 또는 그 인접한 거리로 들어오면 이를 감지하여 그 즉시 동작하던 기계를 정지시키거나 스위치가 꺼지도록 하는 방호법이다.

2 위험요소 확인

1 안전표시

① 금지표지 : 바탕은 흰색, 기본모형은 빨간색, 관련부호 및 그림은 검정색이다.
② 경고표지 : 노란색 바탕에 기본모형은 검은색, 관련부호와 그림은 검정색이다.
③ 지시표지 : 청색 원형바탕에 백색으로 보호구사용을 지시한다.
④ 안내표지 : 바탕은 흰색, 기본모형 관련부호 및 그림은 녹색 또는 바탕은 녹색, 기본모형 관련부호 및 그림은 흰색이다.

2 안전수칙

① 안전보호구 지급 착용
② 안전보건표지 부착
③ 안전보건교육 실시
④ 안전작업 절차 준수

구분								
금지표지	출입 금지	보행 금지	차량 통행 금지	사용 금지	탑승 금지	금연	화기 금지	물체 이동 금지
경고표지	인화성물질 경고	산화성물질 경고	폭발성물질 경고	급성독성물질 경고	부식성물질 경고	방사성물질 경고	고압 전기 경고	매달린 물체 경고
	낙하물 경고	고온 경고	저온 경고	몸균형 상실 경고	레이저 광선 경고	발암성·변이원성·생식독성·전신독성·호흡기과민성물질경고		위험 장소 경고
지시표지	보안경 착용	방독마스크 착용	방진마스크 착용	보안면 착용	안전모 착용	귀마개 착용	안전화 착용	안전장갑 착용
	안전복 착용							
안내표지	녹십자	응급구호	들것	세안장치	비상용기구	비상구	좌측 비상구	우측 비상구

관계자외 출입금지	허가대상물질 작업장	석면 취급/해체 작업 중	금지대상물질의 취급 실험실 등
	관계자외 출입 금지 (허가물질 명칭) 제조/사용/보관 중 보호구/보호복 착용 흡연 및 음식물 섭취 금지	관계자외 출입 금지 석면 취급/해체 중 보호구/보호복 착용 흡연 및 음식물 섭취 금지	관계자외 출입 금지 발암물질 취급 중 보호구/보호복 착용 흡연 및 음식물 섭취 금지

문자 추가 시 예시문	화기엄금	
		• 내 자신의 건강과 복지를 위하여 안전을 늘 생각한다. • 내 가정의 행복과 화목을 위하여 안전을 늘 생각한다. • 내 자신의 실수로써 동료를 해치지 않도록 안전을 늘 생각한다. • 내 자신이 일으킨 사고로 인한 회사의 재산과 손실을 방지하기 위하여 안전을 늘 생각한다. • 내 자신의 방심과 불안전한 행동이 조국의 번영에 장애가 되지 않도록 하기 위하여 안전을 늘 생각한다.

3 위험요소

(1) 화물의 낙하재해 예방

① 화물의 적재상태를 확인한다.
② 허용하중을 초과한 적재를 금지한다.
③ 마모가 심한 타이어를 교체한다.
④ 무자격자는 운전을 금지한다.
⑤ 작업장 바닥의 요철을 확인한다.

(2) 협착 및 충돌재해 예방

① 전용통로를 확보한다.
② 운행구간별 제한속도 지정 및 표지판을 부착한다.
③ 교차로 등 사각지대에 반사경을 설치한다.
④ 불안전한 화물적재 금지 및 시야를 확보하도록 적재한다.
⑤ 경사진 노면에 기중기를 방치하지 않는다.

3 안전작업

1 기중기 사용설명서 파악

① 형식 : 각 제조사별로 부여된 기중기의 고유번호
② 중량 : 기중기 자체중량과 운전상태의 중량 표시
③ 치수 : 기중기의 길이, 폭, 축간거리, 바퀴의 폭 표시
④ 성능 : 주행속도, 최소회전반경, 등판능력 등 표시
⑤ 기관 : 기관의 형식, 출력 표시
⑥ 장치 : 주행 장치, 조향장치 등의 장치 표시
⑦ 용량 : 탱크용량 표시

2 작업안전 및 기타 안전사항

① 하중을 지면에서 서서히 20cm 정도 들어보고 안전하다고 판단되면 권상을 시작한다. 작업을 할 때 붐의 안전각도는 68°~78° 이내로 유지한다.
② 작업을 할 때에는 반드시 아우트리거를 사용하여 기중기를 항상 수평으로 유지한다.
③ 신호는 자격이 있는 사람 중에서 한 사람의 신호만을 따라야 한다.
④ 작업할 때 운전석에는 조종사만 탑승한다.
⑤ 작업할 때 신호수와 교신이 불분명할 때는 작업을 중지한다.
⑥ 인양작업을 할 때 가능한 한 붐의 길이는 짧게 한다.
⑦ 고압선 주위에서 작업할 때는 3m 이상 거리를 두고 작업한다. 다만, 비가 올 때에는 작업을 금지한다.
⑧ 권상 와이어로프가 시브 롤러에서 벗겨진 채로 인양 작업하는 것을 금한다.

4 장비안전관리

1 장비 상태 확인

① 엔진오일량 및 누설 점검하기
② 냉각수량 및 누설 점검하기
③ 유압유의 양 및 누설 점검하기
④ 동력전달장치 점검하기
⑤ 전기장치 점검하기
⑥ 훅, 섀클 및 활차(시브) 확인하기
⑦ 작업관련장치 확인하기
⑧ 무한궤도(트랙) 장력 확인하기
⑨ 주행 작동, 선회작동 및 붐 작동 확인하기
⑩ 기중기 안전장치 확인하기

2 수공구 안전사항

(1) 수공구 사용 시 주의사항

① 수공구를 사용하기 전에 이상 유무를 확인한다.
② 작업자는 필요한 보호구를 착용한다.
③ 용도 이외의 수공구는 사용하지 않는다.
④ 공구를 던져서 전달해서는 안 된다.

(2) 렌치 사용 시 주의사항

① 볼트 및 너트에 맞는 것을 사용, 즉 볼트 및 너트 머리 크기와 같은 조(jaw)의 렌치를 사용한다.
② 볼트 및 너트에 렌치를 깊이 물린다.
③ 렌치를 몸 안쪽으로 잡아 당겨 움직이도록 한다.
④ 힘의 전달을 크게 하기 위하여 파이프 등을 끼워서 사용해서는 안 된다.

(3) 토크렌치(torque wrench) 사용 방법

① 볼트·너트 등을 조일 때 조이는 힘을 측정하기(조임력을 규정값에 정확히 맞도록) 위하여 사용한다.
② 오른손은 렌치 끝을 잡고 돌리며, 왼손은 지지점을 누르고 눈은 게이지 눈금을 확인한다.

(4) 드라이버(driver) 사용 시 주의사항

① 스크루 드라이버의 크기는 손잡이를 제외한 길이로 표시한다.
② 날 끝의 홈의 폭과 길이가 같은 것을 사용한다.
③ 작은 크기의 부품이라도 경우 바이스(vise)에 고정시키고 작업한다.
④ 전기 작업을 할 때에는 절연된 손잡이를 사용한다.

(5) 해머작업 시 주의사항

① 해머로 녹슨 것을 때릴 때에는 반드시 보안경을 쓴다.
② 기름이 묻은 손이나 장갑을 끼고 작업하지 않는다.
③ 해머는 작게 시작하여 차차 큰 행정으로 작업한다.
④ 타격면은 평탄하고, 손잡이는 튼튼한 것을 사용한다.

3 드릴작업 시 안전대책

① 구멍을 거의 뚫었을 때 일감 자체가 회전하기 쉽다.
② 드릴의 탈·부착은 회전이 멈춘 다음 행한다.
③ 공작물은 단단히 고정시켜 따라 돌지 않게 한다.
④ 드릴 끝의 가공물을 관통 여부를 손으로 확인해서는 안 된다.
⑤ 드릴작업은 장갑을 끼고 작업해서는 안 된다.
⑥ 작업 중 쇳가루를 입으로 불어서는 안 된다.
⑦ 드릴작업을 하고자 할 때 재료 밑의 받침은 나무판을 이용한다.

4 그라인더(연삭숫돌) 작업 시 주의사항

① 숫돌차와 받침대 사이의 표준간격은 2~3mm 정도가 좋다.
② 반드시 보호안경을 착용하여야 한다.
③ 안전커버를 떼고서 작업해서는 안 된다.
④ 숫돌작업은 측면에 서서 숫돌의 정면을 이용하여 연삭한다.

1 건설기계관리법

1 건설기계관리법의 목적

건설기계의 등록·검사·형식승인 및 건설기계사업과 건설기계조종사 면허 등에 관한 사항을 정하여 건설기계를 효율적으로 관리하고 건설기계의 안전도를 확보하여 건설공사의 기계화를 촉진함을 목적으로 한다.

2 건설기계의 신규 등록

(1) 건설기계 등록 시 필요한 서류

① 건설기계의 출처를 증명하는 서류(건설기계 제작증, 수입면장, 매수증서)
② 건설기계의 소유자임을 증명하는 서류
③ 건설기계 제원표
④ 자동차손해배상보장법에 따른 보험 또는 공제의 가입을 증명하는 서류

(2) 건설기계 등록신청

① 건설기계를 등록하려는 건설기계의 소유자는 건설기계소유자의 주소지 또는 건설기계의 사용본거지를 관할하는 특별시장·광역시장·도지사 또는 특별자치도지사(이하 "시·도지사")에게 제출하여야 한다.
② 건설기계등록신청은 건설기계를 취득한 날(판매를 목적으로 수입된 건설기계의 경우에는 판매한 날)부터 2월 이내에 하여야 한다. 다만, 전시·사변 기타 이에 준하는 국가비상사태하에 있어서는 5일 이내에 신청하여야 한다.

3 등록번호표

(1) 등록번호표에 표시되는 사항

기종, 등록관청, 등록번호, 용도 등이 표시된다.

(2) 번호표의 색상

① 비사업용(관용 또는 자가용) : 흰색 바탕에 검은색 문자
② 대여사업용 : 주황색 바탕에 검은색 문자
③ 임시운행 번호표 : 흰색 페인트 판에 검은색 문자

(3) 건설기계 등록번호

① 관용 : 0001~0999
② 자가용 : 1000~5999
③ 대여사업용 : 6000~9999

4 미등록 건설기계의 임시운행사유

① 등록신청을 하기 위하여 건설기계를 등록지로 운행하는 경우
② 신규등록검사 및 확인검사를 받기 위하여 건설기계를 검사장소로 운행하는 경우
③ 수출을 하기 위하여 건설기계를 선적지로 운행하는 경우
④ 수출을 하기 위하여 등록말소한 건설기계를 점검·정비의 목적으로 운행하는 경우
⑤ 신개발 건설기계를 시험·연구의 목적으로 운행하는 경우
⑥ 판매 또는 전시를 위하여 건설기계를 일시적으로 운행하는 경우

5 건설기계 검사

(1) 건설기계 검사의 종류

① 신규등록검사 : 건설기계를 신규로 등록할 때 실시하는 검사이다.
② 정기검사 : 건설공사용 건설기계로서 3년의 범위에서 국토교통부령으로 정하는 검사유효기간이 끝난 후에 계속하여 운행하려는 경우에 실시하는 검사와 대기환경보전법 및 소음·진동관리법에 따른 운행차의 정기검사이다.
③ 구조변경 검사 : 건설기계의 주요 구조를 변경 또는 개조한 때 실시하는 검사이다.
④ 수시검사 : 성능이 불량하거나 사고가 자주 발생하는 건설기계의 안전성 등을 점검하기 위하여 수시로 실시하는 검사와 건설기계 소유자의 신청을 받아 실시하는 검사이다.

(2) 정기검사 신청기간 및 검사기간 산정

① 정기검사를 받고자 하는 자는 검사유효기간 만료일 전후 각각 31일 이내에 신청한다.
② 유효기간의 산정은 정기검사신청기간까지 정기검사를 신청한 경우에는 종전 검사유효기간 만료일의 다음 날부터, 그 외의 경우에는 검사를 받은 날의 다음 날부터 기산한다.

(3) 검사소에서 검사를 받아야 하는 건설기계

덤프트럭, 콘크리트믹서트럭, 콘크리트펌프(트럭적재식), 아스팔트살포기, 트럭지게차(국토교통부장관이 정하는 특수건설기계인 트럭지게차)

(4) 당해 건설기계가 위치한 장소에서 검사(출장검사)하는 경우

① 도서지역에 있는 경우

② 자체중량이 40톤을 초과하거나 축중이 10톤을 초과하는 경우
③ 너비가 2.5m를 초과하는 경우
④ 최고속도가 시간당 35km 미만인 경우

(5) 정비명령

정기검사에서 불합격한 건설기계로서 재검사를 신청하는 건설기계의 소유자에 대해서는 적용하지 않는다. 다만, 재검사기간 내에 검사를 받지 않거나 재검사에 불합격한 건설기계에 대해서는 31일 이내의 기간을 정하여 해당 건설기계의 소유자에게 정비명령을 할 수 있다.

6 건설기계의 구조변경을 할 수 없는 경우

① 건설기계의 기종변경
② 육상작업용 건설기계의 규격을 증가시키기 위한 구조변경
③ 육상작업용 건설기계의 적재함 용량을 증가시키기 위한 구조변경

7 건설기계조종사 면허의 결격사유

① 18세 미만인 사람
② 건설기계 조종상의 위험과 장해를 일으킬 수 있는 정신질환자 또는 뇌전증환자로서 국토교통부령으로 정하는 사람
③ 앞을 보지 못하는 사람, 듣지 못하는 사람, 그 밖에 국토교통부령으로 정하는 장애인
④ 건설기계 조종상의 위험과 장해를 일으킬 수 있는 마약·대마·향정신성의약품 또는 알코올중독자로서 국토교통부령으로 정하는 사람
⑤ 건설기계조종사면허가 취소된 날부터 1년이 지나지 아니하였거나 건설기계조종사면허의 효력정지처분 기간 중에 있는 사람
⑥ 거짓이나 그 밖의 부정한 방법으로 건설기계조종사면허를 받은 경우와 건설기계조종사면허의 효력정지기간 중 건설기계를 조종한 경우의 사유로 취소된 경우에는 2년이 지나지 아니한 사람

8 자동차 제1종 대형면허로 조종할 수 있는 건설기계

덤프트럭, 아스팔트살포기, 노상안정기, 콘크리트믹서트럭, 콘크리트펌프, 천공기(트럭적재식을 말함), 특수건설기계 중 국토교통부장관이 지정하는 건설기계이다.

9 건설기계조종사 면허를 반납하여야 하는 사유

① 건설기계 면허가 취소된 때
② 건설기계 면허의 효력이 정지된 때
③ 면허증의 재교부를 받은 후 잃어버린 면허증을 발견한 때

10 건설기계 면허 적성검사 기준

① 두 눈을 동시에 뜨고 잰 시력이 0.7 이상일 것(교정시력을 포함)
② 두 눈의 시력이 각각 0.3 이상일 것(교정시력을 포함)
③ 55데시벨(보청기를 사용하는 사람은 40데시벨)의 소리를 들을 수 있고, 언어 분별력이 80% 이상일 것
④ 시각은 150도 이상일 것
⑤ 마약·알코올 중독의 사유에 해당되지 아니할 것

11 건설기계조종사 면허취소 사유

(1) 면허취소 사유

① 거짓이나 그 밖의 부정한 방법으로 건설기계조종사면허를 받은 경우
② 건설기계조종사면허의 효력정지기간 중 건설기계를 조종한 경우
③ 건설기계 조종상의 위험과 장해를 일으킬 수 있는 정신질환자 또는 뇌전증환자로서 국토교통부령으로 정하는 사람
④ 앞을 보지 못하는 사람, 듣지 못하는 사람, 그 밖에 국토교통부령으로 정하는 장애인
⑤ 건설기계 조종상의 위험과 장해를 일으킬 수 있는 마약·대마·향정신성의약품 또는 알코올중독자로서 국토교통부령으로 정하는 사람
⑥ 고의로 인명피해(사망, 중상, 경상 등)를 입힌 경우
⑦ 건설기계조종사면허증을 다른 사람에게 빌려준 경우
⑧ 술에 만취한 상태(혈중 알코올농도 0.08% 이상)에서 건설기계를 조종한 경우
⑨ 술에 취한 상태에서 건설기계를 조종하다가 사고로 사람을 죽게 하거나 다치게 한 경우
⑩ 2회 이상 술에 취한 상태에서 건설기계를 조종하여 면허효력정지를 받은 사실이 있는 사람이 다시 술에 취한 상태에서 건설기계를 조종한 경우
⑪ 약물(마약, 대마, 향정신성 의약품 및 환각물질)을 투여한 상태에서 건설기계를 조종한 경우
⑫ 정기적성검사를 받지 않거나 적성검사에 불합격한 경우

(2) 면허정지기간

인명 피해를 입힌 경우	• 사망 1명마다 면허효력정지 45일 • 중상 1명마다 면허효력정지 15일 • 경상 1명마다 면허효력정지 5일
재산 피해를 입힌 경우	피해금액 50만 원마다 면허효력정지 1일 (90일을 넘지 못함)
건설기계 조종 중에 고의 또는 과실로 가스공급시설을 손괴하거나 가스공급시설의 기능에 장애를 입혀 가스의 공급을 방해한 경우	면허효력정지 180일
술에 취한 상태(혈중 알코올 농도 0.03% 이상 0.08% 미만)에서 건설기계를 조종한 경우	면허효력정지 60일

12 벌칙

(1) 2년 이하의 징역 또는 2천만 원 이하의 벌금

① 등록되지 아니한 건설기계를 사용하거나 운행한 자
② 등록이 말소된 건설기계를 사용하거나 운행한 자
③ 시·도지사의 지정을 받지 아니하고 등록번호표를 제작하거나 등록번호를 새긴 자

(2) 1년 이하의 징역 또는 1천만 원 이하의 벌금

① 거짓이나 그 밖의 부정한 방법으로 등록을 한 자
② 등록번호를 지워 없애거나 그 식별을 곤란하게 한 자
③ 구조변경검사 또는 수시검사를 받지 아니한 자
④ 정비명령을 이행하지 아니한 자
⑤ 형식승인, 형식변경승인 또는 확인검사를 받지 아니하고 건설기계의 제작 등을 한 자

⑥ 사후관리에 관한 명령을 이행하지 아니한 자
⑦ 내구연한을 초과한 건설기계 또는 건설기계 장치 및 부품을 운행하거나 사용한 자
⑧ 내구연한을 초과한 건설기계 또는 건설기계 장치 및 부품의 운행 또는 사용을 알고도 말리지 아니하거나 운행 또는 사용을 지시한 고용주
⑨ 부품인증을 받지 아니한 건설기계 장치 및 부품을 사용한 자
⑩ 부품인증을 받지 아니한 건설기계 장치 및 부품을 건설기계에 사용하는 것을 알고도 말리지 아니하거나 사용을 지시한 고용주
⑪ 매매용 건설기계를 운행하거나 사용한 자
⑫ 폐기인수 사실을 증명하는 서류의 발급을 거부하거나 거짓으로 발급한 자
⑬ 폐기요청을 받은 건설기계를 폐기하지 아니하거나 등록번호표를 폐기하지 아니한 자
⑭ 건설기계조종사면허를 받지 아니하고 건설기계를 조종한 자
⑮ 건설기계조종사면허를 거짓이나 그 밖의 부정한 방법으로 받은 자
⑯ 소형 건설기계의 조종에 관한 교육과정의 이수에 관한 증빙서류를 거짓으로 발급한 자
⑰ 술에 취하거나 마약 등 약물을 투여한 상태에서 건설기계를 조종한 자와 그러한 자가 건설기계를 조종하는 것을 알고도 말리지 아니하거나 건설기계를 조종하도록 지시한 고용주
⑱ 건설기계조종사면허가 취소되거나 건설기계조종사면허의 효력정지처분을 받은 후에도 건설기계를 계속하여 조종한 자
⑲ 건설기계를 도로나 타인의 토지에 버려둔 자

(3) 100만 원 이하의 과태료

① 수출의 이행 여부를 신고하지 아니하거나 폐기 또는 등록을 하지 아니한 자
② 등록번호표를 부착·봉인하지 아니하거나 등록번호를 새기지 아니한 자
③ 등록번호표를 부착 및 봉인하지 아니한 건설기계를 운행한 자
④ 등록번호표를 가리거나 훼손하여 알아보기 곤란하게 한 자 또는 그러한 건설기계를 운행한 자
⑤ 등록번호의 새김명령을 위반한 자
⑥ 건설기계안전기준에 적합하지 아니한 건설기계를 도로에서 운행하거나 운행하게 한 자
⑦ 조사 또는 자료제출 요구를 거부·방해·기피한 자
⑧ 특별한 사정없이 건설기계임대차 등에 관한 계약과 관련된 자료를 제출하지 아니한 자
⑨ 건설기계사업자의 의무를 위반한 자
⑩ 안전교육 등을 받지 아니하고 건설기계를 조종한 자

2 도로교통법

1 도로교통법의 목적

도로에서 일어나는 교통상의 모든 위험과 장해를 방지하고 제거하여 안전하고 원활한 교통을 확보함을 목적으로 한다.

2 도로의 분류

① 도로법에 따른 도로
② 유료도로법에 따른 유료도로
③ 농어촌도로 정비법에 따른 농어촌도로

④ 그 밖에 현실적으로 불특정 다수의 사람 또는 차마(車馬)가 통행할 수 있도록 공개된 장소로서 안전하고 원활한 교통을 확보할 필요가 있는 장소

3 신호 또는 지시에 따를 의무

신호기나 안전표지가 표시하는 신호 또는 지시와 교통정리를 위한 경찰공무원 등의 신호나 지시가 다른 때에는 경찰공무원 등의 신호 또는 지시에 따라야 한다.

4 이상 기후일 경우의 운행속도

도로의 상태	감속 운행 속도
① 비가 내려 노면에 습기가 있는 때 ② 눈이 20mm 미만 쌓인 때	최고속도의 20/100
① 폭우, 폭설, 안개 등으로 가시거리가 100m 이내인 때 ② 노면이 얼어붙는 때 ③ 눈이 20mm 이상 쌓인 때	최고속도의 50/100

5 앞지르기 금지

(1) 앞지르기 금지

① 앞차의 좌측에 다른 차가 앞차와 나란히 가고 있을 때

② 앞차가 다른 차를 앞지르고 있거나 앞지르고자 할 때

③ 앞차가 좌측으로 방향을 바꾸기 위하여 진로 변경하는 경우 및 반대 방향에서 오는 차량의 진행을 방해하게 될 때

(2) 앞지르지 금지장소

교차로, 도로의 구부러진 곳, 비탈길의 고갯마루 부근, 가파른 비탈길의 내리막, 터널 안, 다리 위 등이다.

6 정차 및 주차금지 장소

(1) 주·정차 금지장소

① 화재경보기로부터 3m 지점

② 교차로의 가장자리 또는 도로의 모퉁이로부터 5m 이내의 곳

③ 횡단보도로부터 10m 이내의 곳

④ 버스여객 자동차의 정류소를 표시하는 기둥이나 판 또는 선이 설치된 곳으로부터 10m 이내의 곳

⑤ 건널목 가장자리로부터 10m 이내의 곳

⑥ 안전지대가 설치된 도로에서 그 안전지대의 사방으로부터 각각 10m 이내의 곳

(2) 주차금지 장소

① 소방용 기계기구가 설치된 곳으로부터 5m 이내의 곳

② 소방용 방화물통으로부터 5m 이내의 곳

③ 소화전 또는 소화용 방화물통의 흡수구나 흡수관을 넣는 구멍으로부터 5m 이내의 곳

④ 도로공사 중인 경우 공사구역의 양쪽 가장자리로부터 5m 이내

⑤ 터널 안 및 다리 위

7 교통사고 발생 후 벌점

① 사망 1명마다 90점(사고발생으로부터 72시간 내에 사망한 때)
② 중상 1명마다 15점(3주 이상의 치료를 요하는 의사의 진단이 있는 사고)
③ 경상 1명마다 5점(3주 미만 5일 이상의 치료를 요하는 의사의 진단이 있는 사고)
④ 부상신고 1명마다 2점(5일 미만의 치료를 요하는 의사의 진단이 있는 사고)

5 장비구조

1 기관구조

1 기관의 개요

(1) 기관(engine)의 정의

열기관(엔진)이란 열에너지(연료의 연소)를 기계적 에너지(크랭크축의 회전)로 변환시키는 장치이다.

(2) 4행정 사이클 기관의 작동 과정

크랭크축이 2회전 할 때 피스톤은 흡입 → 압축 → 폭발(동력) → 배기의 4행정을 하여 1사이클을 완성한다.

2 기관의 주요 부분

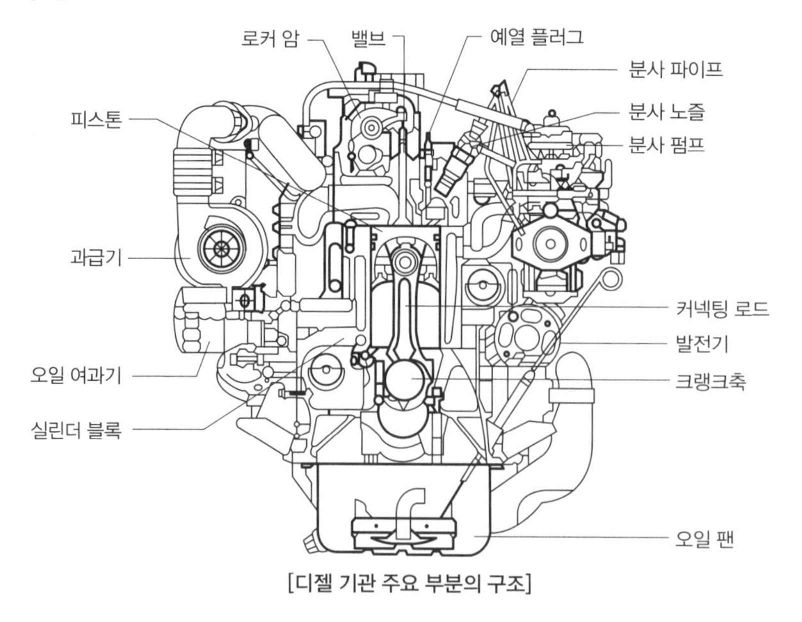

[디젤 기관 주요 부분의 구조]

(1) 실린더 헤드(cylinder head)

실린더 헤드의 구조	헤드 개스킷을 사이에 두고 실린더 블록에 볼트로 설치되며, 피스톤, 실린더와 함께 연소실을 형성한다.
디젤기관의 연소실	연소실의 종류에는 단실식인 직접분사실식과 복실식인 예연소실식, 와류실식, 공기실식 등이 있다.
헤드개스킷 (head gasket)	실린더 헤드와 블록사이에 삽입하여 압축과 폭발가스의 기밀을 유지하고 냉각수와 기관오일의 누출을 방지한다.

(2) 실린더 블록(cylinder block)

일체식 실린더	실린더 블록과 같은 재질로 실린더를 일체로 제작한 형식이며, 부품수가 적고 무게가 가벼우며, 강성 및 강도가 크고, 냉각수 누출 우려가 적다.
실린더 라이너 (cylinder liner)	실린더 블록과 라이너(실린더)를 별도로 제작한 후 라이너를 실린더 블록에 끼우는 형식으로 습식(라이너 바깥둘레가 냉각수와 직접 접촉함)과 건식이 있다.

(3) 피스톤(piston)의 구비조건

① 중량이 작고, 고온, 고압가스에 견딜 수 있을 것
② 블로바이(blow by, 실린더 벽과 피스톤 사이로 가스가 누출되는 현상)가 없을 것
③ 열전도율이 크고, 열팽창률이 적을 것

(4) 피스톤링(piston ring)

피스톤링의 작용	• 기밀작용(밀봉작용) • 오일제어 작용(실린더 벽의 오일 긁어내리기 작용) • 열전도작용(냉각작용)
피스톤링이 마모되었을 때의 영향	오일제어 작용이 원활하지 못해 기관오일이 연소실로 올라와 연소하며, 배기가스 색깔은 회백색이 된다.

(5) 크랭크축(crank shaft)

① 피스톤의 직선운동을 회전운동으로 변환시키는 장치이다.
② 메인저널, 크랭크 핀, 크랭크 암, 밸런스 웨이트(평형추) 등으로 되어 있다.

(6) 플라이휠(fly wheel)

기관의 맥동적인 회전을 관성력을 이용하여 원활한 회전으로 바꾸어준다.

(7) 밸브기구(valve train)

캠축과 캠 (cam shaft & cam)	• 기관의 밸브 수와 같은 캠이 배열된 축으로 크랭크축으로부터 동력을 받아 흡입 및 배기밸브를 개폐시키는 작용을 한다. • 4행정 사이클 기관의 크랭크축 기어와 캠축 기어의 지름비율은 1:2이고 회전비율은 2:1이다.
유압식 밸브 리프터 (hydraulic valve lifter)	기관의 작동온도 변화에 관계없이 밸브간극을 0으로 유지시키는 방식으로 특징은 다음과 같다. • 밸브간극 조정이 자동으로 조절된다. • 밸브개폐 시기가 정확하다. • 밸브기구의 내구성이 좋다. • 밸브기구의 구조가 복잡하다.
흡입 및 배기밸브 (intake & exhaust valve)	밸브의 구비조건은 다음과 같다. • 열에 대한 저항력이 크고, 열전도율이 좋을 것 • 무게가 가볍고, 열팽창률이 작을 것 • 고온과 고압가스에 잘 견딜 것

3 기관오일의 작용과 구비조건

(1) 기관오일의 작용

마찰감소·마멸방지 작용, 기밀(밀봉)작용, 열전도(냉각)작용, 세척(청정)작용, 완충(응력분산)작용, 방청(부식방지)작용을 한다.

(2) 기관오일의 구비조건

① 점도지수가 높고, 온도와 점도와의 관계가 적당할 것
② 인화점 및 자연발화점이 높을 것
③ 강인한 유막을 형성할 것
④ 응고점이 낮고 비중과 점도가 적당할 것
⑤ 기포발생 및 카본생성에 대한 저항력이 클 것

4 윤활장치의 구성부품

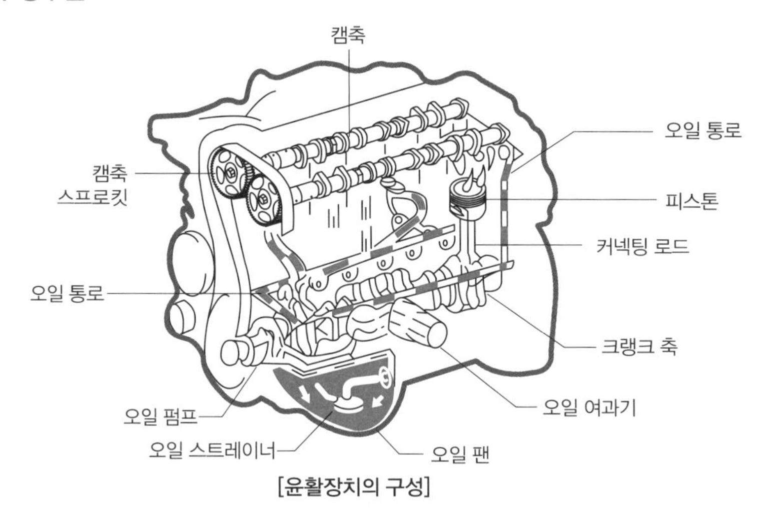

[윤활장치의 구성]

(1) 오일 팬(oil pan) 또는 아래 크랭크 케이스

기관오일 저장용기이며, 오일의 냉각작용도 한다.

(2) 오일 스트레이너(oil strainer)

오일펌프로 들어가는 오일을 유도하며, 철망으로 제작하여 비교적 큰 입자의 불순물을 여과한다.

(3) 오일펌프(oil pump)

① 오일 팬 내의 오일을 흡입·가압하여 오일여과기를 거쳐 각 윤활부분으로 공급한다.
② 종류에는 기어펌프, 로터리 펌프, 플런저 펌프, 베인 펌프 등이 있다.

(4) 오일여과방식

① 분류식(by pass filter), 샨트식(shunt flow filter), 전류식(full-flow filter)이 있다.
② 전류식은 오일펌프에서 나온 기관오일의 모두가 여과기를 거쳐서 여과된 후 윤활부분으로 보내는 방식이며, 오일여과기가 막히는 것에 대비하여 여과기 내에 바이패스 밸브를 둔다.

(5) 유압조절밸브(oil pressure relief valve)

유압이 과도하게 상승하는 것을 방지하여 유압을 일정하게 유지시킨다.

5 디젤기관 연료

(1) 디젤기관 연료의 구비조건

① 연소속도가 빠르고, 점도가 적당할 것
② 자연발화점이 낮을 것(착화가 쉬울 것)
③ 세탄가가 높고, 발열량이 클 것
④ 카본의 발생이 적을 것
⑤ 온도 변화에 따른 점도 변화가 적을 것

(2) 연료의 착화성

디젤기관 연료(경유)의 착화성은 세탄가로 표시한다.

6 디젤기관의 노크(knock or knocking, 노킹)

착화지연기간이 길어져(1/1,000~4/1,000초 이상) 연소실에 누적된 연료가 많아 일시에 연소되어 실린더 내의 압력 상승이 급격하게 되어 발생하는 현상이다.

7 디젤기관 연료장치(분사펌프 사용)의 구조와 작용

(1) 연료탱크(fuel tank)

겨울철에는 공기 중의 수증기가 응축하여 물이 되어 들어가므로 작업 후 연료를 탱크에 가득 채워 두어야 한다.

(2) 연료여과기(fuel filter)

연료 중의 수분 및 불순물을 걸러주며, 오버플로 밸브, 드레인 플러그, 여과망(엘리먼트), 중심파이프, 케이스로 구성된다.

(3) 연료공급펌프(fuel feed pump)

① 연료탱크 내의 연료를 연료여과기를 거쳐 분사펌프의 저압부분으로 공급한다.
② 연료계통의 공기빼기 작업에 사용하는 프라이밍 펌프(priming pump)가 설치되어 있다.

(4) 분사펌프(injection pump)

연료공급펌프에서 보내준 저압의 연료를 압축하여 분사 순서에 맞추어 고압의 연료를 분사노즐로 압송시키는 것으로 조속기와 타이머가 설치되어 있다.

(5) 분사노즐(injection nozzle)

① 분사펌프에서 보내온 고압의 연료를 미세한 안개 모양으로 연소실 내에 분사한다.
② 연료분사의 3대 조건은 무화(안개 모양), 분산(분포), 관통력이다.

8 전자제어 디젤기관 연료장치(커먼레일 장치)

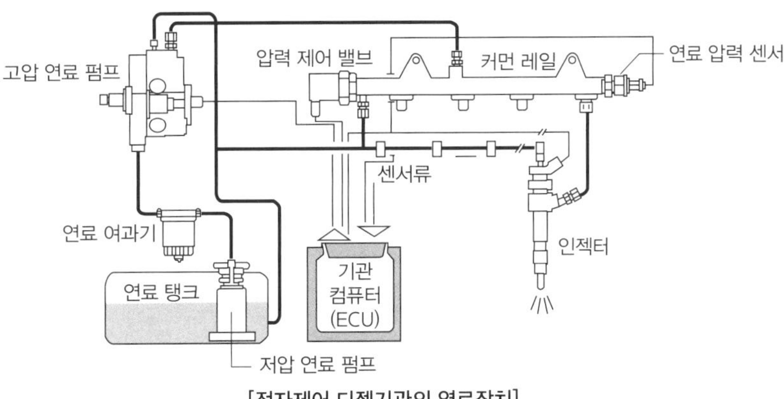

[전자제어 디젤기관의 연료장치]

(1) ECU(컴퓨터)의 입력요소(각종 센서)

공기유량센서 (AFS, air flow sensor)	• 열막(hot film) 방식을 사용한다. • 주요 기능은 EGR(exhaust gas recirculation, 배기가스 재순환) 피드백 제어이며, 또 다른 기능은 스모그 제한 부스트 압력 제어(매연 발생을 감소시키는 제어)이다.
흡기온도센서 (ATS, air temperature sensor)	• 부특성 서미스터를 사용한다. • 연료분사량, 분사시기, 시동 시 연료분사량 제어 등의 보정신호로 사용된다.
연료온도센서 (FTS, fuel temperature sensor)	• 부특성 서미스터를 사용한다. • 연료온도에 따른 연료분사량 보정신호로 사용된다.
수온센서 (WTS, water temperature sensor)	• 부특성 서미스터를 사용한다. • 기관온도에 따른 연료분사량을 증감하는 보정신호로 사용되며, 기관의 온도에 따른 냉각 팬 제어신호로도 사용된다.
크랭크축 위치센서 (CPS, crank position sensor)	크랭크축과 일체로 되어 있는 센서 휠(톤 휠)의 돌기를 검출하여 크랭크축의 각도 및 피스톤의 위치, 기관 회전속도 등을 검출한다.
가속페달 위치센서 (APS, accelerator sensor)	• 운전자가 가속페달을 밟은 정도를 ECU로 전달하는 센서이다. • 센서 1에 의해 연료분사량과 분사시기가 결정되고, 센서 2는 센서 1을 감시하는 기능으로 차량의 급출발을 방지하기 위한 것이다.
연료압력센서 (RPS, rail pressure sensor)	• 반도체 피에조 소자(압전소자)를 사용한다. • 이 센서의 신호를 받아 ECU는 연료분사량 및 분사시기 조정신호로 사용한다.

9 흡기장치(air cleaner, 공기청정기)

연소에 필요한 공기를 실린더로 흡입할 때, 먼지 등의 불순물을 여과하여 피스톤 등의 마모를 방지하는 장치이다.

10 과급기(turbo charger, 터보차저)

① 흡기관과 배기관 사이에 설치되어 기관의 실린더 내에 공기를 압축하여 공급한다.

② 과급기를 설치하면 기관의 중량은 10~15% 정도 증가되고, 출력은 35~45% 정도 증가한다.

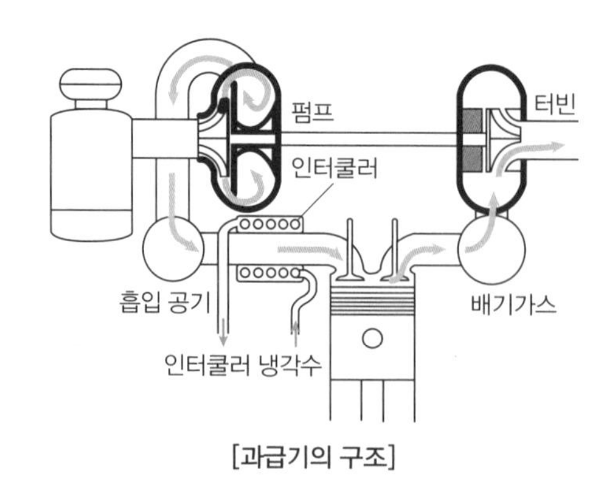

[과급기의 구조]

11 냉각장치의 개요

기관의 정상작동 온도는 실린더 헤드 물재킷 내의 냉각수 온도로 나타내며 약 75~95℃이다.

12 수냉식 기관의 냉각방식

① 기관 내부의 연소를 통해 일어나는 열에너지가 기계적 에너지로 바뀌면서 뜨거워진 기관을 냉각수로 냉각하는 방식이다.

② 자연 순환방식, 강제 순환방식, 압력 순환방식(가압방식), 밀봉 압력방식 등이 있다.

13 수냉식의 주요 구조와 그 기능

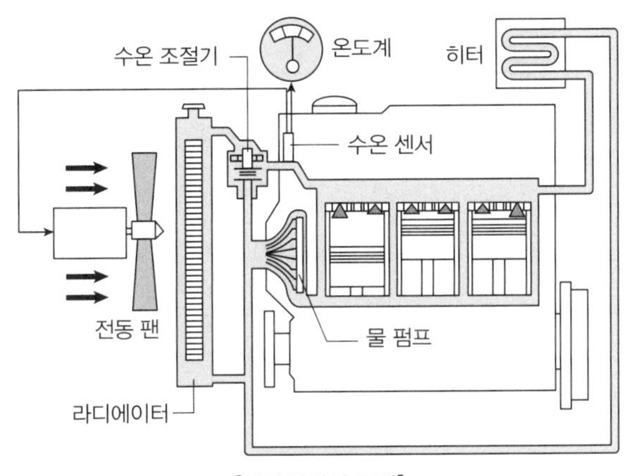

[냉각장치의 구성]

(1) 물 재킷(water jacket)

실린더 헤드 및 블록에 일체 구조로 된 냉각수가 순환하는 물 통로이다.

(2) 물 펌프(water pump)

팬벨트를 통하여 크랭크축에 의해 구동되며, 실린더 헤드 및 블록의 물재킷 내로 냉각수를 순환시키는 원심력 펌프이다.

(3) 냉각 팬(cooling fan)

라디에이터를 통하여 공기를 흡입하여 라디에이터 통풍을 도와주며, 냉각 팬이 회전할 때 공기가 향하는 방향은 라디에이터이다.

(4) 팬벨트(drive belt or fan belt)

크랭크축 풀리, 발전기 풀리, 물 펌프 풀리 등을 연결 구동하며, 팬벨트는 각 풀리의 양쪽 경사진 부분에 접촉되어야 한다.

(5) 라디에이터(radiator, 방열기)

라디에이터의 구비조건	• 가볍고 작으며, 강도가 클 것 • 단위면적당 방열량이 클 것 • 공기 흐름저항이 적을 것 • 냉각수 흐름저항이 적을 것
라디에이터 캡 (radiator cap)	냉각장치 내의 비등점(비점)을 높이고, 냉각범위를 넓히기 위하여 압력식 캡을 사용하며, 압력밸브와 진공밸브로 되어 있다.

(6) 수온조절기(thermostat, 정온기)

실린더 헤드 물재킷 출구부분에 설치되어 냉각수 온도에 따라 냉각수 통로를 개폐하여 기관의 온도를 알맞게 유지한다.

14 부동액(anti freezer)

메탄올(알코올), 글리세린 에틸렌글리콜이 있으며, 에틸렌글리콜을 주로 사용한다.

2 전기장치

1 전기의 기초사항

전류	• 자유전자의 이동이며, 측정단위는 암페어(A)이다. • 전류는 발열작용, 화학작용, 자기작용을 한다.
전압(전위차)	전류를 흐르게 하는 전기적인 압력이며, 측정단위는 볼트(V)이다.
저항	• 전자의 움직임을 방해하는 요소이며, 측정단위는 옴(Ω)이다. • 전선의 저항은 길이가 길어지면 커지고, 지름이 커지면 작아진다.

2 옴의 법칙(Ohm' Law)

① 도체에 흐르는 전류는 전압에 정비례하고, 그 도체의 저항에는 반비례한다.
② 도체의 저항은 도체 길이에 비례하고 단면적에 반비례한다.

3 퓨즈(fuse)

단락(short)으로 인하여 전선이 타거나 과대전류가 부하로 흐르지 않도록 하는 안전장치이다.

4 반도체 소자

(1) 반도체의 종류

① 다이오드 : P형 반도체와 N형 반도체를 마주 대고 접합한 것으로 정류작용을 한다.
② 포토다이오드 : 빛을 받으면 전류가 흐르지만 빛이 없으면 전류가 흐르지 않는다.
③ 발광다이오드(LED) : 순방향으로 전류를 공급하면 빛이 발생한다.
④ 제너다이오드 : 어떤 전압 하에서는 역방향으로 전류가 흐르도록 한 것이다.

(2) 반도체의 특징

① 내부 전압강하가 적고, 수명이 길다.
② 내부의 전력손실이 적고, 소형·경량이다.
③ 예열시간을 요구하지 않고 곧바로 작동한다.
④ 고전압에 약하고, 150℃ 이상 되면 파손되기 쉽다.

5 기동전동기의 원리

기동전동기의 원리는 플레밍의 왼손 법칙을 이용한다.

6 기동전동기의 종류

(1) 직권전동기

① 전기자 코일과 계자코일을 직렬로 접속한다.
② 장점은 기동회전력이 크고, 부하가 증가하면 회전속도가 낮아지고 흐르는 전류가 커진다.
③ 단점은 회전속도 변화가 크다.

(2) 분권전동기

전기자 코일과 계자코일을 병렬로 접속한다.

(3) 복권전동기

전기자 코일과 계자코일을 직·병렬로 접속한다.

7 기동전동기의 구조와 기능

① 전기자 코일 및 철심, 정류자, 계자코일 및 계자철심, 브러시와 브러시 홀더, 피니언, 오버러닝 클러치, 솔레노이드 스위치 등으로 구성된다.
② 기관을 시동할 때 기관 플라이휠의 링 기어에 기동전동기의 피니언을 맞물려 크랭크축을 회전시킨다.
③ 기관의 시동이 완료되면 기동전동기 피니언을 플라이휠 링 기어로부터 분리시킨다.

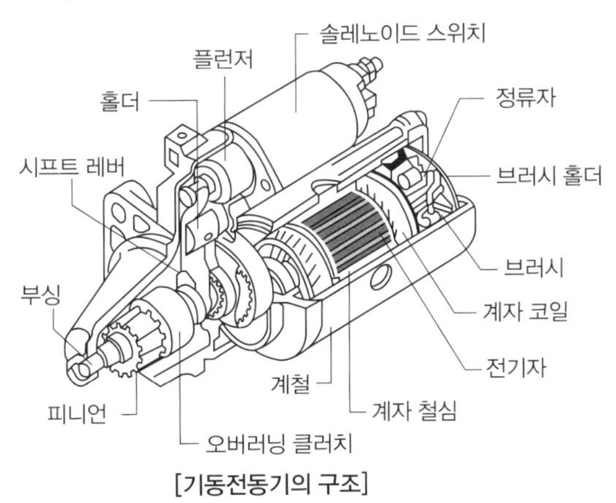

[기동전동기의 구조]

8 기동전동기의 동력전달방식

기동전동기의 피니언을 기관의 플라이휠 링 기어에 물리는 방식에는 벤딕스 방식, 피니언 섭동방식, 전기자 섭동방식 등이 있다.

9 예열장치(glow system)

겨울철에 주로 사용하는 것으로 흡기다기관이나 연소실 내의 공기를 미리 가열하여 시동을 쉽도록 한다. 즉, 기관에 흡입된 공기온도를 상승시켜 시동을 원활하게 한다.

(1) 예열플러그(glow plug type)

연소실 내의 압축공기를 직접 예열하며 코일형과 실드형이 있다.

(2) 흡기가열 방식

흡기히터와 히트레인지가 있으며, 직접분사실식에서 사용한다.

10 축전지

(1) 축전지의 정의

기관을 시동할 때에는 화학적 에너지를 전기적 에너지로 꺼낼 수 있고(방전), 전기적 에너지를 주면 화학적 에너지로 저장(충전)할 수 있다.

(2) 축전지의 기능

① 기관을 시동할 때 시동장치 전원을 공급하며, 가장 중요한 기능이다.
② 발전기가 고장일 때 일시적인 전원을 공급한다.
③ 발전기의 출력과 부하의 불균형(언밸런스)을 조정한다.

(3) 납산축전지의 구조와 작용

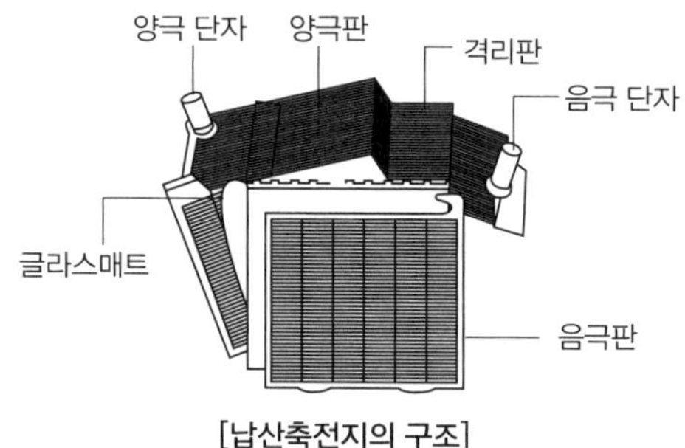

[납산축전지의 구조]

① 극판 : 양극판은 과산화납, 음극판은 해면상납이며 화학적 평형을 고려하여 음극판이 1장 더 많다.
② 극판군 : 셀(cell)이라고도 부르며, 완전충전 되었을 때 약 2.1V의 기전력이 발생한다. 12V 축전지의 경우에는 2.1V의 셀 6개가 직렬로 연결되어 있다.
③ 격리판 : 양극판과 음극판 사이에 끼워져 양쪽 극판의 단락을 방지하며, 비전도성이어야 한다.

(4) 전해액(electrolyte)

① 전해액의 비중 : 묽은 황산을 사용하며, 비중은 20℃에서 완전 충전되었을 때 1.280이다.
② 축전지의 설페이션(유화)의 원인 : 납산 축전지를 오랫동안 방전상태로 방치해 두면 극판이 영구 황산납이 되어 사용하지 못하게 되는 현상이다.

(5) 납산축전지의 화학작용

① 방전이 진행되면 양극판의 과산화납과 음극판의 해면상납 모두 황산납이 되고, 전해액의 묽은 황산은 물로 변화한다.
② 충전이 진행되면 양극판의 황산납은 과산화납으로, 음극판의 황산납은 해면상납으로 환원되며, 전해액의 물은 묽은 황산으로 되돌아간다.

(6) 납산축전지의 특성

① 방전종지전압 : 축전지의 방전은 어느 한도 내에서 단자 전압이 급격히 저하하며 그 이후는 방전능력이 없어지는 전압이다.
② 축전지 용량
- 용량의 단위는 AH[전류(Ampere)×시간(Hour)]로 표시한다.
- 용량의 크기를 결정하는 요소는 극판의 크기, 극판의 수, 전해액(황산)의 양 등이다.
- 용량표시 방법에는 20시간율, 25암페어율, 냉간율이 있다.

(7) 납산축전지의 자기방전(자연방전)의 원인

① 음극판의 작용물질이 황산과의 화학작용으로 황산납이 되기 때문에 구조상 부득이하다.
② 전해액에 포함된 불순물이 국부전지를 구성하기 때문이다.
③ 탈락한 극판 작용물질이 축전지 내부에 퇴적되어 단락되기 때문이다.
④ 축전지 커버와 케이스의 표면에서 전기누설 때문이다.

11 충전장치(charging system)

(1) 발전기의 원리

플레밍의 오른손 법칙을 사용하며, 건설기계에서는 주로 3상 교류발전기를 사용한다.

(2) 교류(AC) 충전장치

① 교류발전기의 특징
- 저속에서도 충전 가능한 출력전압이 발생한다.
- 실리콘 다이오드로 정류하므로 정류특성이 좋고 전기적 용량이 크다.
- 속도 변화에 따른 적용범위가 넓고 소형·경량이다.
- 브러시 수명이 길고, 전압조정기만 있으면 된다.
- 정류자를 두지 않아 풀리비를 크게 할 수 있다.

② 교류발전기의 구조 : 전류를 발생하는 스테이터(stator), 전류가 흐르면 전자석이 되는(자계를 발생하는) 로터(rotor), 스테이터 코일에서 발생한 교류를 직류로 정류하는 다이오드, 여자전류를 로터코일에 공급하는 슬립링과 브러시, 엔드프레임 등으로 구성된 타려자 방식(발전초기에 축전지 전류를 공급받아 로터철심을 여자시키는 방식)의 발전기이다.

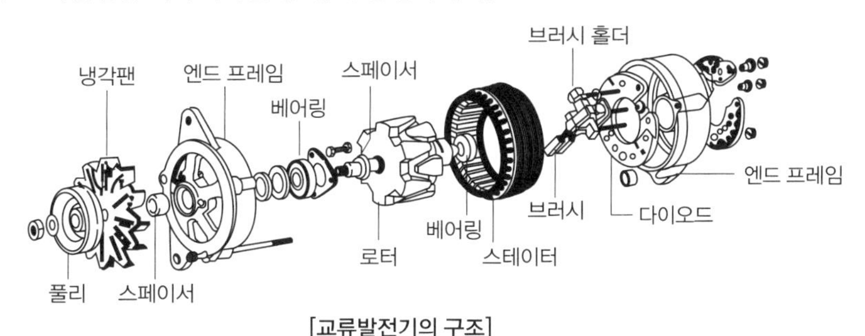

[교류발전기의 구조]

12 전조등(head light or head lamp)과 회로

(1) 실드 빔 방식(shield beam type)

① 실드 빔 방식은 반사경에 필라멘트를 붙이고 여기에 렌즈를 녹여 붙인 후 내부에 불활성 가스를 넣어 그 자체가 1개의 전구가 되도록 한 것이다.
② 대기의 조건에 따라 반사경이 흐려지지 않고, 사용에 따르는 광도의 변화가 적은 장점이 있다.

(2) 세미실드 빔 방식(semi shield beam type)

① 세미실드 빔 방식은 렌즈와 반사경은 녹여 붙였으나 전구는 별개로 설치한 것이다.
② 필라멘트가 끊어지면 전구만 교환하면 된다.

(3) 전조등 회로

양쪽의 전조등은 상향등(high beam)과 하향등(low beam)별로 병렬로 접속되어 있다.

2 계기와 경고등

(1) 계기판의 계기

속도계	연료계	온도계(수온계)
• 기중기의 주행속도를 표시한다.	• 연료보유량을 표시하는 계기이다. • 지침이 "E"를 지시하면 연료를 보충한다.	• 엔진 냉각수 온도를 표시하는 계기이다. • 엔진을 시동한 후에는 지침이 작동범위 내에 올 때까지 공회전시킨다.

(2) 경고등

엔진점검 경고등	브레이크 고장 경고등	축전지 충전 경고등
• 엔진점검 경고등은 엔진이 비정상인 작동을 할 때 점등된다. • 엔진검검 경고등이 점등되면 기중기를 주차시킨 후에 정비업체에 문의한다.	• 브레이크 장치의 오일압력이 정상 이하이면 경고등이 점등된다. • 경고등이 점등되면 엔진의 가동을 정리하고 원인을 점검한다.	• 시동스위치를 ON으로 하면 이 경고등이 점등된다. • 엔진이 작동할 때 충전경고등이 점등되어 있으면 충전회로를 점검한다.
연료레벨 경고등	**안전벨트 경고등**	**냉각수 과열 경고등**
• 이 경고등이 점등되면 즉시 연료를 공급한다.	• 엔진 시동 후 초기 5초 동안 경고등이 점등된다.	• 엔진 냉각수의 온도가 104℃ 이상되었을 때 점등된다. • 이 경고등이 점등되면 냉각계통을 점검한다.

(3) 표시등

주차 브레이크 표시등	엔진예열 표시등	엔진오일 압력 표시등
• 주차 브레이크가 작동되면 표시등이 점등된다. • 주행하기 전에 표시등이 OFF 되었는지 확인한다.	• 시동스위치가 ON 위치일 때 표시등이 점등되면 엔진 예열장치가 작동 중이다. • 엔진오일 온도에 따라 약 15~45초 후 예열이 완료되면 표시등이 OFF 된다. • 표시등이 OFF 되면 엔진을 시동한다.	• 엔진오일 펌프에서 유압이 발생하여 각 부분에 윤활작용이 가능하도록 하는데 엔진 가동 전에는 압력이 낮으므로 점등되었다가 엔진이 가동되면 소등된다. • 엔진 가동 후에 표시등이 점등되면 엔진의 가동을 정지시킨 후 오일량을 점검한다.

3 전·후진 주행장치

1 동력조향장치(power steering system)의 장점

① 조향 기어비를 조작력에 관계없이 선정할 수 있다.
② 굴곡노면에서의 충격을 흡수하여 조향핸들에 전달되는 것을 방지한다.
③ 작은 조작력으로 조향 조작을 할 수 있어 조향조작이 경쾌하고 신속하다.
④ 조향핸들의 시미(shimmy)현상을 줄일 수 있다.

2 동력조향장치의 구조

유압발생장치(오일펌프), 유압제어장치(제어밸브), 작동장치(유압실린더)로 되어 있다.

3 앞바퀴 얼라인먼트(front wheel alignment)

(1) 앞바퀴 얼라인먼트(정렬)의 개요

캠버, 캐스터, 토인, 킹핀 경사각 등이 있다.

(2) 앞바퀴 얼라인먼트 요소의 정의

구분	정의
캠버(camber)	앞바퀴를 앞에서 보면 바퀴의 윗부분이 아래쪽보다 더 벌어져 있는데, 이 벌어진 바퀴의 중심선과 수선 사이의 각도
캐스터(caster)	앞바퀴를 옆에서 보았을 때 조향축(킹핀)이 수선과 어떤 각도를 두고 설치된 상태
토인(toe-in)	앞바퀴를 위에서 아래로 보았을 때 앞쪽이 뒤쪽보다 좁게 되어 있는 상태

4 클러치(clutch)

(1) 클러치의 작용

기관과 변속기 사이에 설치되며, 동력전달장치로 전달되는 기관의 동력을 연결하거나(페달을 놓았을 때) 차단하는(페달을 밟았을 때) 장치이다.

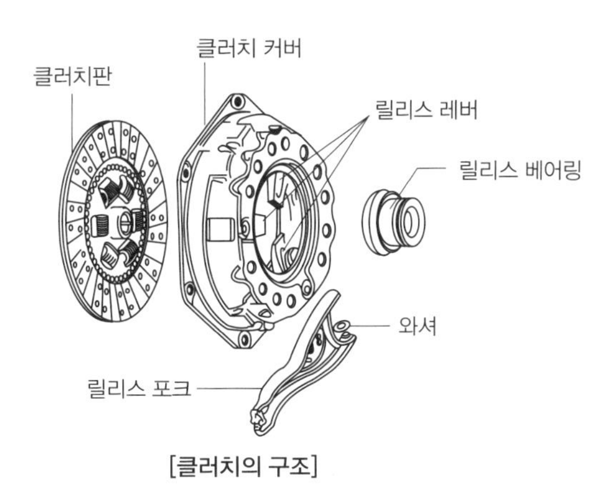

[클러치의 구조]

(2) 클러치의 구조

클러치판 **(clutch disc, 클러치 디스크)**	기관의 플라이휠과 압력판 사이에 설치되며, 기관의 동력을 변속기 입력축을 통하여 변속기로 전달하는 마찰판이다.
압력판 **(pressure plate)**	클러치 스프링의 장력으로 클러치판을 플라이휠에 압착시키는 작용을 한다.
클러치 페달(clutch pedal)의 자유간극(유격)	• 자유간격이 너무 적으면 클러치가 미끄러지며, 클러치판이 과열되어 손상된다. • 자유간격이 너무 크면 클러치 차단이 불량하여 변속기의 기어를 변속할 때 소음이 발생하고 기어가 손상된다.
릴리스 베어링 **(release bearing)**	클러치 페달을 밟으면 릴리스 레버를 눌러 클러치를 분리시키는 작용을 한다.

(3) 클러치 용량

클러치가 전달할 수 있는 회전력의 크기이며, 사용 기관 회전력의 1.5~2.5배 정도이다.

5 변속기(transmission)

(1) 변속기의 필요성

① 회전력을 증대시킨다.
② 기관을 무부하 상태로 한다.
③ 차량을 후진시키기 위하여 필요하다.

(2) 변속기의 구비조건

① 소형·경량이고, 고장이 없을 것
② 조작이 쉽고 신속할 것
③ 단계가 없이 연속적으로 변속이 될 것
④ 전달효율이 좋을 것

(3) 자동변속기(automatic transmission)

토크컨버터 **(torque converter)**	• 펌프(pump)는 기관 크랭크축과 연결되고, 터빈(turbine)은 변속기 입력축과 연결된다. • 펌프, 터빈, 스테이터(stator) 등이 상호운동하여 회전력을 변환시킨다. • 회전력 변환비율은 2~3:1이다.
유성기어장치	링 기어(ring gear), 선 기어(sun gear), 유성기어(planetary gear), 유성기어 캐리어(planetary carrier)로 구성된다.

6 드라이브 라인(drive line)

슬립이음(길이 변화), 자재이음(구동각도 변화), 추진축으로 구성된다.

4 종 감속기어와 차동장치

(1) 종 감속기어(final reduction gear)

기관의 동력을 바퀴까지 전달할 때 마지막으로 감속하여 전달한다.

(2) 차동장치(differential gear system)

타이어형 건설기계가 선회할 때 바깥쪽 바퀴의 회전속도를 안쪽 바퀴보다 빠르게 한다. 즉, 선회할 때 좌우 구동바퀴의 회전속도를 다르게 한다.

8 유압 브레이크(hydraulic brake)

유압 브레이크는 파스칼의 원리를 응용한다.

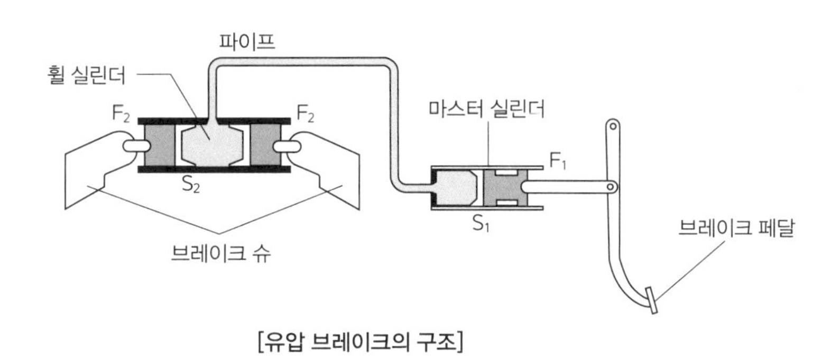

[유압 브레이크의 구조]

(1) 마스터 실린더(master cylinder)

브레이크 페달을 밟으면 유압을 발생시킨다.

(2) 휠 실린더(wheel cylinder)

마스터 실린더에서 압송된 유압에 의하여 브레이크슈를 드럼에 압착시킨다.

(3) 브레이크슈(brake shoe)

휠 실린더의 피스톤에 의해 드럼과 접촉하여 제동력을 발생하는 부품이며, 라이닝이 리벳이나 접착제로 부착되어 있다.

(4) 브레이크 드럼(brake drum)

휠 허브에 볼트로 설치되어 바퀴와 함께 회전하며, 브레이크슈와의 마찰로 제동을 발생시킨다.

9 배력 브레이크(servo brake)

① 진공배력 방식(하이드로 백)은 기관의 흡입행정에서 발생하는 진공(부압)과 대기압의 차이를 이용한다.

② 진공배력 장치(하이드로 백)에 고장이 발생하여도 유압 브레이크로 작동한다.

10 공기브레이크(air brake)

(1) 공기브레이크의 장점

① 차량 중량에 제한을 받지 않는다.

② 공기가 다소 누출되어도 제동성능이 현저하게 저하되지 않는다.

③ 베이퍼록(vapor lock) 발생 염려가 없다.

④ 페달 밟는 양에 따라 제동력이 제어된다.

(2) 공기브레이크 작동

압축공기의 압력을 이용하여 모든 바퀴의 브레이크슈를 드럼에 압착시켜서 제동 작용을 한다.

11 타이어의 구조

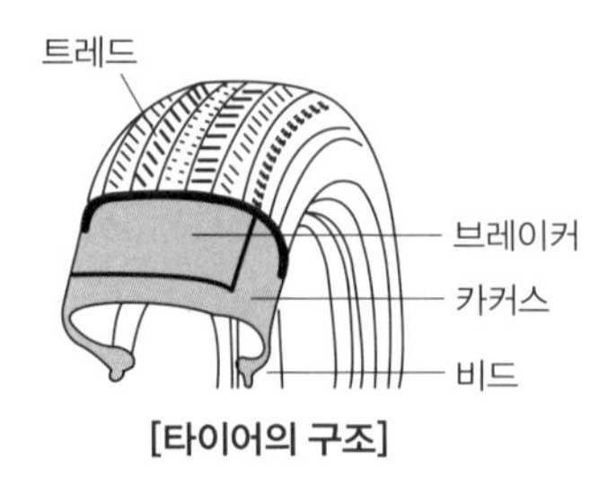

[타이어의 구조]

(1) 트레드(tread)

타이어가 직접 노면과 접촉되어 마모에 견디고 적은 슬립으로 견인력을 증대시키는 부분이다.

(2) 브레이커(breaker)

몇 겹의 코드 층을 내열성의 고무로 싼 구조로 되어 있으며, 트레드와 카커스의 분리를 방지하고 노면에서의 완충작용도 한다.

(3) 카커스(carcass)

타이어의 골격을 이루는 부분이며, 공기압력을 견디어 일정한 체적을 유지하고, 하중이나 충격에 따라 변형하여 완충작용을 한다.

(4) 비드부분(bead section)

타이어가 림과 접촉하는 부분이며, 비드부분이 늘어나는 것을 방지하고 타이어가 림에서 빠지는 것을 방지하기 위해 내부에 몇 줄의 피아노선이 원둘레 방향으로 들어 있다.

12 트랙장치(무한궤도, 크롤러)

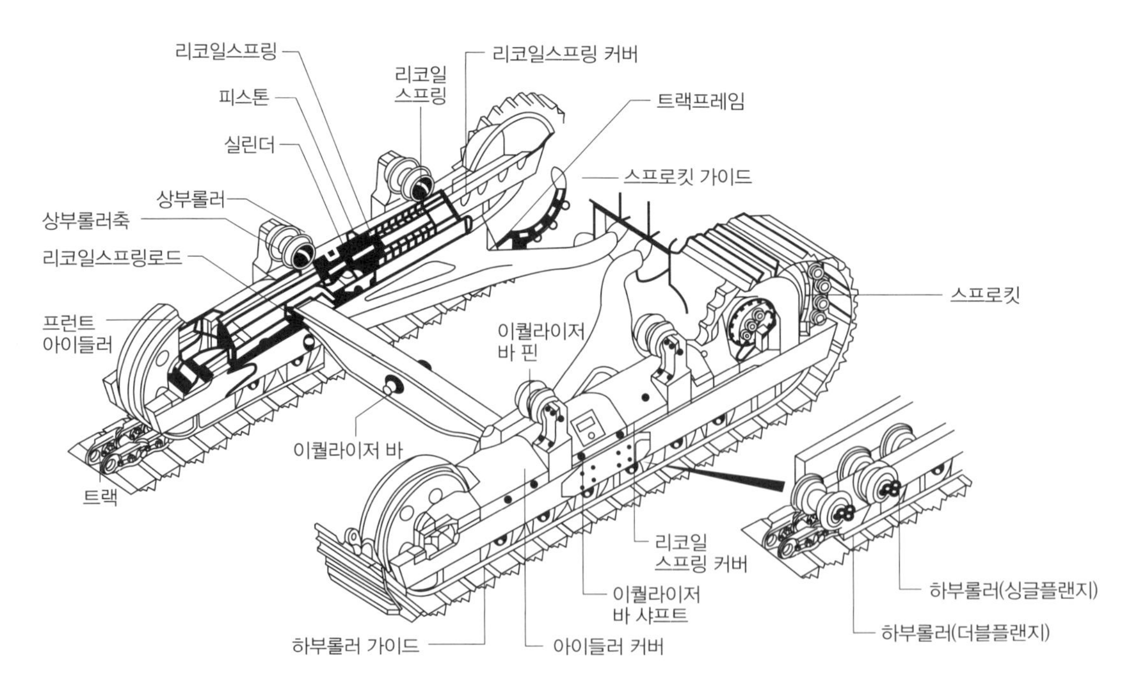

[트랙장치의 구조]

(1) 트랙(track)

① 트랙의 구조 : 트랙은 링크, 핀, 부싱 및 슈 등으로 구성되며, 프런트 아이들러, 상·하부롤러, 스프로킷에 감겨져 있으며, 스프로킷으로부터 동력을 받아 구동된다.
② 트랙 슈의 종류 : 트랙 슈의 종류에는 단일돌기 슈, 2중 돌기 슈, 3중 돌기 슈, 습지용 슈, 고무 슈, 암반용 슈, 평활 슈 등이 있다.
② 마스터 핀 : 마스터 핀은 트랙의 분리를 쉽게 하기 위하여 둔 것이다.

(2) 프런트 아이들러(front idler, 전부유동륜)

트랙의 장력을 조정하면서 트랙의 진행방향을 유도한다.

(3) 리코일 스프링(recoil spring)

주행 중 트랙 전방에서 오는 충격을 완화하여 차체 파손을 방지하고 운전을 원활하게 한다.

(4) 상부롤러(carrier roller)

프런트 아이들러와 스프로킷 사이에 1~2개가 설치되며, 트랙이 밑으로 처지는 것을 방지하고, 트랙의 회전을 바르게 유지한다.

(5) 하부롤러(track roller)

트랙 프레임에 3~7개 정도가 설치되며, 건설기계의 전체중량을 지탱하며, 전체중량을 트랙에 균등하게 분배해주고 트랙의 회전을 바르게 유지한다.

(6) 스프로킷(기동륜)

최종구동 기어로부터 동력을 받아 트랙을 구동한다.

4 유압장치

1 유압장치의 개요

(1) 유압의 정의

유압유의 압력에너지(유압)를 이용하여 기계적인 일을 하는 장치이다.

(2) 파스칼(Pascal)의 원리

밀폐된 용기 내의 한 부분에 가해진 압력은 액체 내의 모든 부분에 같은 압력으로 전달된다.

(3) 압력

압력=가해진 힘/단면적(힘/면적)이다. 단위는 kgf/cm^2, PSI, Pa(kPa, MPa), mmHg, bar, mAq, atm(대기압) 등이 있다.

(4) 유량

단위는 GPM(gallon per minute) 또는 LPM(ℓ/min, liter per minute)을 사용한다.

(5) 유압유의 구비조건

① 점도지수 및 체적탄성계수가 클 것
② 적절한 유동성과 점성이 있을 것
③ 화학적 안정성이 클 것, 즉 산화 안정성(방청 및 방식성)이 좋을 것
④ 압축성·밀도 및 열팽창 계수가 작을 것

⑤ 기포분리 성능(소포성)이 클 것
⑥ 인화점 및 발화점이 높고, 내열성이 클 것

2 유압펌프 구조와 기능

① 원동기(내연기관, 전동기 등)로부터의 기계적인 에너지를 이용하여 유압유에 압력 에너지를 부여해 주는 장치이다.
② 종류에는 기어펌프, 베인 펌프, 피스톤(플런저)펌프, 나사펌프, 트로코이드 펌프 등이 있다.

3 압력제어밸브(pressure control valve)

① 일의 크기를 결정하며, 유압장치의 유압을 일정하게 유지하고 최고압력을 제한한다.
② 종류에는 릴리프 밸브, 감압(리듀싱) 밸브, 시퀀스 밸브, 무부하(언로드) 밸브, 카운터 밸런스 밸브 등이 있다.

4 유량제어밸브(flow control valve)

① 액추에이터의 운동속도를 결정한다.
② 종류에는 속도제어 밸브, 급속배기 밸브, 분류밸브, 니들밸브, 오리피스 밸브, 교축밸브(스로틀 밸브), 스톱밸브, 스로틀 체크밸브 등이 있다.

5 방향제어밸브(direction control valve)

① 유압유의 흐름 방향을 결정한다. 즉, 액추에이터의 작동 방향을 바꾸는 데 사용한다.
② 종류에는 스풀밸브, 체크밸브, 셔틀밸브 등이 있다.

6 유압 실린더 및 모터 구조와 기능

액추에이터는 유압펌프에서 송출된 에너지를 직선운동(유압 실린더)이나 회전운동(유압모터)을 통하여 기계적 일을 하는 장치이다.

7 유압실린더(hydraulic cylinder)

① 실린더, 피스톤, 피스톤 로드로 구성되며 직선왕복 운동을 한다.
② 종류에는 단동실린더, 복동실린더(싱글로드형과 더블로드형), 다단실린더, 램형실린더가 있다.

8 유압모터(hydraulic motor)

① 유압 에너지에 의해 연속적으로 회전운동 하여 기계적인 일을 하는 장치이다.
② 종류에는 기어 모터, 베인 모터, 플런저 모터가 있다.

9 유압기호

정용량 유압 펌프	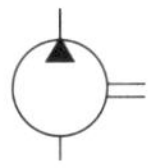	압력 스위치	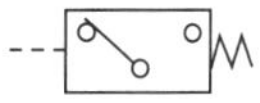
가변용량형 유압 펌프		단동 실린더	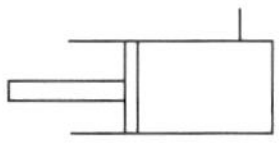
복동 실린더	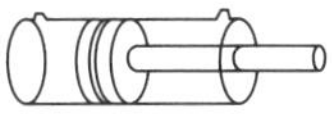	릴리프 밸브	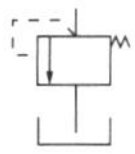
무부하 밸브	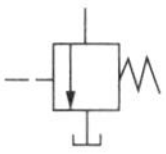	체크 밸브	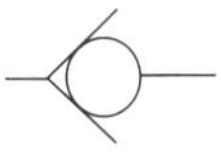
축압기(어큐뮬레이터)		공기·유압 변환기	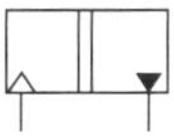
압력계		오일탱크	
유압 동력원		오일 여과기	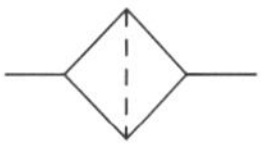
정용량형 펌프·모터	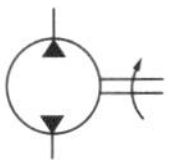	회전형 전기 액추에이터	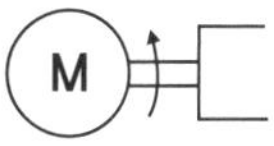 M
가변용량형 유압 모터	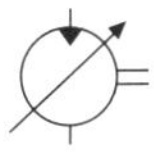	솔레노이드 조작 방식	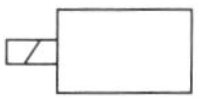
간접 조작 방식	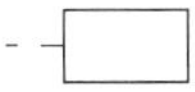	레버 조작 방식	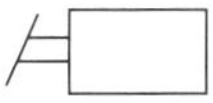
기계 조작 방식	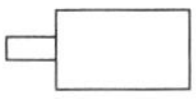	복동 실린더 양로드형	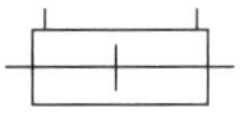
드레인 배출기	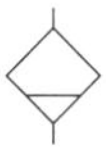	전자·유압 파일럿	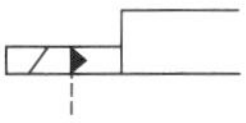

10 오일탱크의 구조

유압유를 저장하는 장치이며, 주입구 캡, 유면계(오일탱크 내의 오일량 표시), 격판(배플), 스트레이너, 드레인 플러그 등으로 구성되어 있다.

11 어큐뮬레이터(accumulator, 축압기)

유압펌프에서 발생한 유압을 저장하고, 맥동을 소멸시키고 유압 에너지의 저장, 충격흡수 등에 이용되는 기구이다.

교통안전표지일람표

주의표지

- 101 +자형교차로
- 102 T자형교차로
- 103 Y자형교차로
- 104 ㅏ자형교차로
- 105 ㅓ자형교차로
- 106 우선도로
- 107 우합류도로
- 108 좌합류도로
- 109 회전형교차로
- 110 철길건널목
- 110의2 노면전차
- 111 우로굽은도로
- 112 좌로굽은도로
- 113 우좌로 이중굽은도로
- 114 좌우로 이중굽은도로
- 115 2방향통행
- 116 오르막경사 (10%)
- 117 내리막경사 (10%)
- 118 도로폭이 좁아짐
- 119 우측차로없어짐
- 120 좌측차로없어짐
- 121 우측방통행
- 122 양측방통행
- 123 중앙분리대시작
- 124 중앙분리대끝남
- 125 신호기
- 126 미끄러운도로
- 127 강변도로
- 128 노면고르지못함
- 129 과속방지턱
- 130 낙석도로
- 132 횡단보도
- 133 어린이보호
- 134 자전거
- 135 도로공사중
- 136 비행기
- 137 횡풍
- 138 터널
- 138의2 교량
- 139 야생동물보호
- 140 위험 (위험 DANGER)
- 141 상습정체구간

규제표지

- 201 통행금지 (통행금지)
- 202 자동차통행금지
- 203 화물자동차 통행금지
- 204 승합자동차 통행금지
- 205 이륜자동차및원동기장치자전거통행금지
- 205의2 개인형이동장치 통행금지
- 206 자동차·이륜자동차및원동기장치자전거통행금지
- 206의2 이륜자동차·원동기장치자전거 및개인형이동장치 통행금지
- 207 경운기·트랙터및 손수레통행금지
- 210 자전거통행금지
- 211 진입금지 (진입금지)
- 212 직진금지
- 213 우회전금지
- 214 좌회전금지
- 216 유턴금지
- 217 앞지르기 금지
- 218 정차·주차금지 (주정차금지)
- 219 주차금지 (주차금지)
- 220 차중량제한 (5.5t)
- 221 차높이제한 (3.5m)
- 222 차폭제한 (2.2m)
- 223 차간거리확보 (50m)
- 224 최고속도제한 (50)
- 225 최저속도제한 (30)
- 226 서행 (천천히 SLOW)
- 227 일시정지 (정지 STOP)
- 228 양보 (양보 YIELD)
- 230 보행자보행금지
- 231 위험물적재차량 통행금지

지시표지

- 301 자동차전용도로 (전용)
- 302 자전거전용도로 (자전거 전용)
- 303 자전거 및 보행자 겸용도로
- 303의2 노면전차 전용도로 (전용)
- 304 회전교차로
- 305 직진
- 306 우회전
- 307 좌회전
- 308 직진 및 우회전
- 309 직진 및 좌회전
- 309의 2 좌회전 및유턴
- 310 좌우회전
- 311 유턴
- 312 양측방통행
- 313 우측면통행
- 314 좌측면통행
- 315 진행방향별 통행구분
- 316 우회로
- 317 자전거 및 보행자 통행구분
- 318 자전거전용차로 (자전거 전용)
- 319 주차장 (주차 P)
- 320 자전거주차장 (P 자전거주차)
- 320의2 개인형이동장치 주차장 (P 개인형이동장치주차)
- 320의3 어린이통학버스 승하차 (P 5분 통학버스 승하차)
- 320의4 어린이 승하차 (P 5분 어린이 승하차)
- 321 보행자전용도로 (보행자 전용도로)
- 321의2 보행자우선도로 (보행자우선도로)
- 322 횡단보도 (횡단보도)
- 323 노인보호 (노인보호구역안) (노인보호)
- 324 어린이보호 (어린이보호구역안) (어린이보호)
- 324 의 2 장애인보호 (장애인보호구역안) (장애인 보호)
- 325 자전거횡단도 (자전거횡단)
- 326 일방통행 (일방통행)
- 327 일방통행 (일방통행)
- 328 일방통행 (일방통행)
- 329 비보호좌회전 (비보호)
- 330 버스전용차로 (전용)
- 331 다인승차량 전용차로 (다인승 전용)
- 331의2 노면전차 전용차로 (전용)
- 332 통행우선
- 333 자전거나란히 통행허용
- 334 도시부 (도시부)

보조표지

- 401 거리 (100m 앞 부터)
- 402 거리 (여기부터 500m)
- 403 구역 (시내전역)
- 404 일자 (일요일·공휴일제외)
- 405 시간 (08:00~20:00)
- 406 시간 (1시간 이내 차둘수있음)
- 407 신호등화상태 (적신호시)
- 407의2 우회전 신호등 (우회전 신호등)
- 407의3 신호등 방향 (버스 전용 / 서울역 방향)
- 407의4 신호등 보조장치 (보행신호연장시스템 / 보행자 작동신호기)
- 408 전방우선도로 (앞에 우선도로)
- 409 안전속도 (안전속도 30)
- 410 기상상태 (안개지역)
- 411 노면상태
- 412 교통규제 (차로엄수)
- 413 통행규제 (건너가지 마시오)
- 414 차량한정 (승용차에 한함)
- 415 통행주의 (속도를 줄이시오)
- 415의2 충돌주의 (충돌주의)
- 416 표지설명 (터널길이 258m)
- 417 구간시작 (구간시작 200m)
- 418 구간 내 (구간내 400m)
- 419 구간 끝 (구간끝 600m)
- 420 우방향
- 421 좌방향
- 422 전방 (전방 50M)
- 423 중량 (3.5t)
- 424 노폭 (3.5m)
- 425 거리 (100m)
- 427 해제 (해제)
- 428 견인지역 (견인지역)

표지판 종류

- 주의 (100~210)
- 규제 (100~210)
- 지시 (100이상)
- 보조 (100이상)

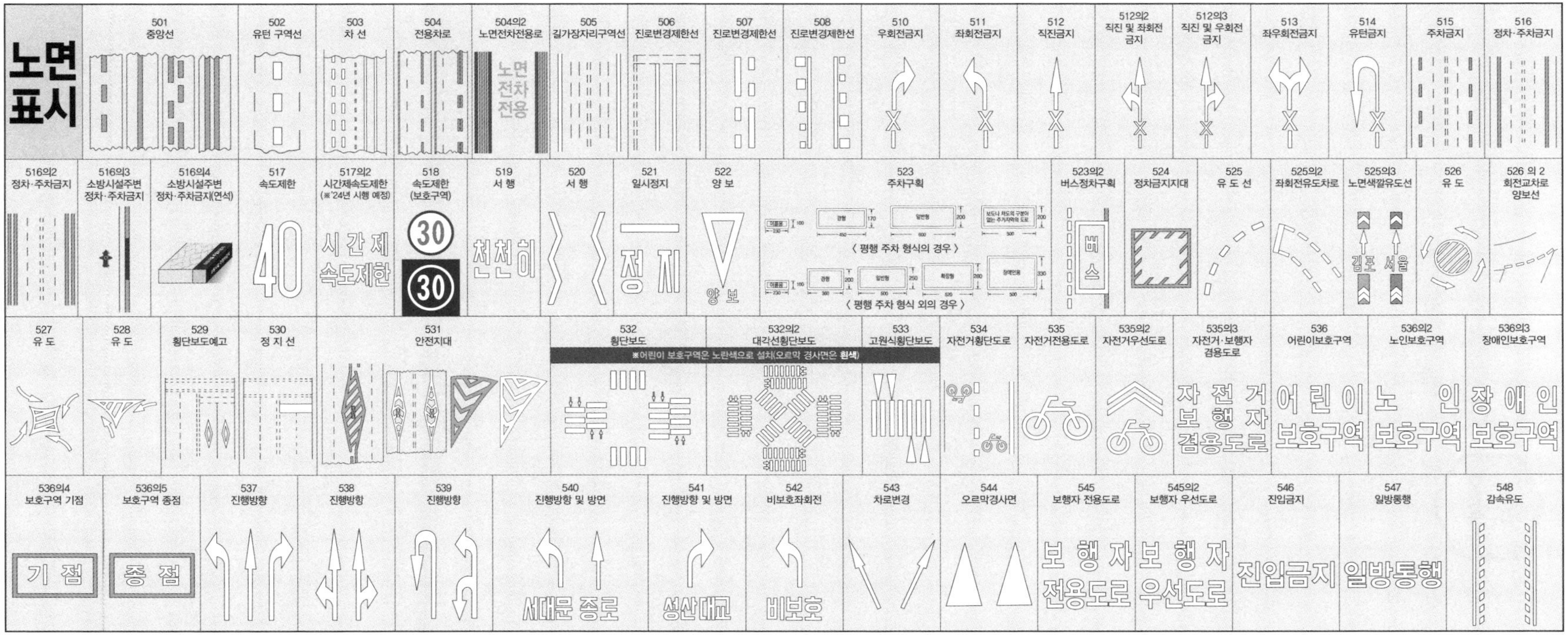

노면표시

- 501 중앙선
- 502 유턴 구역선
- 503 차 선
- 504 전용차로
- 504의2 노면전차전용로 (노면 전차 전용)
- 505 길가장자리구역선
- 506 진로변경제한선
- 507 진로변경제한선
- 508 진로변경제한선
- 510 우회전금지
- 511 좌회전금지
- 512 직진금지
- 512의2 직진 및 좌회전 금지
- 512의3 직진 및 우회전 금지
- 513 좌우회전금지
- 514 유턴금지
- 515 주차금지
- 516 정차·주차금지
- 516의2 정차·주차금지
- 516의3 소방시설주변 정차·주차금지
- 516의4 소방시설주변 정차·주차금지(연석)
- 517 속도제한 (40)
- 517의2 시간제속도제한 (※'24년 시행 예정) (시간제 속도제한)
- 518 속도제한 (보호구역) (30)
- 519 서 행 (천천히)
- 520 서 행
- 521 일시정지 (정지)
- 522 양 보 (양보)
- 523 주차구획 〈 평행 주차 형식의 경우 〉 〈 평행 주차 형식 외의 경우 〉
- 523의2 버스정차구획 (버스)
- 524 정차금지지대
- 525 유 도 선
- 525의2 좌회전유도차로
- 525의3 노면색깔유도선 (김포 서울)
- 526 유 도
- 526 의 2 회전교차로 양보선
- 527 유 도
- 528 유 도
- 529 횡단보도예고
- 530 정 지 선
- 531 안전지대
- 532 횡단보도
- 532의2 대각선횡단보도
- 533 고원식횡단보도
- ※어린이 보호구역은 노란색으로 설치(오르막 경사면은 **흰색**)
- 534 자전거횡단도로
- 535 자전거전용도로
- 535의2 자전거우선도로
- 535의3 자전거·보행자 겸용도로 (자전거 보행자 겸용도로)
- 536 어린이보호구역 (어린이 보호구역)
- 536의2 노인보호구역 (노인 보호구역)
- 536의3 장애인보호구역 (장애인 보호구역)
- 536의4 보호구역 기점 (기점)
- 536의5 보호구역 종점 (종점)
- 537 진행방향
- 538 진행방향
- 539 진행방향
- 540 진행방향 및 방면 (서대문 종로)
- 541 진행방향 및 방면 (성산대교)
- 542 비보호좌회전 (비보호)
- 543 차로변경
- 544 오르막경사면
- 545 보행자 전용도로 (보행자 전용도로)
- 545의2 보행자 우선도로 (보행자 우선도로)
- 546 진입금지 (진입금지)
- 547 일방통행 (일방통행)
- 548 감속유도

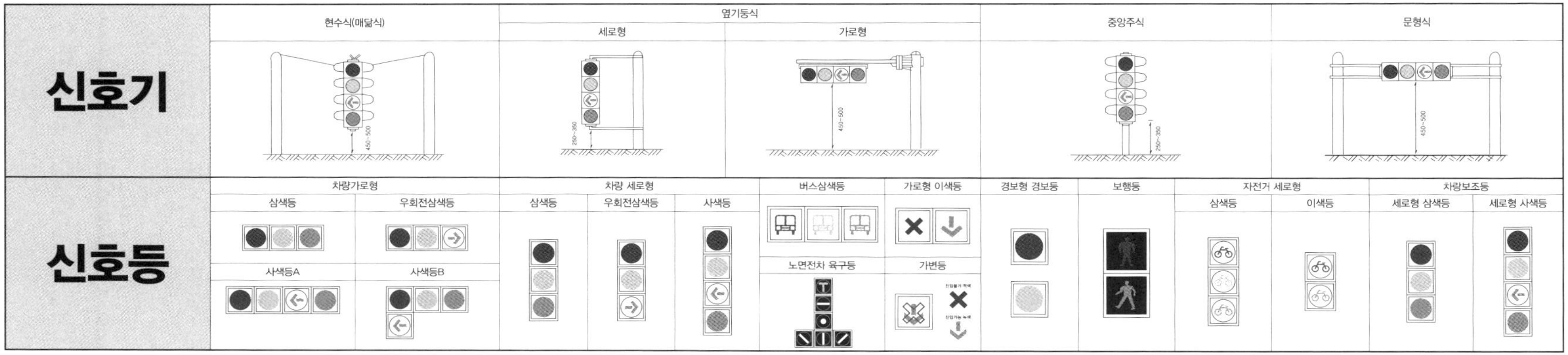

신호기

- 현수식(매달식)
- 옆기둥식: 세로형, 가로형
- 중앙주식
- 문형식

신호등

- 차량가로형: 삼색등, 우회전삼색등, 사색등A, 사색등B
- 차량 세로형: 삼색등, 우회전삼색등, 사색등
- 버스삼색등
- 가로형 이색등
- 노면전차 육구등
- 가변등
- 경보형 경보등
- 보행등
- 자전거 세로형: 삼색등, 이색등
- 차량보조등: 세로형 삼색등, 세로형 사색등

Memo